"十四五"高等职业教育机电类专业新形态系列教材

液压与气动技术
（第二版）

陈 辉 尤 涛 王 磊 ◎ 主 编
龚玉平 ◎ 副主编

中国铁道出版社有限公司
CHINA RAILWAY PUBLISHING HOUSE CO., LTD.

内容简介

本书是"十四五"高等职业教育机电类专业新形态系列教材之一，以能力为本位、就业为导向，基于工作实际，突出实践操作，培养综合素质为目的进行编写。本书分液压和气动两个模块共六个学习项目，包括液压传动系统的认识、液压元件的认识及故障诊断、液压基本回路的分析及故障处理、液压传动系统常见故障诊断及处理、气动元件的认识及故障诊断、气动回路的分析及故障处理。

本书在编写过程中引入实际工作任务，依托工作任务明确所需知识内容，结合数字资源，融入课程思政，构建了德技兼修的内容体系，拉近学校与企业、课堂与现场的距离，提高学生自主学习、综合分析、实践操作的能力。

本书适合作为高等职业院校机械设计制造类、机电设备类、铁道运输类、城市轨道交通类、自动化类、汽车制造与服务类专业的教材，也可作为成人教育、自学考试、开放大学等院校液压与气动课程的教材，同时也可作为企业工程技术人员的参考书。

图书在版编目（CIP）数据

液压与气动技术／陈辉，尤涛，王磊主编. -- 2 版.
北京：中国铁道出版社有限公司，2025．1. -- （"十四五"高等职业教育机电类专业新形态系列教材）.
ISBN 978-7-113-31793-5
Ⅰ. TH137；TH138
中国国家版本馆 CIP 数据核字第 20246054K2 号

书　　名：**液压与气动技术**
作　　者：陈　辉　尤　涛　王　磊

策　　划：何红艳
责任编辑：何红艳　包　宁　　编辑部电话：（010）63560043
封面设计：刘　颖
责任校对：苗　丹
责任印制：赵星辰

出版发行：中国铁道出版社有限公司（100054，北京市西城区右安门西街 8 号）
网　　址：https://www.tdpress.com/51eds
印　　刷：北京联兴盛业印刷股份有限公司

版　　次：2019 年 12 月第 1 版　2025 年 1 月第 2 版　2025 年 1 月第 1 次印刷
开　　本：850 mm×1 168 mm　1/16　印张：16.25　字数：426 千
书　　号：ISBN 978-7-113-31793-5
定　　价：49.80 元

版权所有　侵权必究

凡购买铁道版图书，如有印制质量问题，请与本社教材图书营销部联系调换。电话：（010）63550836
打击盗版举报电话：（010）63549461

前言

本书在编写过程中,贯彻落实党的二十大精神,依据《国家职业教育改革实施方案》,根据人才强国战略,体现新质生产力要求,融入课程思政案例,引入液压与气动技术的新进展,以"理论先进、注重实践、操作性强、学以致用"为原则,满足当前经济社会对德才兼备大国工匠、高素质技术技能人才的需要。

本书于2019年出版第一版,内容结合轨道交通特色,采用项目任务形式编写,任务设计符合专业特点和学习规律,结合生产实际,引入大量综合实训任务,突出了能力本位、就业导向的职业教育理念,达到了"学做一体、强化实践"的效果,得到广大高等职业院校师生的认可,被多所院校选用作为教材。

随着技术的不断发展、产业结构的变革以及课程育人的要求变化,书中部分内容已不能满足相关需求,许多老师和读者来信给予建议和鼓励,希望发扬务实精神,进行增删、充实再版。同时,与教材配套建设的课程网站日趋完善,课程资源进行了大量的更新和调整,都迫切需要对教材进行相应调整,以新形态教材形式呈现。

修订后的新版教材,整体思路和内容选取与第一版仍保持一致,主要依据各专业对学生在知识、能力、素养方面的需求进行修订,力求全面综合、贴近工作实际,促进学生的综合能力提升和创新能力发展,同时采用新形态教材形式编排,依托省级在线精品课程,配合大量数字化教学资源,方便实施线上线下混合式教学。读者打开"学银在线"网站,搜索"液压传动和气动"课程,点击"南京铁道职业技术学院"的"液压传动和气动"课程,即可进入与本书配套的课程网站,获取更多的学习资源。

本书内容编写将实际工作内容转化为实践操任务,以实践任务所需知识为依据,学习理论知识,最终完成实践任务,体现学做一体,达到学以致用的目的。结合课程资源,引入行业企业优秀案例、榜样人物,为学生的职业规划领路引航。依托综合拓展和在线开放课程,将液压与气动的新技术引入学习全过程,为培养具有创新思维和创新能力的拔尖人才、领军人才打下基础。

本书由南京铁道职业技术学院陈辉、尤涛、王磊任主编,南京地铁运营公司龚玉平任副主编。具体编写分工如下:项目一、项目二、项目三由陈辉编写,项目四、项目五由尤涛编写，项目六由王磊编写，实践操作和综合拓展内容由龚玉平编写，全书由陈辉负责统稿。在本书编写过程中，编者得到了许多同行、专家和企业工程人员的指点，同时也从许多文献中得到有益的启发。在此，对所有为本书编写提供帮助的单位、同仁表示衷心的感谢，对所参考教材的作者及出版社表示诚挚的谢意。

由于编者水平有限，书中的不足和疏漏在所难免，恳请广大读者批评指正，以便在修订时加以完善。

编 者

2024 年 10 月

目 录

液 压 模 块

项目一 液压传动系统的认识 … 1

任务1.1 认识液压传动系统组成 … 1
- 一、液压传动技术的发展及应用 … 1
- 二、液压传动系统的组成和工作原理 … 4
- 实践操作:手动液压千斤顶的使用与维护 … 7

任务1.2 观察液压油 … 8
- 一、液压油的性质 … 9
- 二、液压油的分类与选用 … 10
- 三、液压油的污染与保养 … 11
- 实践操作:常用液压油的更换与处理 … 12

任务1.3 了解流体力学基本知识 … 15
- 一、液体静力学 … 15
- 二、液体动力学 … 17

综合拓展1:了解液力传动 … 23
综合拓展2:分析孔口及缝隙液流特性 … 24

项目二 液压元件的认识及故障诊断 … 26

任务2.1 认识液压动力元件及故障诊断 … 26
- 一、液压泵的工作原理及主要性能参数 … 26
- 二、齿轮泵的结构和工作原理 … 29
- 三、叶片泵的结构和工作原理 … 33
- 四、柱塞泵的结构和工作原理 … 35
- 五、液压泵的选用 … 38
- 实践操作1:外啮合齿轮泵的拆装与使用 … 39
- 实践操作2:双作用叶片泵的拆装与使用 … 41
- 实践操作3:斜盘式轴向柱塞泵的拆装与使用 … 43

I

实践操作 4：常用液压泵的故障诊断与维修 …………………………………… 44

任务 2.2　认识液压执行元件及故障诊断 …………………………………………… 48
　　一、活塞缸的结构和工作原理 ……………………………………………………… 49
　　二、其他液压缸的结构和工作原理 ………………………………………………… 53
　　三、液压马达的结构和工作原理 …………………………………………………… 54
　　实践操作 1：液压缸的拆装和使用 ………………………………………………… 55
　　实践操作 2：液压马达的拆装 ……………………………………………………… 57
　　实践操作 3：液压缸和液压马达故障诊断与维修 ………………………………… 57

任务 2.3　认识液压方向控制元件及故障诊断 ……………………………………… 60
　　一、单向阀的结构和工作原理 ……………………………………………………… 61
　　二、换向阀的结构和工作原理 ……………………………………………………… 62
　　实践操作 1：单向阀的拆装和使用 ………………………………………………… 69
　　实践操作 2：换向阀的拆装和使用 ………………………………………………… 69
　　实践操作 3：单向阀和换向阀的故障诊断与维修 ………………………………… 71

任务 2.4　认识液压压力控制元件及故障诊断 ……………………………………… 73
　　一、溢流阀的结构和工作原理 ……………………………………………………… 73
　　二、减压阀的结构和工作原理 ……………………………………………………… 75
　　三、顺序阀的结构和工作原理 ……………………………………………………… 77
　　四、压力继电器的结构和工作原理 ………………………………………………… 81
　　实践操作 1：溢流阀的拆装和使用 ………………………………………………… 81
　　实践操作 2：溢流阀、减压阀、顺序阀和压力继电器的故障诊断与维修 ……… 83

任务 2.5　认识液压流量控制元件及故障诊断 ……………………………………… 89
　　一、节流阀的结构和工作原理 ……………………………………………………… 90
　　二、调速阀的结构和工作原理 ……………………………………………………… 90
　　实践操作 1：节流阀的拆装 ………………………………………………………… 91
　　实践操作 2：调速阀的拆装与使用 ………………………………………………… 92
　　实践操作 3：节流阀和调速阀的故障诊断与维修 ………………………………… 94

任务 2.6　认识液压辅助元件及故障诊断 …………………………………………… 96
　　一、蓄能器的类型和结构 …………………………………………………………… 96
　　二、过滤器的类型 …………………………………………………………………… 98
　　三、油箱的功能和结构 ……………………………………………………………… 99
　　四、管路和管接头的类型和结构 …………………………………………………… 99

五、密封装置的类型和结构 ·· 101
　　实践操作1：蓄能器的选用与安装 ·· 103
　　实践操作2：过滤器的选用与安装 ·· 103
　　实践操作3：油箱的选用 ··· 104
　　实践操作4：辅助元件的故障诊断与维修 ··· 105
综合拓展3：认识新型液压阀 ··· 108

项目三　液压基本回路的分析及故障处理　113

任务3.1　分析方向控制回路及故障处理 ·· 113
　　一、换向回路的工作原理 ·· 113
　　二、锁紧回路的工作原理 ·· 114
　　实践操作：方向控制回路的故障诊断与处理 ·· 116

任务3.2　分析压力控制回路及故障处理 ·· 119
　　一、调压回路的工作原理 ·· 119
　　二、卸荷回路的工作原理 ·· 121
　　三、保压回路的工作原理 ·· 122
　　四、增压回路的工作原理 ·· 123
　　五、减压回路的工作原理 ·· 125
　　六、平衡回路的工作原理 ·· 126
　　实践操作：压力控制回路的故障诊断与处理 ·· 127

任务3.3　分析速度控制回路及故障处理 ·· 130
　　一、调速回路的工作原理 ·· 130
　　二、快速运动回路的工作原理 ·· 136
　　三、速度换接回路的工作原理 ·· 138
　　实践操作：速度控制回路的故障诊断与维修 ·· 140

综合拓展4：认识多缸顺序动作和同步动作回路 ··· 144

项目四　液压传动系统常见故障诊断及处理　148

任务4.1　认识液压传动系统的故障原因和诊断方法 ·· 148
　　一、液压传动系统发生故障的主要原因 ·· 148
　　二、液压系统故障诊断步骤 ·· 148
　　三、液压传动系统的故障诊断方法 ··· 149
　　实践操作：液压传动系统的常见故障诊断与维修 ·· 151

任务4.2　分析典型液压系统及故障诊断 ·· 155
　　一、机械手液压系统的组成和工作原理 ·· 156
　　二、YB32-200型液压机液压系统的组成和工作原理 ······························· 158
　　实践操作1：YB32-200型液压机液压系统故障诊断与维修 ······················· 160
　　实践操作2：液压起复设备液压系统分析及故障处理 ······························ 161
任务4.3　安装、调试、使用及维护液压传动系统 ·· 165
　　一、液压系统的安装 ··· 166
　　二、液压传动系统的调试 ··· 167
　　三、液压传动系统的维护保养 ·· 168
　　实践操作：汽车起重机支腿液压控制回路的搭建与调试 ························· 168
综合拓展5：油压减振器的使用与维护 ··· 171

气 动 模 块

项目五　气动元件的认识及故障诊断 ··· 174

任务5.1　认识气源装置及故障诊断 ·· 174
　　一、气压传动技术的发展及应用 ··· 174
　　二、气压传动系统的组成和工作原理 ··· 177
　　三、气源装置的结构和工作原理 ··· 178
　　实践操作1：气源装置组件的拆装 ··· 183
　　实践操作2：气源装置组件的故障诊断与维修 ······································ 184
任务5.2　认识气动执行元件及故障诊断 ·· 186
　　一、气缸的结构和工作原理 ··· 186
　　二、气动马达的结构和工作原理 ··· 188
　　实践操作1：气动执行元件的拆装 ··· 189
　　实践操作2：气动执行元件的故障诊断与维修 ······································ 190
任务5.3　认识气动方向控制元件及故障诊断 ·· 192
　　一、单向型控制阀的结构和工作原理 ·· 192
　　二、换向型控制阀的结构和工作原理 ·· 194
　　实践操作1：气动方向控制元件的拆装 ··· 195
　　实践操作2：气动方向控制元件的故障诊断与维修 ································ 197
任务5.4　认识气动压力控制元件及故障诊断 ·· 198
　　一、溢流阀的结构和工作原理 ·· 198

二、减压阀的结构和工作原理 ……………………………………………………… 199
三、顺序阀的结构和工作原理 ……………………………………………………… 199
实践操作1:减压阀的拆装 ………………………………………………………… 201
实践操作2:气动压力控制元件的故障诊断与维修 ……………………………… 201

任务5.5 认识气动流量控制元件及故障诊断 …………………………………………… 203
一、节流阀的结构和工作原理 ……………………………………………………… 203
二、单向节流阀的结构和工作原理 ………………………………………………… 204
三、排气节流阀的结构和工作原理 ………………………………………………… 204
实践操作1:气动流量控制元件的拆装 …………………………………………… 204
实践操作2:气动流量控制元件的故障诊断与维修 ……………………………… 205

任务5.6 认识气动辅助元件及故障诊断 ………………………………………………… 206
一、气动三联件的结构和工作原理 ………………………………………………… 206
二、管道和管结构的结构和选择 …………………………………………………… 207
三、消声器的结构和工作原理 ……………………………………………………… 208
实践操作1:气动辅助元件的拆装 ………………………………………………… 208
实践操作2:气动辅助元件的故障诊断与维修 …………………………………… 209

综合拓展6:认识新型气动阀 ……………………………………………………………… 211

项目六 气动回路的分析及故障处理 …………………………………………………… 213

任务6.1 分析气动基本回路及故障处理 ………………………………………………… 213
一、方向控制回路的组成和工作原理 ……………………………………………… 213
二、压力控制回路的组成和工作原理 ……………………………………………… 214
三、速度控制回路的结构和工作原理 ……………………………………………… 215
四、其他基本回路的组成和工作原理 ……………………………………………… 217
实践操作1:气动夹紧装置气动系统设计与搭建 ………………………………… 220
实践操作2:包装袋打孔机气动系统设计与搭建 ………………………………… 221
实践操作3:气动系统的常见故障诊断与维修 …………………………………… 222

任务6.2 分析典型气动回路及故障诊断 ………………………………………………… 224
一、气动系统图的阅读方法和步骤 ………………………………………………… 224
二、气动机械手气动系统的组成和工作原理 ……………………………………… 224
三、卧式加工中心气动换刀系统的组成和工作原理 ……………………………… 227
四、铁道车辆空气制动控制系统的组成和工作原理 ……………………………… 229
实践操作1:折弯机气动系统搭建与调试 ………………………………………… 230

实践操作2：塞拉门气动系统搭建与调试 ································ 231
任务6.3　安装、使用和维护气动系统 ································ 234
一、气动系统的安装 ································ 235
二、气动系统的调试 ································ 235
三、气动系统的维护 ································ 235
四、气动系统的故障诊断 ································ 237
实践操作：压印机气动控制系统的故障诊断 ································ 238
综合拓展7：分析地铁车辆车门气动控制系统 ································ 241
参考文献 ································ **250**

液压模块

项目一 液压传动系统的认识

从世界上第一台水压机诞生开始,液压与气压传动技术的发展已有二三百年的历史了。近年来,随着机电一体化技术的发展,液压与气压传动技术向更广阔的领域深入,是实现工业自动化的一种重要手段,在工业生产中得到广泛应用。

液压与气压传动是以流体(液压油或压缩空气)为工作介质进行能量传递和控制的一种传动形式。利用多种元件组成不同功能的基本回路,再由若干个基本回路有机地组合成能完成一定控制功能的传动系统进行能量的传递、转换和控制,以满足机电设备对各种运动和动力的要求。

任务 1.1 认识液压传动系统组成

任务要求

- 素养要求:通过知识学习和技能训练,思考液压技术的发展及应用,体会技术创新的过程,树立爱国信念。
- 知识要求:了解液压传动的特点及应用情况,掌握液压传动系统的组成和工作原理。
- 技能要求:认识液压传动系统图形符号,会操作液压千斤顶。

知识准备

一、液压传动技术的发展及应用

1. 液压传动技术的发展

液压技术的起源可以追溯到公元前三世纪的古希腊,阿基米德发现了浮力原理,提出了杠杆原理和滑轮原理,这些原理为后来的液压技术打下了基础。古代的城市工程中也应用了液压装置,如水道、水闸、水车等。18世纪末,英国工程师约瑟夫·布兰肯肖夫发明了水力压力机,这是液压技术的最早应用,它的出现使加工质量得到了大大的提高。随后,法国工程师约瑟夫·博朗利研制了用于铸造机床的液压系统,使机械加工过程更加准确。1910年,法国工程师安德烈·波利特发明了用于铸造机床的液压缸,这是液压技术在机械工业领域的一次重要突破。1920—1930年,液压技术在钢铁、机床、船舶、汽车等行业得到广泛应用,其中最具代表性的是汽车制造业。液压系统替代了原有的钢丝绳、杠杆、链条、摇杆等传动方式,使汽车的操纵更加方便、准确和灵活。电气技术和液压技术的相互结合,促进了液压技术的发展。20世纪50年代,电气液压元件应用于工业自动化控制系统中,使得控制精度得到了提高。20世纪60年代初,电子技术的发展促进了电液混合技术的应用,液压系统的控制精度和可靠性得到了大幅提高。20世纪80年代,液压技术进入了智能化发展阶段。电控液压技术相继出现,液压系统的控制精度、性能和适应性得到了大幅提高。20世纪90年代以来,以"智能流"的液压系统为代表的液压技术大幅提高了系统的智能化程度,使得液压控制技术更加人性化、智能化。随着环保意识的不断提高,液压系统的"绿色化"发展已成为液压技术发展的重要方向。减少液压系统的能耗、降低噪声和振动、缩小体积和质量、提高可靠性和寿命等方面,都是液压技术发展的绿色化方向。

  我国液压设备的发展可以追溯到20世纪50年代。为了满足工业生产的需求,引进了一批液压设备和技术,并开始了国内的液压设备生产。这一阶段的液压设备主要应用于军工和重工业领域,如航空、航天、核工业等。虽然起步较晚,但在技术引进和国内化方面取得了一定的成就。20世纪60年代至80年代初,我国加大了对液压设备的引进力度,并通过技术合作、购买和吸收等方式,逐渐掌握了液压技术。这一阶段,我国液压设备实现了从单一的仿制到自主创新的转变。在航空、航天、能源等领域,我国液压设备逐渐实现了自主研发和批量生产,为国家经济的发展作出了重要贡献。20世纪80年代中期至90年代末期,我国液压设备的技术水平迎来了快速提升。在液压元件、系统设计和控制等方面不断创新,实现了一系列重大突破。这一阶段,我国液压设备由单一的仿制阶段逐渐发展为自主研发和产业化的阶段。进入21世纪,我国液压设备的发展进入了一个全新的阶段。液压技术在各个领域的应用得到了广泛推广,包括工程机械、冶金、石油化工、机床等。同时,液压设备的性能和质量也得到了极大提升,满足了不同行业的需求。随着工业4.0时代的到来,液压技术也将面临新的发展机遇,液压与电气的融合、智能化控制等将成为未来液压设备发展的重要方向。同时,我国液压设备产业也需要加强自主创新和技术引进并重的发展战略,提高核心竞争力,实现由大国向强国的跨越。

热爱祖国:我国制成第一台万吨水压机

  1959年2月14日,在江南造船厂举行万吨水压机开工典礼,一场史无前例的工业大会战拉开了帷幕。万吨水压机的大部件需要用特大型的锻件和铸钢制作。但当时我国没有这么大的钢材,只能用拼合的办法,把许多铸件和钢板焊接起来。技术人员经过千百次试验,终于掌握了电渣焊技术,把一个个大部件焊接起来,经检测,焊缝完全符合标准。1961年12月11日,万吨水压机开始总安装,4万多个大小零件运到厂房。两部重型行车把硕大的下横梁、活动横梁和上横梁安放在四根立柱上,严丝合缝,中心偏差不到3 mm。万吨水压机成功运行了两年以后,国内媒体进行了公开报道和宣传。1964年9月7日《人民日报》头版刊登了新华社文章《自力更生发展现代工业的重大成果——我国制成一万二千吨压力巨型水压机》。万吨水压机蜚声中外,全国各地各行业代表纷纷前来参观学习,外国友人也络绎不绝。仅20世纪60年代,就有40余个国家的宾客前来一睹万吨水压机风采。美国记者埃德加·斯诺参观时,将锻压钢锭的场面拍成了电影。

  万吨水压机作为第一台国产大机器,它不但标志着中国重型机器制造业步入了新的水平,而且体现了中国工人和技术人员自力更生、发奋图强的精神,增强了中国人的民族自信心,提升了中国的国际形象。斗转星移,半个多世纪过去了,万吨水压机仍然是中国人心中抹不去的记忆。

2. 液压传动技术的应用

液压传动因具有结构简单、体积小、质量小、反应速度快、输出力大、可方便地实现无级调速、易实现频繁换向、易实现自动化等优点,在机床、工程机械、矿山机械、压力机械和航空工业等领域得到广泛应用。液压传动在各类机械行业中的应用情况见表1-1。

表1-1 液压传动在各类机械行业中的应用情况

行业名称	应用举例
工程机械	挖掘机、装载机、推土机等
冶金机械	轧钢机、压力机、步进加热炉等
矿山机械	凿石机、开掘机、提升机、液压支架等
机械制造	组合机床、冲床、自动线等
建筑机械	打桩机、液压千斤顶、平地机等
汽车工业	高空作业车、自卸式汽车、汽车转向器、减振器等
轻工机械	打包机、注塑机、造纸机等
铸造机械	砂型压实机、加料机、压铸机等
纺织机械	织布机、抛砂机、印染机等
智能机械	机器人、折臂式小汽车装卸器、模拟驾驶舱等

3. 液压传动的优缺点

(1)优点

①由于液压传动系统中各零部件是由油管连接的,所以借助油管的连接可以方便灵活地布置传动机构,这是比机械传动优越的地方。

②液压传动装置的质量轻、结构紧凑、惯性小。

③可在大范围内实现无级调速。借助阀或变量泵、变量马达,可以实现无级调速,调速范围可达1:2 000,并可在液压装置运行的过程中进行调速。

④传递运动均匀平稳,负载变化时速度较稳定。

⑤液压装置易于实现过载保护(借助于设置溢流阀等),同时液压件能自行润滑,因此使用寿命长。

⑥液压传动容易实现自动化(借助于各种控制阀),特别是将液压控制和电气控制结合使用时,能很容易地实现复杂的自动工作循环,而且可以实现遥控。

⑦液压元件已实现了标准化、系列化和通用化,便于设计、制造和推广使用。

(2)缺点

①液压系统中的漏油等因素,影响运动的平稳性和正确性,使得液压传动不能保证严格的传动比。

②液压传动对油温的变化比较敏感,温度变化时,导致液体黏性变化,引起运动特性的变化,使得工作的稳定性受到影响,所以它不宜在温度变化很大的环境条件下工作。

③为了减少泄漏,以及满足某些性能上的要求,液压元件的配合件制造精度要求较高,加工工艺较复杂。

④液压传动要求有单独的能源。

⑤液压系统发生故障不易检查和排除。

二、液压传动系统的组成和工作原理

1. 液压千斤顶

液压千斤顶在生产中应用广泛,首先通过液压千斤顶来了解液压传动的工作原理。图 1-1(a)所示为液压千斤顶实物图;图 1-1(b)所示为液压千斤顶的工作原理图。由杠杆手柄 1、小油缸 2、小活塞 3、单向阀 4 和单向阀 7 组成手动液压泵。由大油缸 9 和大活塞 8 组成举升液压缸。

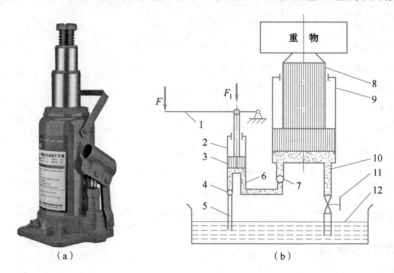

1—杠杆手柄;2—小油缸;3—小活塞;4、7—单向阀;5—吸油管;6、10—管道;
8—大活塞;9—大油缸;11—截止阀;12—油箱。

图 1-1 液压千斤顶工作原理图

工作时,先提起手柄 1 使小活塞 3 向上移动,小活塞 3 下端油腔容积增大,形成局部真空,这时单向阀 4 打开,单向阀 7 关闭,通过吸油管 5 从油箱 12 中吸油;随后,用力压下手柄,小活塞 3 下移,小活塞 3 下腔压力升高,单向阀 4 关闭,单向阀 7 打开,下腔的油液经管道 6 进入大油缸 9 下腔(截止阀 11 处于关闭状态),油液推动大活塞 8 向上移动,顶起重物。再次提起手柄吸油时,单向阀 7 自动关闭,使油液不能倒流,从而保证了重物不会自行下落。不断地往复扳动手柄,就能不断地把油液压入大油缸 9 下腔,使重物逐渐地升起。打开截止阀 11,大油缸 9 下腔与油箱 12 连通,在重物的作用下,大油缸 9 下腔油液经过管道 10、截止阀 11 流回油箱 12,重物向下移动复位。

通过对上面液压千斤顶工作过程的分析,可以初步了解到液压传动的基本工作原理。液压传动是利用有压力的油液作为传递动力的工作介质。压下杠杆手柄时,小油缸 2 输出压力油,将机械能转换成油液的压力能,压力油经过管道 6 及单向阀 7,推动大活塞 8 举起重物,此时将油液的压力能又转换成机械能。大、小油缸组成了最简单的液压系统,实现了运动和动力的传递。

2. 机床工作台液压传动系统

液压千斤顶是一种简单的液压传动装置。下面分析一种驱动机床工作台往复运动的液压传动系统。如图 1-2 所示,它由油箱 19、滤油器 18、液压泵 17、溢流阀 13、开停阀 10、节流阀 7、换向阀 5、液压缸 2 以及连接这些元件的油管、管接头组成。

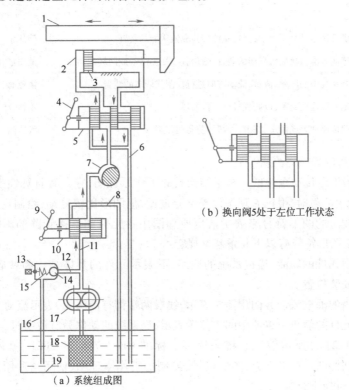

1—机床工作台;2—液压缸;3—活塞;4—换向阀手柄;5—换向阀;6、8、16—回油管;
7—节流阀;9—开停手柄;10—开停阀;11—压力管;12—压力支管;13—溢流阀;
14—钢球;15—弹簧;17—液压泵;18—滤油器;19—油箱。

图 1-2 机床工作台液压系统工作原理图

该系统工作原理是:液压缸 2 由电动机驱动后,从油箱 19 中吸油,油液经滤油器 18 进入液压泵 17,由泵腔的低压侧吸入,从泵腔的高压侧输出,在图 1-2(a)所示状态下,通过开停阀 10、节流阀 7、换向阀 5 进入液压缸 2 左腔,推动活塞 3 连同机床工作台 1 向右移动。这时,液压缸右腔的油液经换向阀 5 和回油管 6 排回油箱 19。

如果将换向阀手柄 4 转换成图 1-2(b)所示状态,则压力管中的油液将经过开停阀 10、节流阀 7 和换向阀 5 进入液压缸 2 右腔、推动活塞 3 连同机床工作台 1 向左移动,并使液压缸左腔的油液经换向阀 5 和回油管 6 排回油箱 19。

工作台的移动速度是通过节流阀 7 来调节的。当节流阀开大时,进入液压缸的油量增多,工作台的移动速度增大;当节流阀关小时,进入液压缸的油量减小,工作台的移动速度减小。为了克服移动工作台时所受到的各种阻力,液压缸必须产生一个足够大的推力,这个推力是由液压缸中的油液压力所产生的。要克服的阻力越大,缸中的油液压力越高;反之压力就越小。这种现象正说明了液压传动的一个基本原理,即压力取决于负载。

3. 液压传动系统的组成

从液压千斤顶和机床工作台液压系统的工作过程可以看出,一个完整的、能够正常工作的液压传动系统由五个主要部分组成,见表 1-2。

表 1-2 液压传动系统的组成

组 成	作 用	常见液压元件
动力元件	供给液压系统压力油,把机械能转换成液压能的装置	液压泵
执行元件	把液压能转换成机械能的装置,输出直线往复运动或回转运动	液压缸、液压马达
控制元件	对系统中的压力、流量、流动方向进行控制或调节的装置	溢流阀、节流阀、换向阀等
辅助元件	把系统连接起来,以实现各种工作循环	油箱、滤油器、油管等
工作介质	起传递动力或信息、润滑、冷却和防锈的作用	液压油

4. 液压传动系统的图形符号

图 1-2 所示为液压传动系统的一种半结构式的工作原理图,它具有直观性强、容易理解的优点,当液压系统发生故障时,根据原理图检查十分方便,但图形比较复杂,绘制比较麻烦。我国已经制定了一种用规定的图形符号来表示液压原理图中各元件和连接管路的国家标准,即 GB/T 786.1—2021,对于图形符号有以下几条基本规定:

①符号只表示元件的职能,连接系统的通路,不表示元件的具体结构和参数,也不表示元件在机器中的实际安装位置。

②元件符号内的油液流动方向用箭头表示,线段两端都有箭头的,表示流动方向可逆。

③符号均以元件的静止位置或中间零位置表示,当系统的动作另有说明时,可作例外。

图 1-3 为图 1-2(a)所示液压系统采用国家标准 GB/T 786.1—2021《流体传动系统及元件　图形符号和回路图　第 1 部分:图形符号》绘制的工作原理图,使用这些图形符号可使液压系统图简单明了,且便于绘制。

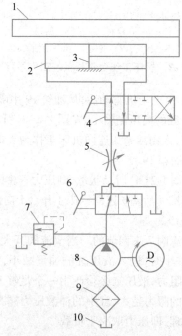

1—工作台;2—液压缸;3—活塞;4—换向阀;5—节流阀;6—开停阀;
7—溢流阀;8—液压泵;9—滤油器;10—油箱。

图 1-3　机床工作台液压系统的图形符号图

实践操作

实践操作:手动液压千斤顶的使用与维护

液压千斤顶是生产中常用的一种起重工具,它的构造简单、操作方便,可适用于多种场合。液压千斤顶是以液压油为工作介质,实现了将机械能转换为液压能,再将液压能转换为机械能,达到了用小设备顶起几吨甚至几十吨大设备的目的。图1-4所示为常用手动液压千斤顶。

1. 手动液压千斤顶的操作

手动液压千斤顶由螺旋杆、液压活塞杆、千斤顶泵体、提手、掀手、回油阀、双密封安全阀组成。手动液压千斤顶的操作使用步骤如下:

①将液压千斤顶底座放置在水平平稳的地面上,并确保底座与负载平面接触紧密。

②用压杆顺时针拧紧回油阀,拧出调节高度的螺旋杆。

图1-4 手动液压千斤顶

③将压杆插入掀手中,上下压动压杆,随着压杆的上下压动,液压活塞杆向上伸出,顶起液压千斤顶上部的重物。

④顶升作业完成后,用压杆逆时针拧动回油阀,液压活塞杆缓慢下降缩回,恢复原位。

2. 手动液压千斤顶的使用注意事项

①使用时如出现空打现象,可先旋松泵体上的放油螺钉,将泵体垂直头向下空打几下,然后旋紧放油螺钉,即可继续使用。

②使用时,不得加偏载或超载,以免千斤顶破坏发生危险。在有载荷时,切忌将快速接头卸下,以免发生事故及损坏机件。

③液压千斤顶使用油作为介质,故必须做好油液及设备的保养工作,以免堵塞或漏油,影响使用效果。

④新的或久置的液压千斤顶,因液压缸内存有较多空气,故在开始使用时,活塞杆可能出现微小的突跳现象,可将液压千斤顶空载往复运动2~3次,以排除腔内的空气。长期闲置的液压千斤顶,由于密封件长期不工作而硬化,从而影响液压千斤顶的使用寿命,所以液压千斤顶在不使用时,每月要使其空载往复运动2~3次。

3. 手动液压千斤顶的维护保养

①在使用前,保持液压千斤顶干燥,避免接触水、油等液体。

②经常检查液压千斤顶各个零部件的紧固情况,避免松动。

③定期更换气门芯,清理和更换螺纹接头。

④液压油需要定期更换,并严格按照说明书规定的油品进行添加。

⑤液压千斤顶在长期不使用时,应该按照厂家指示进行保养,并存放在干燥、通风处以避免生锈。

自主测试

一、填空题

1. 液压与气压传动是以_____为工作介质进行能量传递和控制的一种传动形式。

2. 液压传动系统主要由_____、_____、_____、_____及传动介质等部分组成。
3. 动力元件是_____转换成流体的压力能的装置,执行元件是把流体的_____转换成机械能的装置,控制调节元件是对液(气)压系统中流体的压力、流量和流动方向进行_____的装置。

二、判断题
1. 液压传动不容易获得很大的力和转矩。（　　）
2. 液压传动可在较大范围内实现无级调速。（　　）
3. 液压传动系统不宜远距离传动。（　　）
4. 液压传动的元件要求制造精度高。（　　）
5. 液压传动系统中,常用的工作介质是汽油。（　　）
6. 液压传动是依靠密封容积中液体静压力来传递力的,如万吨水压机。（　　）
7. 与机械传动相比,液压传动其中一个优点是运动平稳。（　　）
8. 液压千斤顶能用很小的力举起很重的物体,因而能省功。（　　）

三、选择题
1. 把机械能转换成液体压力能的装置是(　　)。
   A. 动力装置　　　B. 执行装置　　　C. 控制调节装置　　　D. 辅助装置
2. 液压传动的优点是(　　)。
   A. 比功率大　　　B. 传动效率低　　　C. 可定比传动　　　D. 噪声大
3. 液压传动系统中,液压泵属于(　　),液压缸属于(　　),溢流阀属于(　　),油箱属于(　　)。
   A. 动力装置　　　B. 执行装置　　　C. 辅助装置　　　D. 控制装置

四、简答题
1. 什么叫液压传动?
2. 液压传动系统有哪些基本组成部分?各部分的作用是什么?
3. 液压传动的优缺点有哪些?

任务1.2　观察液压油

液压油是液压传动系统中的传动介质,而且还对液压装置的机构、零件起到润滑、冷却和防锈作用。液压传动系统的压力、温度和流速在很大的范围内变化,液压油的质量优劣直接影响液压系统的工作性能,因此合理地选用液压油是很重要的。

任务要求

- **素养要求**:熟悉液压油性质,明确废弃液压油处理规范,养成规范作业的习惯,恪守职业道德。
- **知识要求**:了解液压油的作用,掌握液压油的基本性质,理解液压油的分类及选用原则,了解液压油的污染及保养知识。
- **技能要求**:会进行液压油的选用,能进行液压油的更换。

知识准备

一、液压油的性质

1. 密度

单位体积液体的质量称为液体的密度。体积为 V,质量为 m 的液体密度为

$$\rho = \frac{m}{V} \tag{1-1}$$

密度随温度的上升而有所减小,随压力的提高而稍有增加,但变动值很小,可以认为是常值。

2. 可压缩性

压力为 p_0、体积为 V_0 的液体,如压力增大 Δp 时,体积减小 ΔV,则此液体的可压缩性可用体积压缩系数 κ(单位压力变化下的体积相对变化量)来表示,即

$$\kappa = -\frac{1}{\Delta p} \frac{\Delta V}{V_0} \tag{1-2}$$

由于压力增大时液体的体积减小,因此式(1-2)右边须加负号,以使 κ 成为正值。液体体积压缩系数的倒数,称为体积弹性模量 K,简称体积模量,即 $K = 1/\kappa$。

液压油在低、中压时可视为非压缩性液体,但在高压时压缩性就不可忽视了,纯油的可压缩性是钢的 100~150 倍。压缩性会降低运动的精度,增大压力损失而使油温上升,压力信号传递时,会有时间延迟,响应不良等现象发生。

3. 黏性

(1)黏性的定义

液体在外力作用下流动(或有流动趋势)时,分子间的内聚力要阻止分子相对运动而产生的一种内摩擦力,这种现象称为液体的黏性。液体只有在流动(或有流动趋势)时才会呈现出黏性,静止液体是不呈现黏性的。

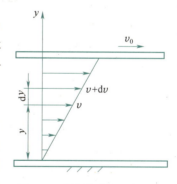

图 1-5 液体的黏性示意图

黏性使流动液体内部各处的速度不相等,以图 1-5 为例,若两平行平板间充满液体,下平板不动,而上平板以速度 v_0 向右平动。由于液体的黏性作用,紧靠下平板和上平板的液体层速度分别为零和 v_0。通过实验测定得出,液体流动时相邻液层间的内摩擦力 F_t,与液层接触面积 A、液层间的速度梯度 dv/dy 成正比,即

$$F_t = \mu A \frac{dv}{dy} \tag{1-3}$$

在式(1-3)中 μ 为比例常数,称为黏性系数或黏度。如以 τ 表示切应力,即单位面积上的内摩擦力,则

$$\tau = \frac{F_t}{A} = \mu \frac{dv}{dy} \tag{1-4}$$

这就是牛顿的液体内摩擦定律。

(2)黏性的度量

黏性的大小用黏度表示,黏度是液压油的性能指标。黏度可以分为动力黏度和运动黏度

两种。

动力黏度:又称绝对黏度(Pa·s)。

运动黏度:液体的动力黏度与其密度的比值,称为液体的运动黏度(m^2/s),其数学表达式为

$$v = \frac{\mu}{\rho} \tag{1-5}$$

液压传动工作介质的黏度等级是以 40 ℃时运动黏度(此处以 mm^2/s 计)的平均值来划分的,如牌号 L-HL22 普通液压油在 40 ℃时运动黏度的平均值为 22 mm^2/s。

液体的黏度随液体的压力和温度而变化。对液压传动工作介质来说,压力增大时,黏度增大。在一般液压系统使用的压力范围内,增大的数值很小,可以忽略不计。但液压传动工作介质的黏度对温度的变化十分敏感,温度升高,黏度下降。这个变化率的大小直接影响液压传动工作介质的使用,其重要性不亚于黏度本身。

4. 闪火点

油温升高时,部分液压油会蒸发而与空气混合成油气,此油气所能点火的最低温度称为闪火点,如继续加热,则会连续燃烧,此温度称为燃烧点。

5. 其他性质

液压传动工作介质还有其他性质,如稳定性(热稳定性、氧化稳定性、水解稳定性、剪切稳定性等)、抗泡沫性、抗乳化性、防锈性、润滑性以及相容性(对所接触的金属、密封材料、涂料等作用程度)等,它们对工作介质的选择和使用有重要影响。这些性质需要在精炼的矿物油中加入各种添加剂来获得,其含义较为明显,在此不多作解释,可参阅有关资料。

二、液压油的分类与选用

1. 液压油的分类

液压油的品种很多,主要可分为矿油型、乳化型和合成型,常用液压油主要品种及其特性和用途见表 1-3。

表 1-3 常用液压油主要品种及其特性和用途

类型	名 称	ISO 代号	特性和用途
矿油型	普通液压油	L-HL	精制矿油加添加剂,提高抗氧化和防锈性能,适用于室内一般设备的中低压系统
	抗磨液压油	L-HM	L-HL 油加添加剂,改善抗磨性能,适用于工程机械、车辆液压系统
	低温液压油	L-HV	L-HM 油加添加剂,改善黏温特性,可用于环境温度在 -40 ~ -20 ℃的高压系统
	高黏度指数液压油	L-HR	L-HL 油加添加剂,改善黏温特性,VI 值达 175 以上,适用于对黏温特性有特殊要求的低压系统,如数控机床液压系统
	液压导轨油	L-HG	L-HM 油加添加剂,改善黏滑性能,适用于机床中液压和导轨润滑合用的系统
	全损耗系统用油	L-HH	浅度精制矿油,抗氧化性、抗泡沫性较差,主要用于机械润滑,可作液压代用油,用于要求不高的低压系统
	汽轮机油	L-TSA	深度精制矿油加添加剂,改善抗氧化、抗泡沫等性能,为汽轮机专用油,可作液压代用油,用于一般液压系统

续表

类型	名称	ISO代号	特性和用途
乳化型	水包油乳化液	L-HFA	又称高水基液,特点是难燃、黏温特性好,有一定的防锈能力,润滑性差,易泄漏,适用于有抗燃要求,油液用量大且泄漏严重的系统
乳化型	油包水乳化液	L-HFB	既具有矿油型液压油的抗磨、防锈性能,又具有抗燃性,适用于有抗燃要求的中压系统
合成型	水-乙二醇液	L-HFC	难燃,黏温特性和抗蚀性好,能在 $-30 \sim +60$ ℃温度下使用,适用于有抗燃要求的中低压系统
合成型	磷酸酯液	L-HFDR	难燃,润滑抗磨性能和抗氧化性能良好,能在 $-54 \sim +135$ ℃温度范围内使用,缺点是有毒,适用于有抗燃要求的高压精密液压系统

2. 液压油的选用

液压油有很多品种,可根据不同的使用场合选用合适的品种,在品种确定的情况下,最主要考虑的是油液的黏度,其选择主要考虑如下因素。

(1) 液压系统的工作压力

工作压力较高的系统宜选用黏度较高的液压油,以减少泄漏;反之则选用黏度较低的液压油。例如,当压力 $p = 7.0 \sim 20.0$ MPa 时,宜选用 N46~N100 的液压油;当压力 $p \leq 7.0$ MPa 时,宜选用 N32~N68 的液压油。

(2) 运动速度

执行机构运动速度较高时,为了减小液流的功率损失,宜选用黏度较低的液压油。

(3) 液压泵的类型

在液压系统中,对液压泵的润滑要求苛刻,不同类型的液压泵对油的黏度有不同的要求,具体可参见有关资料。

三、液压油的污染与保养

液压油使用一段时间后会受到污染,常发生阀芯卡死、油封加速磨耗及液压缸内壁磨损等情况。造成液压油污染的主要原因有如下三个方面:

(1) 污染

液压油的污染一般可分为外部侵入的污物和外部生成的不纯物。

① 外部侵入的污物:液压设备在加工和组装时残留的切屑、焊渣、铁锈等杂物混入所造成的污物,只有在组装后立即清洗方可解决。

② 外部生成的不纯物:泵、阀、执行元件、"O"形环长期使用后,因磨损而生成的金属粉末和橡胶碎片在高温、高压下和液压油发生化学反应所生成的胶状污物。

(2) 恶化

液压油的恶化速度与含水量、气泡、压力、油温、金属粉末等有关,其中受温度的影响最大,故液压设备运转时,须特别注意油温的变化。

(3) 泄漏

液压设备配管不良、油封破损是造成泄漏的主要原因,泄漏发生时,空气、水、尘埃便可轻易地侵入油中,故当泄漏发生时,必须立即加以排除。

液压油经长期使用,油质必会恶化,一般采用目视法判定油质是否恶化,当油的颜色混浊并有异味时,须立即更换。

液压油的保养方法主要有:减少外来污染;滤除系统产生的杂质;采用高性能的过滤器;控制液压油液的工作温度;定期检查更换液压油液等。

实践操作

实践操作:常用液压油的更换与处理

液压油是液压系统正常运行所必需的重要润滑剂,液压油在高温、高压下使用一段时间后,会逐渐老化变质,出现异常情况,无法满足液压传动系统使用要求,必须更换。三种常用的普通液压油如图1-6所示。

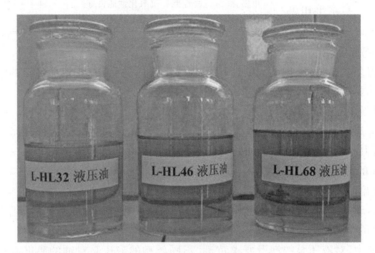

图1-6 三种常用的普通液压油

1. 常用液压油的更换指标

确定液压油更换周期的方法有经验判别法、定期更换法和实验更换法。经验判别法主要由操作者或现场技术人员通过"看、嗅、摇、摸",再结合使用经验,对液压油污染程度作出判断,确定是否需要进行液压油的更换。定期更换法是按照液压油的使用寿命定期进行更换,适合于工作条件和工作环境变化不大的中、小型液压系统。实验更换法是对使用中的液压油定期取样化验,判定污染程度,确定是否进行更换,适用于大型或耗油量较大的液压系统。

为了给企业提供参考依据,我国制定了L-HL型液压油和L-HM型液压油的更换指标,规定油品有一项达到换油指标时即应更换新油,见表1-4。

表1-4 L-HL型液压油和L-HM型液压油的更换指标

检查项目	L-HL型液压油	L-HM型液压油
外观	不透明浑浊	不透明浑浊
40 ℃运动黏度变化率/%	超过±10	超过+15~-10
色度变化(比新油)/号	等于或大于3	等于或大于2
酸值KOH增加量/(mg/g)	大于0.3	大于0.4
水分/%	大于0.1	大于0.1

续表

检查项目	L-HL 型液压油	L-HM 型液压油
机械杂质/%	大于 0.1	—
正戊烷不溶物/%	—	大于 0.10
铜片腐蚀(100 ℃,3 h)	铜板颜色发暗,有黄褐色斑点	铜板颜色发暗,有黄褐色斑点

2. 常用液压油的更换及处理

(1)液压油更换准备

①检查设备,确保设备处于关机状态,断开电源,确保安全。

②阅读设备的操作手册,了解液压系统的工作原理和结构。熟悉液压系统的主要组成部分和液压油的更换位置。

③准备好所需的工具和设备,如清洁布、漏斗、密封垫、螺丝刀、扳手等。

④根据设备的规范和要求,选择适合的液压油。注意液压油的品牌、型号、黏度等要求。

(2)液压油更换步骤

①关闭液压系统。通过关闭设备的电源或液压系统的控制阀门等方式,确保液压系统处于关闭状态。

②排空液压系统。打开排放阀门或排气阀门,将液压系统中的压力释放出来,避免液压油在更换过程中的喷溅。

③打开液压油箱。使用螺丝刀或扳手拧开液压油箱的盖子或螺栓,将液压油箱打开。

④清洁液压油箱。使用清洁布或专用的清洁剂,将液压油箱内的污垢、杂质等清除干净,以免对新液压油造成污染。

⑤将旧液压油排出。将密封垫固定在液压油箱下方的排油口处,打开排油口螺塞,将旧液压油排放出来。注意要将旧液压油妥善处理,避免对环境造成污染。

⑥检查液压油过滤器。检查液压油过滤器的情况,如果过滤器已经过期或损坏,需要更换新的过滤器。

⑦加注新液压油。使用漏斗将新液压油慢慢倒入液压油箱内,注意不要溢出,以免污染设备。

⑧检查液压油位。加注完新液压油后,使用液压油尺或指示器检查液压油位是否在合适的范围内,根据设备要求进行调整。

⑨启动液压系统。先关闭排放阀门或排气阀门,然后启动液压系统,观察液压油是否正常循环,并进行必要的调整和检查。

⑩清理工作区域。将使用过的清洁布等杂物清理干净,保持工作区域的整洁。

(3)液压油更换注意事项

①在操作过程中,严禁使用易燃和易爆的溶剂和物质,以免引起火灾和爆炸。

②液压油更换前应断开液压系统的电源,避免发生意外操作。

③液压油更换周期根据设备使用情况而定,一般可以根据设备的操作手册或厂家建议来确定。

④液压油更换后,应定期检查液压油质量,如有异常应及时进行调整和处理。

液压油更换是维护液压系统正常工作的重要操作之一,按照操作规范进行液压油更换,可以保证液压系统的稳定运行。在操作过程中,务必注意安全,确保操作环境清洁,避免对环境和设备造成污染。同时,根据设备要求和厂家建议,合理确定液压油更换的周期,保证液压系统的长期稳定运行。

素养提升

规范作业:依规处理废弃液压油

废液压油是指在工业生产过程中使用后产生的废弃液压油,主要来源于机械设备的液压系统。废液压油处理是一项重要的环保工作。废弃的液压油中可能含有害物质,如重金属、毒物和致癌物等。如果不加以处理,将对环境和人体健康造成严重危害。废液压油还可以通过合适的处理方法进行再利用,这不仅可以减少资源浪费,还可以降低生产成本。

滤清法是目前应用较广泛的一种废液压油处理方法,通过使用滤芯或滤纸等过滤介质,将废液压油中的杂质和污染物过滤掉,使其恢复到一定的使用性能。

化学处理法是指通过添加特定的化学药剂,改变废液压油中有害物质的性质或形成固体沉淀,从而达到净化的目的。在使用化学处理法时,需要注意选择适当的药剂,避免对环境造成二次污染,也要注意药剂的使用量和处理时间,以免影响废液压油的再利用效果。

真空蒸馏法是一种高效的废液压油处理方法,通过在低压下加热废液压油,使其沸点降低,有害物质蒸发并分离出来,从而实现废液压油的净化和回收利用。真空蒸馏法可以有效去除废液压油中的水分、杂质和挥发性有机物等,不仅能提高废液压油的再利用率,还可以降低处理成本。

对于无法再利用的液压油,应当进行废弃处理。所有废弃处理都应当按照国家规定的排放标准进行,避免对环境造成污染。

自主测试

一、填空题

1. 流体流动时,沿其边界面会产生一种阻止其运动的流体摩擦作用,这种产生内摩擦力的性质称为_____。

2. 单位体积液体的质量称为液体的_____,液体的密度越大,泵吸入性越_____。

3. 油温升高时,部分油会蒸发而与空气混合成油气,该油气所能点火的最低温度称为_____,如继续加热,则会连续燃烧,此温度称为_____。

4. 工作压力较高的系统宜选用黏度_____的液压油,以减少泄漏;反之便选用黏度_____的油。执行机构运动速度较高时,为了减小液流的功率损失,宜选用黏度_____的液压油。

5. 我国油液牌号是以_____℃时油液_____黏度来表示的。

6. 油液黏度因温度升高而_____,因压力增大而_____。

7. 液压油是液压传动系统中的传动介质,而且还对液压装置的机构、零件起着_____、_____和防锈作用。

二、判断题

1. 液体能承受压力,不能承受拉应力。 (   )

2. 油液在流动时有黏性,处于静止状态也可以显示黏性。 (   )

三、简答题

1. 液压油的性能指标是什么？简述各性能指标的含义。
2. 选用液压油主要应考虑哪些因素？

任务 1.3　了解流体力学基本知识

任务要求

- 素养要求：通过理论分析、计算，养成严谨认真、细致入微的工作态度。
- 知识要求：理解流体静力学和流体动力学基本方程，熟悉压力表示方法，管路中液体的压力损失和流量损失，液压系统中的冲击现象和气穴现象。
- 技能要求：依据流体静力学和流体动力学基本方程，会计算液压系统的基本参数。

知识准备

一、液体静力学

液体静力学主要是讨论液体静止时的平衡规律以及这些规律的应用。"液体静止"指的是液体内部质点间没有相对运动，不呈现黏性，与盛装液体容器的运动状态无关。

1. 液体的静压力及其特性

当液体静止时，液体质点间没有相对运动，不存在摩擦力，所以静止液体的表面力只有法向力。设液体内某点处单位面积 ΔA 上所受到的法向力为 ΔF，则该点处的静压力为 $\Delta F/\Delta A$ 的极限，用 p 来表示，即

$$p = \lim_{\Delta A \to 0} \frac{\Delta F}{\Delta A} \tag{1-6}$$

如果法向力 F 均匀地作用于面积 A 上，则压力可表示为

$$p = \frac{F}{A} \tag{1-7}$$

压力的法定计量单位为 Pa（帕，N/m²）。由于 Pa 单位太小，工程上使用不便，因而常用 MPa（兆帕），$1\text{ MPa} = 10^6\text{ Pa}$。

液体的静压力具有两个重要特性：

① 液体静压力垂直于作用面，总是与作用面的内法线方向一致。
② 静止液体内任一点所受的静压力在各个方向上都相等。

2. 液体静压力基本方程

在重力作用下的静止液体受力情况如图 1-7(a) 所示，则 A 点所受的压力为

$$p = p_0 + \rho gh \tag{1-8}$$

其中，g 为重力加速度，式(1-8)即为液体静压力的基本方程，由式(1-8)可知：

① 静止液体内任一点处的压力由两部分组成，一部分是液面上的压力 p_0，另一部分是 ρg 与该点离液面深度 h 的乘积。
② 同一容器中同一液体内的静压力随液体深度 h 的增加而线性地增加。

③同一液体中深度 h 相同的各点压力都相等。由压力相等的点组成的面称为等压面。重力作用下静止液体中的等压面是一个水平面。

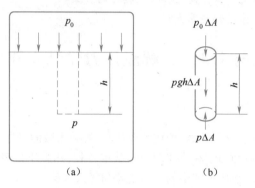

图 1-7　重力作用下的静压力分布规律

【**实例 1-1**】　如图 1-7 所示,容器内油液密度为 $\rho = 900 \text{ kg/m}^3$,活塞上的作用力 $F = 1\,000 \text{ N}$,活塞面积 $A = 1 \times 10^{-3} \text{ m}^2$,忽略活塞重量,请问活塞下方深度为 $h = 0.5 \text{ m}$ 处的压力为多少?

解:活塞与液体接触面上的压力为

$$p_0 = \frac{F}{A} = \frac{1\,000 \text{ N}}{1 \times 10^{-3} \text{ m}^2} = 10^6 \text{ Pa}$$

根据液体静压力基本方程,深度为 $h = 0.5 \text{ m}$ 处的液体压力为

$$p = p_0 + \rho g h = 10^6 + 900 \times 9.8 \times 0.5$$
$$= 1.004\,4 \times 10^6 \text{ Pa} \approx 10^6 \text{ Pa}$$

从本例可以看出,液体在受外界压力作用下,由液体自重所形成的压力相对很小,在液压系统中常可忽略不计,因而可近似地认为整个液体内部的压力是处处相等的。以后,在分析液压系统的压力时,一般都采用这个结论。

3. 压力的表示方法

压力的表示方法有两种:一种是以绝对真空为基准所表示的压力,称为绝对压力;另一种是以大气压力为基准所表示的压力,称为相对压力。由于大多数测压仪表所测得的压力都是相对压力,故相对压力又称表压力。

当绝对压力大于大气压力时,绝对压力与相对压力的关系为

绝对压力 = 相对压力 + 大气压力

当绝对压力小于大气压力时,通常将其差值称为真空度,即

真空度 = 大气压力 − 绝对压力 = −(绝对压力 − 大气压力)

由此可知,当以大气压为基准计算压力时,基准以上的正值为表压力,基准以下的负值为真空度。在液压技术中,如不特别指明,压力均指相对压力。绝对压力、相对压力和真空度的相互关系如图 1-8 所示。

4. 帕斯卡原理

密封容器内的静止液体,当边界上的压力 p_0 发生变化时,如增加 Δp,则容器内任意一点的压力将增加同一数值 Δp,即在密封容器内施加于静止液体任一点的压力将以等值传到液体各点,这就是帕斯卡原理或静压传递原理。

如图 1-9 所示,在密封容器内,施加于静止液体上的各点压力将以等值同时传递到液体内各

点,容器内压力方向垂直于内表面。容器内的液体各点压力为

$$p = \frac{G}{A_2} = \frac{F}{A_1} \tag{1-9}$$

该公式建立了液压传动中工作的压力取决于外界负载这一个重要概念。

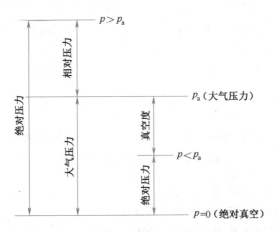

图 1-8 绝对压力、相对压力和真空度的关系

【实例1-2】 如图1-9所示,相互连通的两个液压缸,大缸的直径 $D = 30$ cm,小缸的直径 $d = 3$ cm,若在小活塞上加的力 $F = 200$ N,问大活塞能举起重物的重量 G 为多少?

解:根据帕斯卡原理,由外力产生的压力在两缸中的数值应相等,即

$$p = \frac{4F}{\pi d^2} = \frac{4G}{\pi D^2}$$

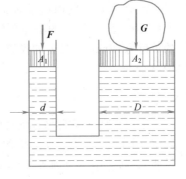

图 1-9 帕斯卡原理示意图

故大活塞能顶起重物的重量 G 为

$$G = \frac{D^2}{d^2}F = \frac{30^2}{3^2} \times 200 \text{ N} = 20 \text{ kN}$$

由例1-2可知,液压装置具有力的放大作用。液压机、液压千斤顶和万吨水压机等,都是利用该原理工作的。

二、液体动力学

液体动力学主要研究液体的流动状态,液体在外力作用下流动时的运动规律及液体流动时的能量转换关系。

1. 基本概念

(1) 理想液体与恒定流动

液体具有黏性,并在流动时表现出来,因此研究流动液体时要考虑液体的黏性,而液体的黏性阻力非常复杂,这使得对流动液体的研究变得复杂。因此,引入了理想液体和恒定流动的概念。

理想液体是指没有黏性、不可压缩的液体。把既具有黏性又可压缩的液体称为实际液体。

恒定流动(又称定常流动或稳定流动)是指液体中任何一点的压力、速度和密度都不随时间而变化。在流体的运动参数中,只要有一个运动参数随时间而变化,液体的运动就是非恒定流动。理想液体的恒定流动和非恒定流动如图 1-10 所示。

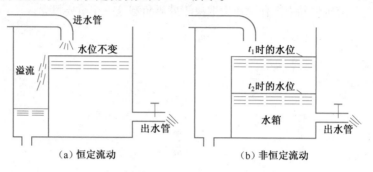

图 1-10 恒定流动和非恒定流动

(2)通流截面、流量和平均流速

通流截面:液体在管道中流动时,垂直于流动方向的截面为通流截面,通常用 A 来表示。理想液体在直管中流动如图 1-11 所示。

流量:单位时间内通过通流截面的液体体积称为流量,用 q 表示,流量的法定单位为 m^3/s,工程上常用的单位为 L/min。二者的换算关系为 $1\ m^3/s = 6 \times 10^4\ L/min$。

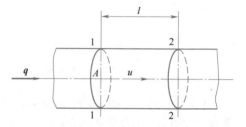

图 1-11 理想液体在直管中流动

$$q = \frac{V}{t} = \frac{Al}{t} = Au \tag{1-10}$$

平均流速:在实际液体流动中,由于黏性摩擦力的作用,通流截面上流速 u 的分布规律难以确定,因此引入平均流速的概念,即认为通流截面上各点的流速均为平均流速,用 v 来表示,则通过通流截面的流量 q 就等于平均流速 v 乘以通流截面积 A,即

$$q = \int_A u dA = vA \tag{1-11}$$

则平均流速为

$$v = \frac{q}{A} \tag{1-12}$$

当液压缸的有效面积一定时,活塞运动速度的大小取决于进入液压缸流量的多少。

(3)层流、紊流和雷诺数

液体流动有两种基本状态:层流和紊流。在液体运动时,如果质点没有横向脉动,不引起液体质点混杂,而是层次分明且层与层之间互不干扰,能够维持安定的流束状态,这种流动称为层流。如果液体流动时质点具有脉动速度,引起流层间质点相互错杂交换,呈极其紊乱的状态,这种流动称为紊流或湍流。

液体流动时究竟是层流还是紊流,须用雷诺数来判别。实验证明,液体在圆管中的流动状态不仅与管内的平均流速 v 有关,还和管径 d、液体的运动黏度 ν 有关,如图 1-12 所示。但是,真正决定液流状态的,却是这三个参数所组成的一个称为雷诺数 Re 的无量纲纯数,即

$$Re = vd/\nu \tag{1-13}$$

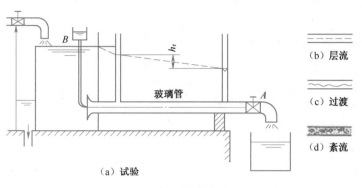

图 1-12 雷诺试验

由式(1-13)可知,若液流的雷诺数相同,则液体的流动状态也相同。一般把紊流转变为层流时的雷诺数称为临界雷诺数 Re_L。当 $Re \leq Re_L$ 时为层流;当 $Re > Re_L$ 时为紊流。各种管道的临界雷诺数可由实验求得,见表 1-5。

表 1-5 各种管道的临界雷诺数

管道形状	临界雷诺数 Re_L	管道形状	临界雷诺数 Re_L
光滑金属管	2 300	带沉割槽的同心环状缝隙	700
橡胶软管	1 600 ~ 2 000	带沉割槽的偏心环状缝隙	400
光滑同心环状缝隙	1 100	圆柱形滑阀阀口	260
光滑偏心环状缝隙	1 000	锥阀阀口	20 ~ 100

2. 连续性方程

质量守恒是自然界的客观规律,不可压缩液体的流动过程也遵守质量守恒定律。流量连续性方程是质量守恒定律在流体力学中的一种表达形式。

理想液体在管道中恒定流动时,由于它不可压缩(密度 ρ 不变),在压力作用下,液体中也不可能有空隙,则在单位时间内流过截面 1 和截面 2 处的液体的质量应相等,如图 1-13 所示,有 $\rho A_1 v_1 = \rho A_2 v_2$,即

$$A_1 v_1 = A_2 v_2 \tag{1-14}$$

由于通流截面是任意取的,则有

$$q = vA = 常量 \tag{1-15}$$

在式(1-15)中 v_1,v_2 分别是流管通流截面 A_1 及 A_2 上的平均流速。式(1-15)表明通过流管内任一通流截面上的流量相等,当流量一定时,任一通流截面上的通流面积与流速成反比,即管径细的地方流速大,管径粗的地方流速小。

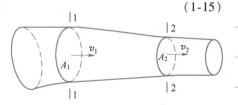

图 1-13 液体的流量连续性示意图

【实例 1-3】 如图 1-9 所示,相互连通的两个液压缸,已知大缸内径 $D = 100$ mm,小缸内径 $d = 20$ mm,大活塞上放一质量为 5 000 kg 的物体 G。求:①小活塞上所加的力 F 多大时才能使大活塞顶起重物?

②若小活塞下压速度为 0.2 m/s,大活塞上升速度是多少?

解:

①根据帕斯卡原理,由外力产生的压力在两缸中的数值应相等,即

$$p = \frac{4F}{\pi d^2} = \frac{4G}{\pi D^2}$$

故使大活塞顶起重物时,小活塞上所加的力 F 为

$$F = \frac{d^2}{D^2}G = \frac{20^2}{100^2} \times (5\,000 \times 9.8) = 1\,960(\text{N})$$

②设小活塞面积为 A_1,小活塞运动速度为 v_1,大活塞面积为 A_2,大活塞运动速度为 v_2,由连续性方程可得

$$v_2 = \frac{A_1 v_1}{A_2} = \frac{d^2}{D^2}v_1 = \frac{20^2}{100^2} \times 0.2 = 0.008(\text{m/s})$$

3. 管路中液体的压力损失和流量损失

(1) 压力损失

压力损失有沿程压力损失和局部压力损失两种。沿程压力损失是当液体在直径不变的直管中流过一段距离时,因摩擦而产生的压力损失。局部压力损失是由于管子截面形状突然变化、液流方向改变或其他形式的液流阻力而引起的压力损失。管路系统的总压力损失等于所有沿程压力损失和所有局部压力损失之和。

由于零件结构不同(尺寸的偏差与表面粗糙度的不同),因此,要准确地计算出总的压力损失的数值是比较困难的,但压力损失又是液压传动中一个必须考虑的因素,它关系到确定系统所需的供油压力和系统工作时的温升,所以生产实践中也希望压力损失尽可能小些。

(2) 流量损失

在液压系统中,各液压元件都有相对运动的表面,如液压缸内表面和活塞外表面。因为要有相对运动,所以它们之间都有一定的间隙,如果间隙的一边为高压油,另一边为低压油,那么高压油就会经间隙流向低压区,从而造成泄漏。同时,由于液压元件密封不完善,因此一部分油液也会向外部泄漏。这种泄漏会造成实际流量有所减少,这就是流量损失。

流量损失影响运动速度,而泄漏又难以绝对避免,因此在液压系统中泵的额定流量要略大于系统工作时所需的最大流量。通常也可以用系统工作所需的最大流量乘以 1.1~1.3 的系数来估算。

4. 液压冲击及空穴现象

(1) 液压冲击现象

在液压系统中,当极快地换向或关闭液压回路时,致使液流速度急速地改变(变向或停止),由于流动液体的惯性或运动部件的惯性,会使系统内的压力发生突然升高或降低,这种现象称为液压冲击(水力学中称为水锤现象)。

液压冲击的危害是很大的,发生液压冲击时管路中的冲击压力往往急增很多倍,而使按工作压力设计的管道破裂。此外,所产生的液压冲击波会引起液压系统的振动和冲击噪声。因此在液压系统设计时要考虑这些因素,应当尽量减少液压冲击的影响。一般可采用如下措施:

①缓慢关闭阀门,削减冲击波的强度。

②在阀门前设置蓄能器,以减小冲击波传播的距离。

③应将管中流速限制在适当范围内,或采用橡胶软管也可以减小液压冲击。

④在系统中装置安全阀,可起到卸载作用。

(2) 空穴现象

在液流中当某点压力低于液体所在温度下的空气分离压力时,原来溶于液体中的气体会被分离出来而产生气泡,这就是空穴现象。

在液压系统中的任何地方,只要压力低于空气分离压力,就会发生空穴现象。为了防止空穴现象的产生,就是要防止液压系统中的压力过度降低,具体措施有:

①减小流经节流小孔前后的压差。

②正确设计液压泵的结构参数,适当加大吸油管内径,使吸油管中液流速度不致太高,在急剧转弯或局部狭窄处,接头应有良好密封,过滤器要及时清洗或更换滤芯以防堵塞,对高压泵宜设置辅助泵向液压泵的吸油口供应足够的低压油。

③提高零件的抗气蚀能力,增加零件的机械强度,采用抗腐蚀能力强的金属材料,提高零件的表面加工质量等。

自主测试

一、判断题

1. 以绝对真空为基准测得的压力称为绝对压力。( )
2. 液体在不等横截面的管中流动,液流速度和液体压力与横截面积的大小成反比。( )
3. 空气侵入液压系统,不仅会造成运动部件的"爬行",而且会引起冲击现象。( )
4. 当液体通过的横截面积一定时,液体的流动速度越高,需要的流量越小。( )
5. 液体在管道中流动的压力损失表现为沿程压力损失和局部压力损失两种形式。( )
6. 用来测量液压系统中液体压力的压力计所指示的压力为相对压力。( )
7. 以大气压力为基准测得的高出大气压的那一部分压力称绝对压力。( )

二、选择题

1. 在密闭容器中,施加于静止液体内任一点的压力能等值地传递到液体中的所有地方,这称为( )。

   A. 能量守恒原理　　B. 动量守恒定律　　C. 质量守恒原理　　D. 帕斯卡原理

2. 在液压传动中,压力一般指压强,在国际单位制中,它的单位是( )。

   A. 帕　　　　　　　B. 牛顿　　　　　　C. 瓦　　　　　　　D. 牛·米

3. 在液压传动中人们利用( )来传递力和运动。

   A. 固体　　　　　　B. 液体　　　　　　C. 气体　　　　　　D. 绝缘体

4. ( )是液压传动中最重要的参数。

   A. 压力和流量　　　B. 压力和负载　　　C. 压力和速度　　　D. 流量和速度

5. ( )又称表压力。

   A. 绝对压力　　　　B. 相对压力　　　　C. 大气压　　　　　D. 真空度

三、简答题

1. 什么是液压冲击?它发生的原因有哪些?
2. 什么是空穴现象?它有哪些危害?应如何避免?
3. 如图 1-14 所示液压系统,已知使活塞1、2向左运动所需的压力分别为 p_1、p_2,阀门 T 的开

启压力为 p_3，且 $p_1 < p_2 < p_3$，请问：

(1) 哪个活塞先动？此时系统中的压力为多少？

(2) 另一个活塞何时才能动？这个活塞动时系统中压力是多少？

(3) 阀门 T 何时才会开启？此时系统压力又是多少？

(4) 若 $p_3 < p_2 < p_1$，此时两个活塞能否运动？为什么？

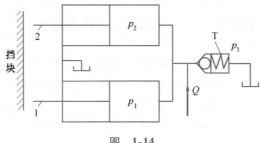

图 1-14

四、计算题

1. 在图 1-15 简化液压千斤顶中，$T = 294$ N，大小活塞的面积分别为 $A_2 = 5 \times 10^{-3}$ m^2，$A_1 = 1 \times 10^{-3}$ m^2，忽略损失，试解答下列各题。

(1) 通过杠杆机构作用在小活塞上的力 F_1 及此时系统压力 p。

(2) 大活塞能顶起重物的重量 G。

(3) 大小活塞运动速度哪个快？快多少倍？

(4) 设需顶起的重物 $G = 19\ 600$ N 时，系统压力 p 又为多少？作用在小活塞上的力 F_1 应为多少？

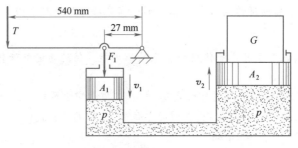

图 1-15

2. 如图 1-16 所示，已知活塞面积 $A_1 = 10 \times 10^{-3}$ m^2，包括活塞自重在内的总负重 $G = 10$ kN，问从压力表上读出的压力 $p_1、p_2、p_3、p_4、p_5$ 各是多少？

3. 如图 1-17 所示连通器，中间有一活动隔板 T，已知活塞面积 $A_1 = 1 \times 10^{-3}$ m^2，$A_2 = 5 \times 10^{-3}$ m^2，$F_1 = 200$ N，$G = 2\ 500$ N，活塞自重不计，问：

(1) 当中间用隔板 T 隔断时，连通器两腔压力 $p_1、p_2$ 各是多少？

(2) 当把中间隔板抽去，使连通器连通时，两腔压力 $p_1、p_2$ 是多少？力 F_1 能否举起重物 G？

(3) 当抽去中间隔板 T 后若要使两活塞保持平衡，F_1 应是多少？

(4) 若 $G = 0$，其他已知条件都同前 F_1 是多少？

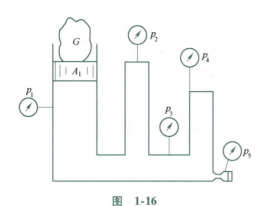
图 1-16

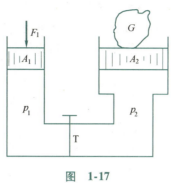
图 1-17

综合评价

评价形式	评价内容	评价标准	得 分	总 分
自我评价(30分)	(1)学习准备 (2)学习态度 (3)任务达成	(1)优秀(30分) (2)良好(24分) (3)一般(18分)		
小组评价(30分)	(1)团队协作 (2)交流沟通 (3)主动参与	(1)优秀(30分) (2)良好(24分) (3)一般(18分)		
教师评价(40分)	(1)学习态度 (2)任务达成 (3)沟通协作	(1)优秀(40分) (2)良好(32分) (3)一般(24分)		
增值评价(+10分)	(1)创新应用 (2)素养提升	(1)优秀(10分) (2)良好(8分) (3)一般(6分)		

综合拓展1：了解液力传动

液力传动是一种通过液体在封闭泵的作用下传递力和动力的机械传动方式。液力传动系统由液力偶合器和液力变矩器两部分组成，广泛应用于工业生产和交通运输领域。

1. 液力传动的工作流程

液力传动的工作流程主要包括：能量输入、流体传递、能量输出三个阶段。

(1)能量输入阶段

在液力传动系统中，动力源(通常是发动机)通过连接装置将动力输入液力偶合器和液力变矩器中的动子。液力传动的动力输入通常通过机械方式来实现，例如由发动机通过曲轴带动动力源的转动。

(2)流体传递阶段

在液力偶合器和液力变矩器中，在泵向涡轮传递流体时，液压能被转化为机械能，从而实现动力传递。当液体在泵中以一定的速度流动时，其产生的动-压能将通过液力耦合器的动子传递至液力变矩器的动子,从而实现流体的传递。

(3)能量输出阶段

液力传动的能量输出发生在液力变矩器中。液力变矩器的动子将能量传递给工作机构,如传动装置或负载设备。通过液力传动的能量输出,使得工作机构能够正常运转,实现所需的工作任务。

2. 液力传动的构造原理

液力传动主要由液驱动装置(即液力泵和液力涡轮)以及工作流体组成。

(1)液驱动装置

液力传动系统的液驱动装置通常由液力泵和液力涡轮两个元件构成。液力泵通过动力源(如发动机)的输入,将动力源的动能转化为液压能,将液体推送至液力涡轮。

(2)工作流体

液力传动的工作流体通常是液压油。液压油作为液力传动系统中的工作介质,具有良好的润滑性能和稳定的化学性质,能够有效地传递能量和动力。

在液力传动的工作过程中,液力泵将液体以一定的压力和流量推送至液力涡轮,通过液力涡轮的反力作用,液体的压力和流速将发生变化。通过此变化,能量将从液驱动装置的动子传递至工作机构,实现能量输出。

3. 液力传动的应用领域

液力传动由于其具有承载能力大、起动平稳、速度调节范围广等特点,广泛应用于各个领域。

(1)工业生产应用

液力传动在工业生产中被广泛应用于各种传动装置,如输送带、冶炼机械、矿山设备等。液力传动能够承受较大的负载,并能够灵活调节输出转矩和转速,满足不同工作需求。

(2)交通运输应用

液力传动在交通运输领域主要应用于汽车、船舶和飞机等交通工具中。在汽车中,液力传动系统被用于自动变速器,通过调节液力传动的转矩和转速,使得车辆能够平稳起动和行驶。在船舶和飞机中,液力传动则被用于主动推力装置,能够提供大扭矩输出和快速变速的能力,提高交通工具的性能。

综合拓展2:分析孔口及缝隙液流特性

1. 孔口液流特性

在液压传动系统中常遇到油液流经小孔或缝隙的情况,例如,节流调速中的节流小孔,液压元件相对运动表面间的各种缝隙。研究液体流经这些小孔和缝隙的流量压力特性,对于研究节流调速性能,计算泄漏都是很重要的。

液体流经小孔的情况可以根据孔长 l 与孔径 d 的比值分为三种情况:$l/d \leq 0.5$ 时,称为薄壁小孔,如图1-18所示;$0.5 < l/d \leq 4$ 时,称为短孔;$l/d > 4$ 时,称为细长孔。

流经孔口的流量可以用式(1-16)表示。

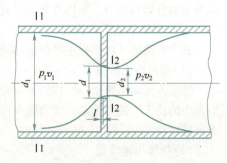

图1-18 液体在薄壁小孔中的流动

$$q = CA_T \Delta p^\varphi \tag{1-16}$$

式中　C——孔口的通流系数；

　　　A_T——孔口的截面面积（m^2）；

　　　Δp——孔口前后的压力差（Pa）；

　　　φ——指数：当孔口为薄壁小孔时，$\varphi = 0.5$；当孔口为细长孔时，$\varphi = 1$；孔口为细长小孔时，$0.5 < \varphi < 1$。

2. 缝隙液流特性

液压元件内各零件间有相对运动，必须要有适当缝隙（又称间隙）。缝隙过大，会造成泄漏；缝隙过小，会使零件卡死。图 1-19 所示为泄漏，泄漏是由压差和缝隙造成的。内泄漏的损失转换为热能，使油温升高，外泄漏污染环境，两者均影响系统的性能与效率。因此，研究液体流经缝隙的泄漏量、压差与缝隙量之间的关系，对提高元件性能及保证系统正常工作是必要的。缝隙中的流动一般为层流，一种是压差造成的流动称压差流动，另一种是相对运动造成的流动称剪切流动，还有一种是在压差与剪切同时作用下的流动。

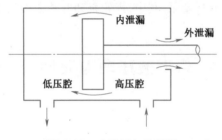

图 1-19　内泄漏与外泄漏

项目二 液压元件的认识及故障诊断

液压泵是液压系统的动力元件,将原动机(电动机、柴油机等)输入的机械能(转矩和角速度)转换为压力能(压力和流量)输出,使执行元件推动负载作功。液压泵的性能好坏直接影响到液压系统的工作性能和可靠性,在液压传动中占有极其重要的地位。液压泵的分类方式很多,可按压力的大小分为低压泵、中压泵和高压泵;也可按流量是否可调节分为定量泵和变量泵;还可按泵的结构分为齿轮泵、叶片泵和柱塞泵,其中,齿轮泵和叶片泵多用于中、低压系统,柱塞泵多用于高压系统。

任务2.1 认识液压动力元件及故障诊断

任务要求

- 素养要求:通过液压动力元件的拆装操作及故障诊断,养成注重细节、精益求精的工作习惯。
- 知识要求:熟悉液压泵的分类、结构及工作原理,认识液压泵的图形符号,熟悉液压泵的性能参数,理解液压泵的选用原则。
- 技能要求:能正确拆装液压泵,能根据应用场合合理选用液压泵,会进行液压泵的常见故障诊断。

知识准备

一、液压泵的工作原理及主要性能参数

1. 液压泵的工作原理

容积式液压泵依靠密封容积变化进行工作,图 2-1 所示为单柱塞液压泵的工作原理图,图中柱塞 2 装在缸体 3 中形成一个密封容积 a,柱塞在弹簧 4 的作用下始终压紧在偏心轮 1 上。原动机驱动偏心轮 1 旋转使柱塞 2 作往复运动,使密封容积 a 的大小发生周期性的交替变化。当密封容积 a 由小变大时,形成局部真空,使油箱中油液在大气压作用下,经吸油管顶开单向阀 6 进入密封容积 a 实现吸油;反之,当密封容积 a 由大变小时,a 腔中的油液在压力作用下顶开单向阀 5 流入液压系统实现压油。这样液压泵就将原动机输入的机械能转换成液体的压力能,原动机驱动偏心轮不断旋转,液压泵就不断完成吸油和压油过程,因此就会连续不断向液压系统供油。

液压泵正常工作的四个必备条件:

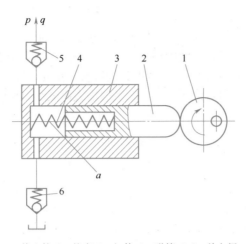

1—偏心轮；2—柱塞；3—缸体；4—弹簧；5、6—单向阀。

图 2-1　单柱塞液压泵工作原理图

①必须具有一个由运动件和非运动件所构成的密封容积。

②密封容积的大小随运动件的运动作周期性变化,容积由小变大是吸油,由大变小是压油。

③在吸油和压油时,应有配流装置,保证泵油过程顺利进行。

④在吸油过程中,油箱必须与大气相通。

2. 液压泵的主要性能参数

(1)压力

工作压力:液压泵实际工作时的输出压力称为工作压力。工作压力的大小取决于外负载的大小和排油管路上的压力损失,而与液压泵的流量无关。

额定压力:液压泵在正常工作条件下,按试验标准规定连续运转的最高压力称为液压泵的额定压力。

最高允许压力:在超过额定压力的条件下,根据试验标准规定,允许液压泵短暂运行的最高压力值,称为液压泵的最高允许压力。

(2)排量 V

液压泵每转一周,由其密封容积几何尺寸变化计算而得到的排出液体体积称为液压泵的排量(m^3/r)。排量可调节的液压泵称为变量泵;排量为常数的液压泵则称为定量泵。

(3)流量

理论流量 q_t:理论流量是指在不考虑液压泵泄漏流量的情况下,在单位时间内所排出的液体体积的平均值。如果液压泵的排量为 $V(m^3/r)$,其主轴转速为 $n(r/s)$,则该液压泵的理论流量 q_t(m^3/s)为

$$q_t = Vn \tag{2-1}$$

实际流量 q:液压泵在某一具体工况下,单位时间内所排出的液体体积称为实际流量,等于理论流量 q_t 减去泄漏流量 Δq,即

$$q = q_t - \Delta q \tag{2-2}$$

额定流量 q_n:液压泵在正常工作条件下,按试验标准规定(如在额定压力和额定转速下)必须保证的流量称为额定流量。

(4) 容积损失和机械损失

容积损失是指液压泵流量上的损失,液压泵的实际输出流量总是小于其理论流量,主要原因是由于液压泵内部高压腔的泄漏、油液的压缩以及在吸油过程中由于吸油阻力太大、油液黏度大以及液压泵转速高等原因而导致油液不能全部充满密封工作腔。液压泵的容积损失用容积效率 η_V 来表示,液压泵的容积效率随着液压泵工作压力的增大而减小,且随液压泵的结构类型不同而异,但恒小于1。

$$\eta_V = \frac{q}{q_t} \tag{2-3}$$

因此液压泵的实际输出流量 q 为

$$q = q_t \eta_V = V n \eta_V \tag{2-4}$$

式中 V——液压泵的排量(m^3/r);
n——液压泵的转速(r/s)。

机械损失是指液压泵在转矩上的损失。液压泵的实际输入转矩 T 总是大于理论上所需要的转矩 T_t,其主要原因是液压泵体内相对运动部件之间因机械摩擦而引起的摩擦转矩损失以及液体的黏性而引起的摩擦损失。液压泵的机械损失用机械效率 η_m 表示,它等于液压泵的理论转矩 T_t 与实际输入转矩 T 之比,设转矩损失为 ΔT,则液压泵的机械效率为

$$\eta_m = \frac{T_t}{T} = \frac{T - \Delta T}{T} = 1 - \frac{\Delta T}{T} \tag{2-5}$$

式中 T——泵的实际输入转矩(N·m);
ΔT——泵的损失转矩(N·m)。

液压泵的总效率是指液压泵的实际输出功率与其输入功率的比值,即

$$\eta = \eta_V \eta_m = \frac{P}{P_m} \tag{2-6}$$

式中 P——泵实际输出功率(W);
P_m——电动机输出功率(W)。

(5) 液压泵的功率

理论功率 P_t:液压泵的理论功率用泵的理论流量 q_t 与泵进出口压差 Δp 的乘积来表示,即

$$P_t = \Delta p q_t \tag{2-7}$$

输入功率 P_i:液压泵的输入功率是指作用在液压泵主轴上的机械功率,当输入转矩为 T_0,角速度为 ω 时,有

$$P_i = T_0 \omega \tag{2-8}$$

输出功率 P:液压泵的输出功率是指液压泵在工作过程中的实际吸、压油口间的压差 Δp 和输出流量 q 的乘积,即

$$P = \Delta p q \tag{2-9}$$

式中 P——液压泵的输出功率(N·m/s 或 W);
Δp——液压泵吸、压油口之间的压差(N/m^2);
q——液压泵的实际输出流量(m^3/s)。

在实际的计算中,若油箱通大气,液压泵吸、压油的压差往往用液压泵出口压力 p 代替。

电动机功率 P_m:电动机功率也是泵的输入功率,即

$$P_m = P_i = \frac{P}{\eta_V \eta_m} = \frac{\Delta p q}{\eta} \tag{2-10}$$

【实例2-1】 某液压系统,泵的排量 $V = 10$ mL/r,电动机转速 $n = 1\,200$ r/min,泵的输出压力 $p = 5$ MPa,泵的容积效率 $\eta_V = 0.92$,总效率 $\eta = 0.84$。

求:①泵的理论流量;②泵的实际流量;③泵的输出功率;④驱动电动机功率。

解:

①泵的理论流量:
$$q_t = Vn = 10 \times 1\,200 \times 10^{-3} \text{ L/min} = 12 \text{ L/min}$$

②泵的实际流量:
$$q = q_t \eta_V = 12 \times 0.92 \text{ L/min} = 11.04 \text{ L/min}$$

③泵的输出功率:
$$P = \Delta pq = pq = 5 \times 10^6 \times 11.04 \times 10^{-3}/60 \text{ W} = 0.9 \text{ kW}$$

④驱动电动机功率:
$$P_m = \frac{P}{\eta} = \frac{0.9 \times 10^3}{0.84} \text{ W} = 1.07 \text{ kW}$$

3. 液压泵的图形符号

液压泵的图形符号如图2-2所示。

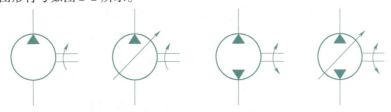

(a) 单向定量液压泵　(b) 单向变量液压泵　(c) 双向定量液压泵　(d) 双向变量液压泵

图2-2　液压泵的图形符号

二、齿轮泵的结构和工作原理

齿轮泵是液压系统中广泛采用的一种液压泵,一般做成定量泵。按结构不同,齿轮泵分为外啮合齿轮泵和内啮合齿轮泵,内啮合齿轮泵应用较少。外啮合齿轮泵具有结构简单、紧凑、容易制造、成本低,对油液污染不敏感,工作可靠、维护方便、寿命长等优点,故广泛应用于各种低压系统中。随着齿轮泵在结构上的不断完善,中、高压齿轮泵的应用逐渐增多。目前高压齿轮泵的工作压力可达 $14 \sim 21$ MPa。下面以外啮合齿轮泵为例来剖析齿轮泵。

1. 齿轮泵的工作原理

外啮合齿轮泵实物图和立体分解图如图2-3所示,它是分离三片式结构,三片是指前泵盖3、泵体4和后泵盖6,泵体4内装有一对齿数相同、宽度和泵体接近而又互相啮合的齿轮,这对齿轮与两端盖和泵体形成一密封腔,并由齿轮的齿顶和啮合线把密封腔划分为两部分,即吸油腔和压油腔。两齿轮分别用键固定在由滚针轴承支承的主动轴1和从动轴7上,主动轴由电动机带动旋转。

齿轮泵的工作原理如图2-4所示,当泵的主动齿轮1按图示箭头方向旋转时,齿轮泵右侧(吸油腔2)齿轮脱开啮合,齿轮的轮齿退出齿间,使密封容积增大,形成局部真空,油箱中的油液在外界大气压力的作用下,经吸油管路、吸油腔进入齿间,形成了齿轮泵的吸油过程。随着齿轮的旋转,吸入齿间的油液被带到另一侧,进入压油腔4。这时轮齿进入啮合,使密封容积逐渐减小,齿间部分的油液被挤出,形成了齿轮泵的压油过程。齿轮啮合时齿向接触线把吸油腔和压油腔分开,起配油作用。当齿轮泵的主动齿轮由电动机带动不断旋转时,轮齿脱开啮合的一侧,由于密封容积变大则不断从油箱中吸油,当轮齿进入啮合的一侧时,由于密封容积减小则不断地排油,这就是齿轮泵的工作原理。

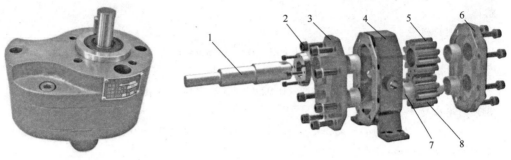

(a) 实物图　　　　　　　　(b) 立体分解图

1—主动轴(传动轴);2—螺钉;3—前泵盖;4—泵体;5—主动齿轮;6—后泵盖;7—从动轴;8—从动齿轮。

图2-3　外啮合齿轮泵实物图和立体分解图

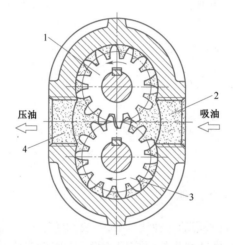

1—主动齿轮;2—吸油腔;3—从动齿轮;4—压油腔。

图2-4　齿轮泵的工作原理图

外啮合齿轮泵在结构上存在困油现象、径向力不平衡和泄漏等问题。

(1) 困油问题

齿轮泵要能连续地供油,就要求齿轮啮合的重叠系数 ε 大于1,也就是当一对齿轮尚未脱开啮合时,另一对齿轮已进入啮合,这样就出现同时有两对齿轮啮合的瞬间,在两对齿轮的齿向啮合线之间形成了一个封闭容积,一部分油液也就被困在这一封闭容积中[见图2-5(a)],齿轮连续旋转时,这一封闭容积便逐渐减小,到两啮合点处于节点两侧的对称位置时[见图2-5(b)],封闭容积为最小,齿轮再继续转动时,封闭容积又逐渐增大,直到图2-5(c)所示位置时,容积又变为最大。在封闭容积减小时,被困油液受到挤压,压力急剧上升,使轴承突然受到很大的冲击载荷,使泵剧烈振动,这时高压油从一切可能泄漏的缝隙中挤出,造成功率损失,使油液发热等。当封闭容积增大时,由于没有油液补充,因此形成局部真空,使原来溶解于油液中的空气分离出来,形成了气泡,油液中产生气泡后,会引起噪声、气蚀等。以上情况就是齿轮泵的困油现象。这种困油现象极为严重地影响着泵的工作平稳性和使用寿命。

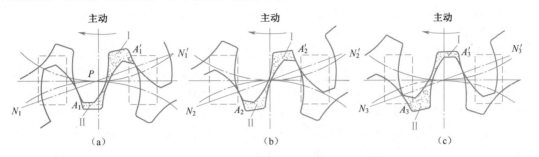

图 2-5 齿轮泵的困油现象

为了消除困油现象,在 CB-B 型齿轮泵的泵盖上铣出两个困油卸荷凹槽,其几何关系如图 2-6 所示。卸荷槽的位置应该使困油腔由大变小时,能通过卸荷槽与压油腔相通,而当困油腔由小变大时,能通过另一卸荷槽与吸油腔相通。两卸荷槽之间的距离为 a,必须保证在任何时候都不能使压油腔和吸油腔互通。

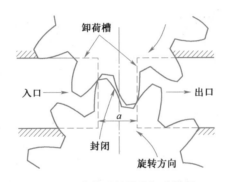

图 2-6 齿轮泵的困油卸荷槽图

按上述对称开的卸荷槽,当困油封闭腔由大变至最小时(见图 2-6),由于油液不易从即将关闭的缝隙中挤出,故封闭油压仍将高于压油腔压力;齿轮继续转动,当封闭腔和吸油腔相通的瞬间,高压油又突然和吸油腔的低压油相接触,会引起冲击和噪声。于是 CB-B 型齿轮泵将卸荷槽的位置整体向吸油腔侧平移了一个距离。这时封闭腔只有在由小变至最大时才和压油腔断开,油压没有突变,封闭腔和吸油腔接通时,封闭腔不会出现真空也没有压力冲击,这样改进后,使齿轮泵的振动和噪声得到了进一步改善。

(2)径向不平衡力

齿轮泵工作时,在齿轮和轴承上承受径向液压力的作用。如图 2-7 所示,泵的下侧为吸油腔,上侧为压油腔。在压油腔内有液压力作用于齿轮上,沿着齿顶外周具有大小不等的压力,即为齿轮和轴承受到的径向不平衡力。液压力越高,不平衡力就越大,其结果不仅加速了轴承的磨损,降低了轴承的寿命,甚至使轴变形,造成齿顶和泵体内壁的摩擦等。

为了解决径向不平衡力问题,在有些齿轮泵上,采用开压力平衡槽的办法来消除径向不平衡力,但这将导致泄漏量增

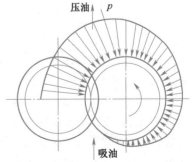

图 2-7 齿轮泵的径向不平衡力

大,容积效率降低等。CB-B型齿轮泵是一种常用的低压齿轮泵,采用缩小压油腔,以减少液压力对齿顶部分的作用面积来减小径向不平衡力,所以泵的压油口孔径比吸油口孔径小。

(3)泄漏

齿轮泵中构成密封容积的齿轮要作相对运动,因此存在间隙。由于齿轮泵吸、压油腔之间存在压差,其间隙必然产生泄漏。外啮合齿轮泵压油腔的压力油主要通过三条途径泄漏到低压腔。

①齿顶间隙泄漏。泵体的内圆表面和齿顶径向间隙的泄漏。由于齿轮转动方向与泄漏方向相反,且压油腔到吸油腔泄漏通道较长,所以其泄漏量相对较小,占总泄漏量的10%~15%。

②齿侧间隙泄漏。齿面啮合处间隙的泄漏。由于齿形误差会造成沿齿宽方向接触不良而产生间隙,使压油腔与吸油腔之间造成泄漏,这部分泄漏量很少。

③端面间隙泄漏。齿轮端面间隙的泄漏。齿轮端面与前后盖之间的端面间隙较大,此端面间隙封油长度较短,所以泄漏量最大,占总泄漏量的70%~75%。

由此可知,齿轮泵由于泄漏量较大,其额定压力不高,要想提高齿轮泵的额定压力并保证较高的容积效率,首先要减少沿端面间隙的泄漏。常用的办法是采用端面间隙自动补偿,即采用静压平衡措施,在齿轮和盖板之间增加一个补偿零件,如浮动轴套、浮动侧板,如图2-8所示。

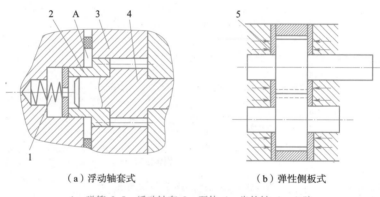

(a)浮动轴套式　　　　(b)弹性侧板式

1—弹簧;2、5—浮动轴套;3—泵体;4—齿轮轴;A—A腔。

图2-8　自动补偿端面间隙装置示意图

📖 素养提升

规范作业:严格按照液压泵标识连接进出油口

在液压泵上有进油口和出油口的标记,多数液压泵的进出油口不能反接,只有可以双向旋转的液压泵才可以反接。如果因为操作失误造成液压泵进出油口反接,轻则影响液压系统出油量和工作效率,使其不能正常工作;重则使液压泵受到冲击和磨损,缩短液压泵的使用寿命;更有甚者可能会直接造成液压泵的严重损毁。因此,在进行液压泵连接时,必须严格按照操作手册规定,仔细观察液压泵的相关标识,正确规范地安装,严守职业规范。

2. 内啮合齿轮泵的结构和工作原理

内啮合齿轮泵的工作原理是利用齿间密封容积的变化来实现吸油压油的,图2-9为内啮合齿轮泵的工作原理图。它由配油盘(前、后盖)、外转子(从动轮)和偏心安置在泵体内的内转子(主动轮)等组成。内、外转子相差一齿,图2-9(b)中内转子为六齿,外转子为七齿,由于内外转子是多齿啮合,这就形成了若干密封容积。当内转子围绕中心旋转时,带动外转子绕外转子中心作同向旋转,内转子每转一周,由内转子齿顶和外转子齿谷所构成的每个密封容积,完成吸、压油各一次,当内转子连续转动时,即完成了液压泵的吸排油工作。内啮合齿轮泵的外转子齿形是圆弧,内转子齿形为短幅外摆线的等距线,故又称内啮合摆线齿轮泵,也称转子泵。

内啮合齿轮泵有许多优点,如结构紧凑、体积小、零件少、转速高达10 000 r/mim、运动平稳、噪声小、容积效率较高等。缺点是流量脉动大,转子的制造工艺复杂等,目前已采用粉末冶金压制成型。随着工业技术的发展,摆线齿轮泵的应用将会愈来愈广泛,内啮合齿轮泵可正、反转也可作液压马达用。

 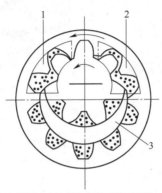 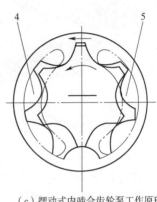

(a) 隔板式内啮合齿轮泵实物图　　(b) 隔板式内啮合齿轮泵工作原理图　　(c) 摆动式内啮合齿轮泵工作原理图

1—吸油腔;2—压油腔;3—月牙形的隔板;4,5—配油窗口。

图 2-9　内啮合齿轮泵的工作原理图

三、叶片泵的结构和工作原理

叶片泵的结构较齿轮泵复杂,但其工作压力较高,且流量脉动小,工作平稳,噪声较小,寿命较长,所以被广泛应用于专业机床、自动线等中低压液压系统中。叶片泵分为单作用叶片泵和双作用叶片泵两种。单作用叶片泵是变量泵,一般最大工作压力为 7.0 MPa,双作用叶片泵是定量泵,一般最大工作压力为 7.0 MPa。

1. 单作用叶片泵的结构和工作原理

单作用叶片泵的工作原理如图 2-10 所示,由转子、定子、叶片和端盖等组成。定子具有圆柱形内表面,定子和转子间有偏心距 e,叶片装在转子槽中,并可在槽内滑动,当转子回转时,由于离心力的作用,叶片紧紧贴在定子内壁,这样在定子、转子、叶片和两侧配油盘间就形成若干个密封的工作区间,当转子按图示的方向回转时,在图 2-10 的右部,叶片逐渐伸出,叶片间的工作空间逐渐增大,经吸油口吸油,这就是单作用叶片泵的吸油过程。在图 2-10 的左部,叶片受到定子内壁形状限制逐渐压进槽内,工作空间逐渐减小,将油液从压油口压出,这就是单作用叶片泵的压油过程。在吸油腔和压油腔间有一段封油区,把吸油腔和压油腔隔开,单作用叶片泵转子每转一周,完成吸油和压油各一次。

当改变定子和转子间的偏心距 e 大小时,可以改变泵的排量,偏心距 e 越大,排量越大,反之越小,因此单作用叶片泵为变量泵。而改变定子和转子间的偏心距 e 方向时,则可以改变泵的吸、压油口。

单作用叶片泵的流量是有脉动的,理论分析表明,泵内叶片数越多,流量脉动率越小,奇数叶片泵的脉动率比偶数叶片泵的脉动率小,所以单作用的叶片数均为奇数,一般为 13 或 15 片。单作用叶片泵主要结构特点有:叶片后倾;转子上受有不平衡径向力,压力增大,不平衡力增大,不宜用于高压;均为变量泵结构。

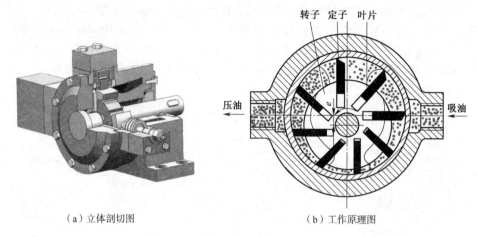

(a) 立体剖切图　　　　　　　　　(b) 工作原理图

图 2-10　单作用叶片泵的工作原理图

2. 双作用叶片泵的结构和工作原理

双作用叶片泵的工作原理如图 2-11 所示,它是由定子、转子、叶片和配油盘等组成。转子和定子中心重合,定子内表面近似为椭圆柱形,该椭圆形由两段长半径圆弧、两段短半径圆弧和四段过渡曲线所组成。

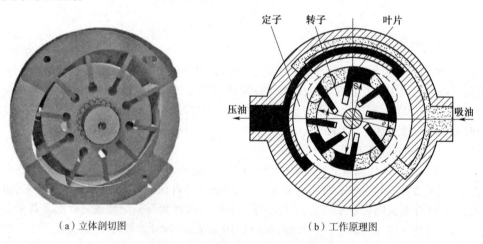

(a) 立体剖切图　　　　　　　　　(b) 工作原理图

图 2-11　双作用叶片泵的工作原理图

当转子转动时,叶片在离心力和根部压力油的作用下,在转子槽内向外移动并紧紧压向定子内表面,叶片、定子的内表面、转子的外表面和两侧配油盘间就形成若干个密封空间,当转子顺时针旋转时,处在小圆弧上的密封空间经过渡曲线而运动到大圆弧的过程中,叶片沿转子槽滑出,密封空间的容积增大,吸入油液;再从大圆弧经过渡曲线运动到小圆弧的过程中,叶片紧贴于定子内壁并逐渐被压入槽内,密封空间容积变小,将油液从压油口压出。因而,双作用叶片泵转子每转一周,完成吸油和压油各两次。双作用叶片泵由于有两个吸油腔和两个压油腔,并且各自的中心夹角是对称的,作用在转子上的油液压力相互平衡,因此双作用叶片泵又称卸荷式叶片泵。

为了使径向力完全平衡,密封空间数(即叶片数)应当是双数。

双作用叶片泵的结构特点:叶片倾角,沿旋转方向前倾10°~14°,以减小压力角;叶片底部通以压力油,防止压油区叶片内滑;防止压力跳变,配油盘上开有三角槽(眉毛槽),同时避免困油;双作用泵不能改变排量,只作定量泵使用。

3. 限压式变量叶片泵的结构和工作原理

限压式变量叶片泵是单作用叶片泵。根据前面介绍的单作用叶片泵的工作原理,改变定子和转子间的偏心距e,就能改变泵的输出流量,限压式变量叶片泵能借助输出压力大小自动改变偏心距e的大小来改变输出流量。当压力低于某一可调节的限定压力时,泵的输出流量最大;当压力高于限定压力时,随着压力的增加,泵的输出流量线性地减少,其工作原理如图2-12所示。

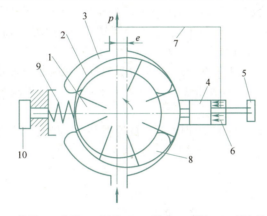

1—转子;2—定子;3—压油口;4—活塞;5—螺钉;6—活塞腔;
7—油液通道;8—吸油口;9—调压弹簧;10—调压螺钉。

图2-12 限压式变量叶片泵的工作原理图

如图2-12中,1为转子,在转子槽中装有叶片,2为定子,3为配油盘上的压油口,8为吸油口,9为调压弹簧,10为调压螺钉,4为活塞,5为调节流量螺钉。泵的出口经油液通道7与活塞腔6相通。在泵未运转时,定子2在调压弹簧9的作用下,紧靠活塞4,并使活塞4靠在调节流量螺钉5上。这时,转子1和定子2有一偏心量e_0,调节流量螺钉5的位置便可改变e_0。当泵的出口压力p较低时,则作用在活塞4上的液压力也较小,若此液压力小于左端的弹簧作用力,定子2相对于转子1的偏心量最大,输出流量最大。随着外负载的增大,液压泵的出口压力p也将随之提高,当压力超过弹簧力作用力时,若不考虑定子2移动时的摩擦力,液压作用力就要克服弹簧力推动定子向左移动,随之泵的偏心量减小,泵的输出流量也减小。可以看出,泵的工作压力愈高,偏心量愈小,泵的输出流量也愈小。

四、柱塞泵的结构和工作原理

柱塞泵是依靠柱塞在缸体中作往复运动产生密封容积的变化来实现吸油与压油的液压泵,与齿轮泵和叶片泵相比,柱塞泵有许多优点。首先,构成密封容积的零件为圆柱形的柱塞和缸孔,加工方便,可得到较高的配合精度,密封性能好,在高压工作时仍有较高的容积效率;第二,只需改变柱塞的工作行程就能改变排量的大小,易于实现变量;第三,柱塞泵中的主要零件均受压应力作用,材料强度性能可得到充分利用。

由于柱塞泵压力高、结构紧凑、效率高、流量调节方便,故在需要高压、大流量、大功率的系统中和流量需要调节的场合,如龙门刨床、拉床、液压机、工程机械、矿山冶金机械、船舶上得到广泛的应用。

柱塞泵按柱塞的排列和运动方向不同,可分为径向柱塞泵和轴向柱塞泵。

1. 径向柱塞泵的结构和工作原理

径向柱塞泵的工作原理如图2-13所示,柱塞1径向排列装在缸体2中,缸体由原动机带动连同柱塞1一起旋转,因此缸体2一般称为转子,柱塞1在离心力的(或在低压油)作用下抵紧定子4的内壁,当转子按图2-13所示方向回转时,由于定子和转子之间有偏心距e,柱塞绕经上半周时向外伸出,柱塞底部的容积逐渐增大,形成局部真空,因此便经过衬套3(衬套3是压紧在转子内,并和转子一起回转)上的油孔从配油轴5和吸油口b吸油;当柱塞转到下半周时,定子内壁将柱塞向里推,柱塞底部的容积逐渐减小,向配油轴5的压油口c压油。当转子回转一周时,每个柱塞底部的密封容积完成一次吸油和压油,转子连续运转,即完成吸、压油工作。配油轴5固定不动,油液从配油轴上半部的两个油孔a流入,从下半部两个油孔d压出,为了进行配油,配油轴5在和衬套3接触的一段加工出上下两个缺口,形成吸油口b和压油口c,留下的部分形成封油区。封油区的宽度应能封住衬套上的吸压油孔,以防吸油口和压油口相连通,但尺寸也不能大得太多,以免产生困油现象。

改变径向柱塞泵偏心距e的大小,即可改变排量的大小,因此径向柱塞泵是变量泵。

 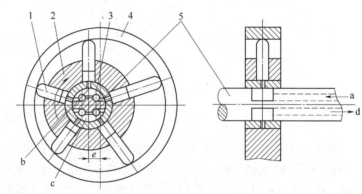

(a)立体剖切图　　　　　　　　　(b)工作原理

1—柱塞;2—缸体;3—衬套;4—定子;5—配油轴;
a—配油轴上半部油孔;b—吸油口;c—压油口;d—配油轴下半部油孔。

图2-13　径向柱塞泵的工作原理图

2. 轴向柱塞泵的结构和工作原理

轴向柱塞泵是将多个柱塞配置在一个共同缸体的圆周上,并使柱塞中心线和缸体中心线平行的一种液压泵。轴向柱塞泵结构紧凑、径向尺寸小、惯性小、容积效率高,目前最高压力可达40 MPa,甚至更高,但其轴向尺寸较大,轴向作用力也较大,结构比较复杂。轴向柱塞泵有两种形式,直轴式(斜盘式)和斜轴式(摆缸式)。

(1)直轴式轴向柱塞泵

图2-14所示为直轴式轴向柱塞泵的工作原理,这种泵主体由缸体1、配油盘2、柱塞3、斜盘4、传动轴5、弹簧6等组成。柱塞沿圆周均匀分布在缸体内。斜盘轴线与缸体轴线倾斜一定角度,柱塞靠机械装置或在低压油作用下压紧在斜盘上(图2-14中为弹簧),配油盘2和斜盘4固定不转,当原动机通过传动轴使缸体转动时,由于斜盘的作用,迫使柱塞在缸体内作往复运动,并通

过配油盘的配油窗口进行吸油和压油。缸体每转一周,每个柱塞各完成吸、压油一次。若改变斜盘倾角γ的大小,就能改变柱塞行程的长度,即改变泵的排量,因此轴向柱塞泵为变量泵。若改变斜盘倾角方向,就能改变吸油和压油的方向,即成为双向变量泵。

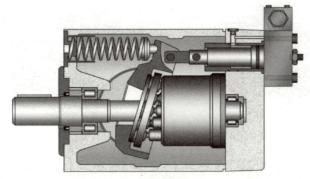

(a) 立体图

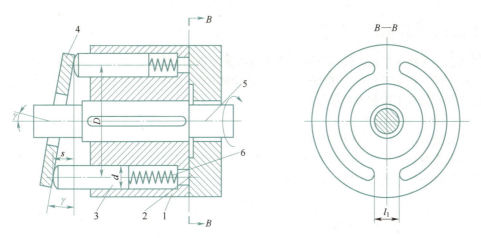

(b) 工作原理图

1—缸体;2—配油盘;3—柱塞;4—斜盘;5—传动轴;6—弹簧。
图 2-14 直轴式轴向柱塞泵的立体图和工作原理图

(2) 斜轴式轴向柱塞泵

图 2-15 所示为斜轴式轴向柱塞泵的工作原理,这种泵主体由缸体 1、配油盘 2、柱塞 3、连杆 4 和后向铰链 5 等组成。斜轴式轴向柱塞泵的缸体轴线与传动轴轴线的夹角为 γ,传动轴端部用万向铰链、连杆与缸体中的每个柱塞相连接,当传动轴转动时,通过万向铰链、连杆使柱塞和缸体一起转动,并迫使柱塞在缸体中作往复运动。当柱塞在吸油区时,柱塞在连杆作用下外伸,密封容积增大,形成局部真空,通过配油盘上的吸油槽吸油,当柱塞通过密封区后,进入压油区,在连杆作用下缩回时,密封容积减小,油液受到挤压,压力增大,通过配油盘上的压油槽压油。斜轴式轴向柱塞泵每转一周,完成吸、压油各一次。如果改变缸体的倾角 γ 大小,可改变柱塞行程的长度,即改变泵的排量。若改变缸体的倾角方向,可改变吸油和压油的方向,即成为双向变量泵。

斜轴式轴向柱塞泵变量范围大,泵的强度较高,和直轴式轴向柱塞泵相比,其结构较复杂,外形尺寸和重量均较大。为了连续吸油和压油,柱塞数必须大于或等于 3,考虑到脉动问题,一般常用的柱塞泵的柱塞个数为7、9或11。

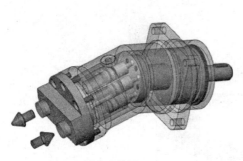
(a)立体图

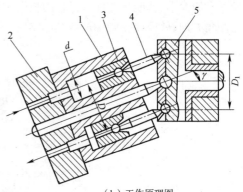
(b)工作原理图

1—缸体；2—配油盘；3—柱塞；4—连杆；5—后向铰链。

图 2-15 斜轴式轴向柱塞泵的立体图和工作原理图

五、液压泵的选用

液压泵是为液压系统提供一定流量和压力的液压动力元件，它是每个液压系统不可缺少的核心元件，合理选择液压泵对于降低液压系统的能耗、提高系统的效率、降低噪声、改善工作性能和保证系统的可靠工作都十分重要。

1. 液压泵类型的选择

一般来说，应根据不同的使用场合选择合适的液压泵，选择液压泵的原则是：根据主机工况、功率大小和系统对工作性能的要求，首先确定液压泵的类型，然后按系统所要求的压力、流量大小确定其规格型号。表2-1列出了常用液压泵的类型、主要性能及应用情况。

表 2-1 常用液压泵类型、主要性能及应用

主要性能及应用	齿轮泵		叶片泵			柱塞泵	
	外啮合	内啮合	单作用	双作用	限压式	径向	轴向
输出压力	低压	低压	中压	中压	中压	高压	高压
流量调节	否	否	是	否	是	是	是
效率	低	较高	较高	较高	较高	高	高
输出流量脉动	很大	小	很小	很小	一般	一般	一般
自吸能力	好	好	较差	较差	较差	差	差
对油液污染敏感性	不敏感	不敏感	较敏感	较敏感	较敏感	很敏感	很敏感
噪声	大	小	较大	小	较大	大	大
价格	最低	较低	中	中低	中	高	高
应用情况	筑路机械、港口机械、小型工程机械等		机床、工程机械、液压机等			工程机械、运输机械、锻压机械、船舶飞机、机床等	

2. 液压泵参数的选择

液压泵的选择通常先根据主机工况、功率大小和系统对工作性能的要求确定液压泵的类型，

然后按系统所要求的压力、流量大小确定其具体规格。

液压泵的工作压力是根据执行元件的最大工作压力来确定的,综合考虑各种压力损失,泵的最小工作压力 $p_泵$ 计算公式为

$$p_泵 \geqslant k_压 \times p_缸 \tag{2-11}$$

式中 $p_泵$——液压泵工作所需要提供的最小压力(Pa);

$k_压$——系统中的压力损失系数,一般取 1.3~1.5;

$p_缸$——液压缸工作所需要提供的最大压力(Pa)。

液压泵的输出流量取决于系统所需最大流量及系统的总泄漏量,计算公式为

$$q_泵 \geqslant k_泄 \times q_缸 \tag{2-12}$$

式中 $q_泵$——液压泵工作所需要提供的最小流量(m^3/s);

$k_泄$——系统中的系统的泄漏系数,一般取 1.1~1.3;

$q_缸$——液压缸工作所需要提供的最大流量(m^3/s)。

根据计算所得液压泵的工作压力和流量(一般适当放大),依据相关工具手册,选择满足要求的液压泵的具体型号。

3. 电动机参数的选择

液压泵由驱动电动机带动工作,需根据液压泵的功率计算出所需驱动电动机的功率,结合液压泵转速,依据工具手册,合理选定驱动电动机型号。

驱动电动机功率计算公式为

$$P_m = \frac{p_泵 \times q_泵}{60\eta} \tag{2-13}$$

式中 P_m——驱动电动机所需功率(kW);

$p_泵$——液压泵工作所需要提供的最小压力(MPa);

$q_泵$——液压泵工作所需要提供的最小流量(L/min);

η——液压泵的总效率(一般来说,齿轮泵为 0.6~0.7,叶片泵为 0.6~0.75,柱塞泵为 0.8~0.85)。

实践操作

实践操作 1:外啮合齿轮泵的拆装与使用

图 2-16 所示为汽车修理升降台的外形图,汽车的升降是由液压缸驱动升降台上下运动实现的。在汽车修理升降台中,所使用的液压动力元件是外啮合齿轮泵。

图 2-16 汽车修理升降台外形图

视频

液压泵的工作原理及操作控制

1. 外啮合齿轮泵的拆装

图2-17 所示为外啮合式齿轮泵外观和立体分解图。

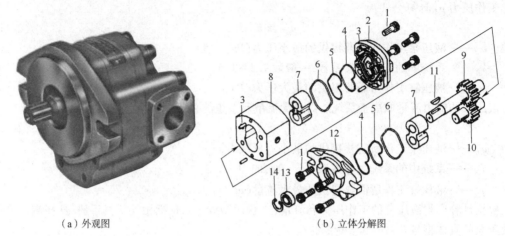

（a）外观图　　　　　　　　　　（b）立体分解图

1—连接螺钉；2—泵前盖；3—定位销；4、5、6—密封圈；7—轴套；8—泵体；
9—主动齿轮轴；10—从动齿轮轴；11—键；12—泵后盖；13—滚针轴承；14—弹性挡圈。

图2-17　外啮合式齿轮泵外观和立体分解图

外啮合齿轮泵拆装步骤及方法如下：

①准备好内六角扳手一套、耐油橡胶板一块、油盘一个及钳工工具一套等器具。
②松开泵体与泵盖的连接螺钉1。
③取出定位销3。
④将泵前盖2、泵后盖12和泵体8分离开。
⑤取出密封圈4、5、6。
⑥从泵体8中依次取出轴套7、主动齿轮轴9、从动齿轮轴10等。如果配合面发卡，可用铜棒轻轻敲击出来，禁止猛力敲打，损坏零件。拆卸后，观察轴套的构造，并记住安装方向。
⑦观察主要零件的作用和结构。
- 观察泵体两端面上泄油槽的形状、位置，并分析其作用。
- 观察前后端盖上的两矩形卸荷槽的形状、位置，并分析其作用。
- 观察进、出油口的形状、位置。

⑧按拆卸的反向顺序装配齿轮泵。装配前清洗各零部件，将轴与泵盖之间、齿轮与泵体之间的配合表面涂润滑液，并注意各处密封的装配，安装浮动轴套时应将有卸荷槽的端面对准齿轮端面，径向压力平衡槽与压油口处在对角线方向，检查泵轴的旋向与泵的吸压油口是否吻合。
⑨装配完毕后，将现场清理干净。

2. 外啮合齿轮泵的使用

外啮合齿轮泵的使用应注意以下事项：

①齿轮泵传动轴与原动机输出轴之间应采用弹性联轴器，其同轴度应小于0.1 mm。采用轴套式联轴器的同轴度应小于0.05 mm。
②传动装置应保证泵的主动轴受力在允许范围内。
③泵的吸油高度不得大于500 mm。

④在泵的吸油口常安装有网式过滤器,其过滤精度应小于 40 μm。

⑤工作油液的工作温度应控制在 -20 ~ +80 ℃。

⑥泵的进、出油口位置不能弄错,泵的旋转方向一定不能弄反。

⑦要拧紧泵的进、出油口管接头螺钉或螺母,密封装置要可靠。

⑧启动前,必须检查溢流阀是否在许可范围。应避免带负载启动或停车。

⑨对新泵或检修后的泵,工作前应进行空载运行和短时间超负载运行,并检查泵的工作情况,不允许有渗漏、冲击声、过度发热和噪声等现象。

⑩泵如果长时间不使用,应将泵与原动机分离。再使用时,不得立即最大负载,应有不小于 10 min 的空载运转。

实践操作 2:双作用叶片泵的拆装与使用

图 2-18 所示为数控加工中心的外形图,在加工中心的液压系统中,经常采用液压泵作为动力元件,液压泵自动向各分支提供稳定的液压能源,如夹紧机构、机械手回转缸、自动换刀系统等。数控加工中心在工作中有噪声小、工作平稳的要求,因此常选用限压式变量叶片泵或双作用叶片泵作为动力元件,大型加工中心则采用柱塞泵作为动力元件。

图 2-18 数控加工中心的外观图

1. 双作用叶片泵的拆装

图 2-19 所示为双作用叶片泵外观和立体分解图。

双作用叶片泵拆装步骤及方法如下:

①准备好内六角扳手一套、耐油橡胶板一块、油盘一个及钳工工具一套。

②拧下四个螺钉 23,卸下泵盖 7。

③卸下传动轴 3。

④卸下由左配油盘 13、右配油盘 18、定子 16、转子 17 等组成的组件,使它们与泵体 22 脱离。

⑤卸下密封圈 8、9、10、21 等。

⑥再将左右配油盘、定子、转子等组件拆开。

- 拧下螺钉 19。
- 卸下左配油盘 13、右配油盘 18、定位销 17。
- 卸下定子 16、转子的叶片 15。

⑦观察叶片泵主要零件的作用和结构。
- 观察定子内表面的四段圆弧和四段过渡曲线组成情况。
- 观察转子叶片上叶片槽的倾斜角度和斜倾方向。
- 观察配油盘的结构。
- 观察吸油口、压油口、三角槽、环形槽及槽底孔,并分析其作用。
- 观察泵中所用密封圈的位置和形式。

⑧按拆卸时的反向顺序进行装配叶片泵。装配前清洗各零部件,将各配合表面涂润滑液,并注意各处密封的装配,检查泵轴的旋向与泵的吸压油口是否吻合。

⑨装配完毕后,将现场清理干净。

(a)外观图

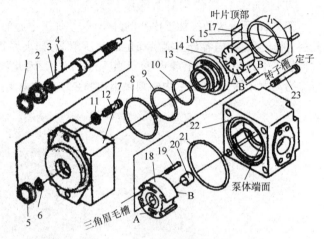
(b)立体分解图

1、6—卡簧;2—油封;3—泵轴;4—键;5—轴承;7—泵盖;8、9、10、21—O形密封圈;
11—弹簧垫圈;12—安装螺钉;13—左配油盘;14—转子;15—叶片;16—定子;
17—定位销;18—右配油盘;19、23—螺钉;20—自润滑轴承;22—泵体。

图 2-19 双作用叶片泵外观和立体分解图

2. 双作用叶片泵的使用

①在安装叶片泵时,要避免使用皮带、链条、齿轮直接驱动叶片泵;推荐同轴电机直接驱动,并采用挠性连接或花键连接。泵轴与电机轴同轴度小于 0.05 mm。

②泵的吸油高度应不超过使用说明书的规定(一般为 500 mm),安装时尽量靠近油箱油面。

③泵的进、出油口位置不能弄错,泵的旋转方向一定不能弄反。

④对新泵或检修后的泵,要清除滞留在系统的空气,可松开泵的出油口管接头排气,或利用排气阀排气。对于自吸性差的小流量叶片泵,启动泵之前要通过泄油管或进油管灌满油后再启动。短时间内,急速地开、停叶片泵也能使泵快速充油排气,启动时溢流阀要全开,即系统在无压力状态下启动,并检查电机旋转方向。

⑤油液要采用全流量过滤使油液清洁度符合 ISO 4406 标准的 19/15 级或更清洁的液压油,吸油管推荐用 150 目的吸油滤油器,回油管用过滤精度为 10~25 μm 的过滤器。

⑥一般叶片泵采用 25~68 cSt 抗磨液压油,泵体与油温之差控制在 20 ℃ 以内,油液的工作温度应控制在 60 ℃ 以内。

⑦泵的转速应符合说明书规定,一般叶片泵的转速为 600~1 800 r/min。
⑧随液压油品种不同,最高使用压力不同。

实践操作 3:斜盘式轴向柱塞泵的拆装与使用

图 2-20 所示为液压拉床外观图,液压拉床是用拉刀加工工件各种内外成形表面的机床,主要用于通孔、平面及成形表面的加工。拉床进行拉削加工时,受到的切削力非常大,通常采用液压驱动方式。为了满足拉床切削力大的需要,通常选用轴向柱塞泵作为液压动力元件。

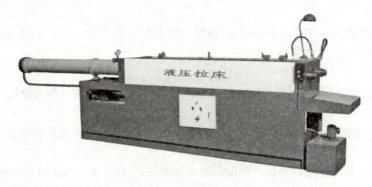

图 2-20 液压拉床外观图

1. 斜盘式轴向柱塞泵的拆装

图 2-21 所示为斜盘式轴向柱塞泵外观和立体分解图。

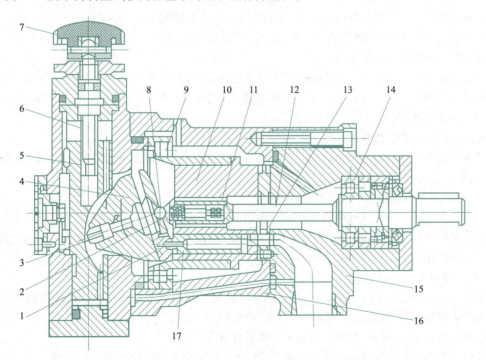

1—滑履;2—回程盘;3—销轴;4—斜盘;5—变量活塞;6—螺杆;7—手轮;8—钢球;9—大轴承;10—缸体;
11—中心弹簧;12—传动轴;13—配流盘;14—前轴承;15—前泵体;16—中间泵体;17—柱塞。

图 2-21 斜盘式轴向柱塞泵结构图

斜盘式轴向柱塞泵拆装步骤及方法如下：

①准备好内六角扳手一套、耐油橡胶板一块、油盘一个，以及其他器具。

②卸下前泵体上的螺钉（10个）、销子，分离前泵体与中间泵体。

③卸下变量机构上的螺钉（10个，图中未示出），分离中间泵体与变量机构。

④拆卸前泵体部分零件。拆下端盖，再拆下传动轴、前轴承及轴套等。

⑤拆卸中间泵体部分零件。拆下回程盘及其上7个柱塞，取出中心弹簧、钢球、内套、外套等，最后卸下缸体。

⑥拆卸变量机构部分零件。拆下斜盘，拆掉手轮上的销子，拆掉手轮。拆掉两端的8个螺钉，卸掉端盖，取出丝杆、变量活塞等。

⑦观察其主要零件的结构和作用
- 观察柱塞球形头部与滑履之间的连接形式，滑履与柱塞之间相互滑动情况。
- 观察滑履上的小孔。
- 观察配油盘的结构，找出吸油口，分析外圈的环形卸压槽、两个通孔和四个盲孔的作用。
- 观察泵的密封、连接和安装形式。

⑧按拆卸的反向顺序进行装配。装配前清洗各零部件，将各配合表面涂润滑液，并注意各处密封的装配。

⑨装配完毕后，将现场清理干净。

2. 斜盘式轴向柱塞泵的使用

（1）安装轴向柱塞泵注意事项

①无论采用泵座安装还是法兰安装，基础支座均应有足够的刚性。

②在安装柱塞泵时，要避免使用皮带、链条、齿轮直接驱动柱塞泵；推荐同轴电机直接驱动，驱动轴与泵轴同轴度应小于0.05 mm。

③泵的吸油高度不得大于500 mm，推荐安装在油箱旁边，倒灌吸油。泵的进、出油口位置不能弄错，吸油管通径不小于推荐值，原则上吸油管不推荐安装过滤器，而在泵的出口侧装过滤精度为25 μm的过滤器。

④泵的转速应符合说明书规定。

⑤配油盘如减小斜盘偏角启动时，则不能保证自吸。用户如需小流量时，应在泵全偏角启动后，再用变量机构改变油量。

（2）启动新泵或检修后的泵注意事项

启动前要通过泄油孔或进油管灌满油后再启动。在高速运转前。先瞬时启停数次，排空气，并确认电机旋转方向正确和声音正常后再连续启动，运转10 min后再调压。最高使用压力使用时间必须控制在整个运转时间的10%以内，且每次持续时间应小于6 s。

（3）选择液压油注意事项

①对于压力小于7 MPa的泵，可选用32～68 cSt黏度相当的普通液压油或耐磨液压油；对于压力大于7 MPa的泵，只能选用32～68 cSt黏度相当的耐磨液压油。

②液压油的水分、灰分、酸值等指标均必须符合规定。

③柱塞泵适用的液压油黏度为15～400 cSt，油液的工作温度应控制在10～65 ℃。

实践操作4：常用液压泵的故障诊断与维修

常用液压泵的故障原因和维修方法见表2-2。

项目二　液压元件的认识及故障诊断

表 2-2　常用液压泵的故障原因和维修方法

类型	故障现象	故障原因	维修方法
齿轮泵	吸不上油，无油液输出	(1)电机转向不对 (2)电机轴或泵轴上漏装了传动键 (3)齿轮与泵轴之间漏装了连接键 (4)进油管路密封圈漏装或破损 (5)进油滤油器或吸油管因油箱油液不够而裸露在油面之上，吸不上油 (6)装配时轴向间隙过大 (7)泵的转速过高或过低	(1)将电机电源进线某两相交换一下 (2)补装传动键 (3)补装连接键 (4)补装密封圈 (5)应往油箱中加油至规定高度 (6)调整间隙 (7)泵的转速应调整至允许范围
	泵虽上油，但输出油量不足，压力也升不到标定值	(1)电动机转速不够 (2)选用的液压油黏度过高或过低 (3)进油滤油器堵塞 (4)前后盖板或侧盖板端面严重拉伤产生的内泄漏太大 (5)对于采用浮动轴套或浮动侧板式齿轮泵，浮动轴套或浮动侧板端面拉伤或磨损 (6)油温太高，液压油黏度降低，内泄增大使输出油量减少	(1)电动机转速应达标 (2)合理选用液压油 (3)清洗滤油器 (4)用平磨磨平前后盖板或侧盖板端面 (5)修磨浮动轴套或浮动侧板端面 (6)查明原因，采取相应措施，对中高泵，应检查密封圈
	发出"咯咯咯……"或"喳喳喳……"的噪声	(1)泵内进入了空气 (2)联轴器的橡胶件破损或漏装 (3)联轴器的键或花键磨损造成回转件的径向跳动产生机械噪声 (4)齿轮泵与驱动电机安装不同心	(1)排净空气 (2)更换联轴器的橡胶件 (3)修理联轴器的键或花键，必要时更换 (4)泵与电机安装的同心度应满足要求
	泵严重发热	(1)油在油管中压力损失过大，流速过高 (2)油液黏度过高 (3)油箱小，散热不良 (4)泵径向或轴向间隙过小 (5)卸荷方法不对或泵带压溢流时间过长	(1)加粗油管，调整系统布局 (2)更换合适的液压油 (3)增大油箱容积或加装冷却装置 (4)调整间隙使其符合要求 (5)改进卸荷方法或减少泵带压卸荷时间
叶片泵	泵不出油，或泵输出油但出油量不够	(1)泵的旋转方向不对 (2)泵的转速不够 (3)吸油管路或滤油器堵塞 (4)油箱液面过低 (5)液压油黏度过大 (6)配油盘端面过度磨损 (7)叶片与定子内表面接触不良 (8)叶片卡死 (9)连接螺钉松动 (10)溢流阀失灵	(1)改变电机转向 (2)提高转速 (3)疏通管路，清洗滤油器 (4)补油至油标线 (5)更换合适的油 (6)修磨或更换配油盘 (7)修磨或更换叶片 (8)修磨或更换叶片 (9)按规定拧紧螺钉 (10)调整或拆检该阀
	泵的噪声大，振动也大	(1)吸油高度太大，油箱液面低 (2)泵与联轴器不同轴或松动 (3)吸油管路或滤油器堵塞 (4)吸油管连接处密封不严 (5)液压油黏度过大 (6)个别叶片运动不灵活或装反 (7)定子吸油区内表面磨损	(1)降低吸油高度，补充液压油 (2)重装联轴器 (3)疏通管路，清洗滤油器 (4)固紧连接件 (5)更换合适的油 (6)研磨或重装叶片 (7)抛光定子内表面

续表

类型	故障现象	故障原因	维修方法
叶片泵	泵发热异常,油温过高	(1)环境温度过高 (2)液压油黏度过大 (3)油箱散热不良 (4)配油盘与转子之间严重磨损 (5)叶片与定子内表面磨损严重 (6)压力过高,转速太快	(1)加强散热 (2)更换黏度合适的液压油 (3)加大油箱容量或加装冷却装置 (4)修理或更换配油盘或转子 (5)修磨或更换叶片、定子,减少磨损 (6)调整压力阀,降低转速
	外泄漏	(1)密封不合格或密封圈未装好 (2)密封圈损坏 (3)泵内零件磨损,间隙过大 (4)组装螺钉过松	(1)更换或重装密封圈 (2)更换密封圈 (3)更换或重新研配零件 (4)拧紧螺钉
柱塞泵	泵输出的油量不够或完全不出油	(1)泵的旋转方向不对 (2)泵的转速不够 (3)吸油管路或滤油器堵塞 (4)油箱液面过低 (5)液压油黏度过大 (6)柱塞与缸体或配油盘与缸体间过度磨损 (7)中心弹簧折断,柱塞回程不够或不能回程	(1)改变电机转向 (2)提高转速 (3)疏通管路,清洗滤油器 (4)补油至油标线 (5)更换合适的油 (6)更换柱塞,修磨配油盘与缸体接触面 (7)更换中心弹簧
	泵的输出油压低或没有油压	(1)溢流阀失灵 (2)柱塞与缸体或配油盘与缸体间过度磨损 (3)变量机构倾角不够	(1)调整或拆检该阀 (2)更换柱塞,修磨配油盘与缸体接触面 (3)调整变量机构倾角
	泵异常发热,油温过高	(1)环境温度过高 (2)液压油黏度过大 (3)油箱散热差 (4)电机与泵轴不同轴 (5)油箱容积不够 (6)柱塞与缸体或配油盘与缸体间过度磨损	(1)加强散热 (2)更换合适的油 (3)改进散热条件 (4)重装电机与泵轴 (5)更换合适的油箱 (6)更换柱塞,修磨配油盘与缸体接触面
	外泄漏	(1)油封不合格或未装好 (2)密封圈损坏 (3)泵内零件间磨损,间隙过大 (4)组装螺钉过松	(1)更换或重装密封圈 (2)更换密封圈 (3)更换或重新研配零件 (4)拧紧螺钉

素养提升

工匠精神:成为故障诊断的能手

"工匠精神"是指手艺工人对产品精雕细琢、追求极致的理念,即对生产的每道工序,对产品的每个细节,都精益求精,力求完美。

在铁路行业中,有一群被称为"铁路医生"的技术能手,他们专门解决铁路上的疑难杂症,他们对诊断对象"望、闻、问、切",一声细微的异响,一个微小的变化,一个不规则的震动,都能让他们察觉出异常之处,做出准确判断,及时处理,消除安全隐患。他们是如何成为技艺高超的故障

工匠精神:
铁路"医生"
们的高超
"医术"

诊断能手的呢？这与他们数十年如一日认真细致、不懈钻研、精益求精地对待自己的工作密不可分。他们一丝不苟、坚守岗位，用自己的实际行动践行"工匠精神"，值得我们学习。

自主测试

一、填空题

1. 液压泵是一种能量转换装置，它将机械能转换为_____，是液压传动系统中的动力元件。
2. 液压传动中所用的液压泵都是依靠泵的密封工作腔的容积变化来实现_____的，因而称为_____泵。
3. 液压泵实际工作时的输出压力称为液压泵的_____压力。液压泵在正常工作条件下，按试验标准规定连续运转的最高压力称为液压泵的_____压力。
4. 泵主轴每转一周所排出液体体积的理论值称为_____。
5. 液压泵按结构不同分为_____、_____、_____三种。
6. 单作用叶片泵是_____泵，而双作用叶片泵是_____泵。

二、选择题

1. 液压传动是依靠密封容积中液体静压力来传递力的，如(　　)。
   A. 万吨水压机　　B. 离心式水泵　　C. 水轮机　　D. 液压变矩器
2. 为了使齿轮泵能连续供油，要求重叠系数(　　)。
   A. 大于1　　B. 等于1　　C. 小于1　　D. 等于0
3. 下列属于定量泵的是(　　)。
   A. 齿轮泵　　B. 单作用式叶片泵　　C. 径向柱塞泵　　D. 轴向柱塞泵
4. 柱塞泵中的柱塞往复运动一次，完成一次(　　)。
   A. 进油　　B. 压油　　C. 进油和压油　　D. 以上均不对
5. 泵常用的压力中，(　　)是随外负载变化而变化的。
   A. 泵工作压力　　B. 泵最高允许压力　　C. 泵额定压力　　D. 泵最低允许压力
6. 机床的液压系统中，常用(　　)泵，其特点是：压力中等，流量和压力脉动小，输送均匀，工作平稳可靠。
   A. 齿轮　　B. 叶片　　C. 柱塞　　D. 螺杆泵
7. 改变轴向柱塞变量泵倾斜盘倾斜角的大小和方向，可改变(　　)。
   A. 流量大小　　B. 液流方向　　C. 流量大小和液流方向　　D. 无影响
8. 液压泵在正常工作条件下，按试验标准规定连续运转的最高压力称为(　　)。
   A. 工作压力　　B. 理论压力　　C. 额定压力　　D. 最高允许压力
9. 在没有泄漏的情况下，根据泵的几何尺寸计算得到的流量称为(　　)。
   A. 实际流量　　B. 理论流量　　C. 额定流量　　D. 最小流量
10. 驱动液压泵的电动机功率应比液压泵的输出功率大，是因为(　　)。
    A. 泄漏损失　　B. 摩擦损失　　C. 溢流损失　　D. 前两种损失

三、判断题

1. 容积式液压泵输油量的大小取决于密封容积的大小。　　(　　)

2. 齿轮泵的吸油口制造比压油口大,是为了减小径向不平衡力。（   ）
3. 外啮合齿轮泵中,轮齿不断进入啮合的一侧的油腔是吸油腔。（   ）
4. 单作用叶片泵如果反接就可以成为双作用叶片泵。（   ）
5. 叶片泵的转子能正反方向旋转。（   ）
6. 理论流量是指考虑液压泵泄漏损失时,液压泵在单位时间内实际输出的油液体积。
（   ）
7. 双作用叶片泵可以做成变量泵。（   ）
8. 双作用式叶片泵的转子每回转一周,每个密封容积完成两次吸油和压油。（   ）
9. 齿轮泵、叶片泵和柱塞泵相比较,柱塞泵最高压力最大,齿轮泵容积效率最低,双作用叶片泵噪声最小。（   ）
10. 定子与转子偏心安装,改变偏心距值可改变泵的排量,因此径向柱塞泵可作为变量泵使用。（   ）

四、简答题

1. 简述液压泵正常工作的必备条件。
2. 简述齿轮泵、叶片泵、柱塞泵的特点及适用场合。

五、计算题

1. 已知液压泵的压力为 $p=15$ MPa,理论流量 $q=330$ L/min,设液压泵的总效率为 $\eta=0.9$,机械效率为 $\eta_m=0.93$。求:泵的实际流量和驱动电动机功率。
2. 某液压系统,泵的排量 $V=10$ mL/r,电动机转速 $n=1\,200$ r/min,泵的输出压力 $p=3$ MPa,泵容积效率 $\eta_v=0.92$,总效率 $\eta=0.84$,求:①泵的理论流量;②泵的实际流量;③泵的输出功率;④驱动电动机功率。
3. 某液压泵的转速为 $n=950$ r/min,排量 $V=168$ mL/r,在额定压力 $p=30$ MPa 和同样转速下,测得的实际流量为 150 L/min,额定工况下的总效率为 0.87,求:①泵的理论流量;②泵的容积效率和机械效率;③泵在额定工况下,所需电动机驱动功率。

任务 2.2　认识液压执行元件及故障诊断

液压执行元件是将液压泵提供的液压能转变为机械能的能量转换装置,液压执行元件包括液压缸和液压马达。输出直线运动(其中包括输出摆动运动)的液压执行元件称为液压缸,而输出旋转运动的液压执行元件称为液压马达。

液压缸按其结构形式,可以分为活塞缸、柱塞缸和摆动缸三类。活塞缸和柱塞缸实现直线往复运动,输出推力和速度;摆动缸能实现小于 360°的往复摆动,输出转矩和角速度。

任务要求

- 素养要求:通过液压缸的拆装、清洗,熟悉油污绿色处理方式,厚植绿色发展理念,推进生态文明建设。
- 知识要求:理解液压缸的结构和工作原理,了解液压马达的结构和工作原理。
- 技能要求:会进行液压缸的拆卸和安装,能对液压缸和液压马达的常见故障进行诊断及排除。

知识准备

一、活塞缸的结构和工作原理

1. 活塞缸的分类和结构

按作用方式不同,活塞缸可分为单作用式和双作用式,单作用活塞缸中油液压力只能推动活塞实现单方向运动,反向运动由外力(如弹簧力或自重等)实现,双作用活塞缸中通过油液运动方向的改变推动活塞实现两个方向的运动,如图 2-22(a)、(b)所示。按结构不同,活塞缸又可分为单活塞杆式和双活塞杆式,单活塞杆式活塞缸在活塞的一侧有伸出杆,双活塞杆式活塞缸在活塞的两侧均有伸出杆,如图 2-22(b)、(c)所示。活塞缸除单个使用外,还可以几个组合起来或和其他机构组合起来,以完成特殊的功用。

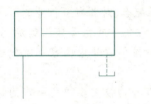
（a）单作用单活塞杆活塞缸

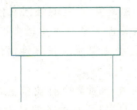
（b）双作用单活塞杆活塞缸

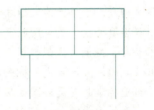
（c）双作用双活塞杆活塞缸

图 2-22 活塞缸的图形符号

在液压系统中,活塞缸的应用较为广泛且结构相对复杂,这里以活塞缸为例进行介绍。活塞式液压缸一般由缸筒组件、活塞组件、密封装置、缓冲装置和排气装置组成,如图 2-23 所示。液压缸选用时,首先考虑活塞杆的长度,再根据液压回路的最高压力选用合适的液压缸。

（a）实物图

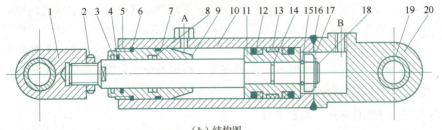

（b）结构图

1—耳环;2—螺母;3—防尘圈;4、17—弹簧挡圈;5—套;6、15—卡键;7、14—O 形密封圈;8、12—Y 形密封圈;9—缸盖导向套;10—缸筒;11—活塞;13—耐磨环;16—卡键帽;18—活塞杆;19—衬套;20—缸底;A、B—进/出油口。

图 2-23 双作用单活塞杆式液压缸结构图

学习笔记

素养提升

遵纪守法:国家标准中的液压与气动图形符号

标准是国际公认的国家质量基础设施,是经济活动和社会发展的重要技术支撑,是国家基础性制度的重要方面。

国家标准是指对我国经济技术发展有重大意义,必须在全国范围内统一的标准。国家标准由国家机构通过并公开发布,在全国范围内适用,其他各级标准不得与国家标准相抵触。国家标准是标准体系中的主体,分为强制性国家标准和推荐性国家标准。强制性国家标准是对保障人身健康和生命财产安全、国家安全、生态环境安全以及满足经济社会管理基本需要的技术要求所制定的标准。强制性国家标准由国务院批准发布或者授权批准发布,不符合强制性标准的产品、服务,不得生产、销售、进口或者提供。强制性国家标准的编号由国家标准代号(GB)、顺序号和年代号构成。推荐性国家标准是对满足基础通用、与强制性国家标准配套、对各有关行业起引领作用等需要的技术要求所制定的标准。推荐性国家标准由国务院标准化行政主管部门制定,其技术要求不得低于强制性国家标准的相关技术要求。推荐性国家标准的编号由国家标准代号(GB/T)、顺序号和年代号构成。

行业标准是对没有国家标准而又需要在全国某个行业范围内统一的技术要求所制定的标准。行业标准由国务院有关行政主管部门制定,并报国务院标准化行政主管部门备案。行业标准不得与有关国家标准相抵触;有关行业标准之间应保持协调、统一,不得重复;当同一内容的国家标准公布后,则该内容的行业标准即行废止。行业标准由行业标准归口部门统一管理;归口部门及其所管理的行业标准范围,由国务院有关行政主管部门提出申请报告,国务院标准化行政主管部门审查确定,并公布该行业的行业标准代号。行业标准的编号由行业标准代号、标准发布顺序及标准发布年代号(四位数)组成。

企业标准是在企业范围内需要协调、统一的技术要求、管理要求和工作要求所制定的标准,是企业组织生产、经营活动的依据。国家支持重要行业、战略性新兴产业、关键共性技术等领域利用自主创新技术制定企业标准,鼓励企业制定高于推荐性标准相关技术要求的企业标准。企业标准技术要求不得低于强制性国家标准的相关技术要求。企业标准由企业制定,由企业法人代表或法人代表授权的主管领导批准、发布。企业标准的编号由企业标准代号(Q)、企业代号、标准顺序号和发布年号组成。

现行液压与气动元件的图形符号和回路图国家标准有三个,分别为"GB/T 786.1—2021《流体传动系统及元件 图形符号和回路图 第1部分:图形符号》""GB/T 786.2—2018《流体传动系统及元件 图形符号和回路图 第2部分:回路图》""GB/T 786.3—2021《流体传动系统及元件 图形符号和回路图 第3部分:回路图中的符号模块和连接符号》",均为推荐性国家标准。贯彻国家标准是国家法规、行业规范的要求,在工作应用中,应当严格遵守国家的法律法规及各项规范要求。

2. 活塞缸的工作原理和参数计算

(1)双作用单活塞杆液压缸参数计算

双作用单活塞杆液压缸只在活塞的一端有活塞杆,将有活塞杆的油腔称为有杆腔,另一侧油腔称为无杆腔。双作用单活塞杆液压缸有缸体固定和活塞杆固定两种形式,但两种形式的工作台移动范围都是活塞有效行程的两倍,在下面的讨论中均以缸体固定的形式进行讨论。双作用单活塞杆液压缸根据进回油情况不同可以分为无杆腔进油、有杆腔进油及差动连接三种形式。

①无杆腔进油。双作用单活塞杆液压缸无杆腔进油时,在油液压力的作用下,活塞及活塞杆向右运动伸出,如图2-24(a)所示。

设泵输入液压缸的进油流量为$q(\text{m}^3/\text{s})$;进油压力为$p_1(\text{Pa})$;回油压力$p_2(\text{Pa})$;活塞直径为$D(\text{m})$;活塞面积为$A_1(\text{m}^2)$;活塞杆直径为$d(\text{m})$;有杆腔面积为$A_2(\text{m}^2)$。活塞的推力$F_1(\text{N})$和运动速度$v_1(\text{m/s})$为

$$F_1 = (p_1 \cdot A_1 - p_2 \cdot A_2) = \frac{\pi}{4}[(p_1-p_2)D^2 + p_2 d^2] \tag{2-14}$$

$$v_1 = \frac{q}{A_1} = \frac{4q}{\pi D^2} \tag{2-15}$$

②有杆腔进油。双作用单活塞杆液压缸有杆腔进油时,在油液压力的作用下,活塞及活塞杆向左运动退回,如图2-24(b)所示。

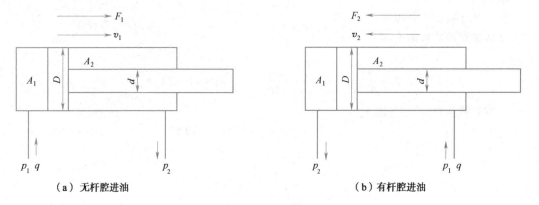

(a) 无杆腔进油　　　　　　　　(b) 有杆腔进油

图2-24　双作用单活塞杆液压缸

设泵输入液压缸的进油流量为$q(\text{m}^3/\text{s})$;进油压力为$p_1(\text{Pa})$;回油压力为$p_2(\text{Pa})$;活塞直径为$D(\text{m})$;活塞面积为$A_1(\text{m}^2)$;活塞杆直径为$d(\text{m})$;有杆腔面积为$A_2(\text{m}^2)$。活塞的推力$F_2(\text{N})$和运动速度$v_2(\text{m/s})$为

$$F_2 = (p_1 \cdot A_2 - p_2 \cdot A_1) = \frac{\pi}{4}[(p_1-p_2)D^2 - p_1 d^2] \tag{2-16}$$

$$v_2 = \frac{q}{A_2} = \frac{4q}{\pi(D^2 - d^2)} \tag{2-17}$$

因$A_1 > A_2$,由式(2-14)和式(2-16)、式(2-15)和式(2-17)可知$F_1 > F_2$,$v_1 < v_2$,并将v_2与v_1的比值记为速度比$\lambda_v = 1 - (d/D)^2$。

③差动连接。在液压缸两端油腔同时通入压力油,利用活塞两端面积差进行工作的方式称为差动连接。如图2-25所示,由于作用在活塞两端面上推力不等,产生推力差,在推力差的作用下,活塞向右运动伸出。

设泵输入液压缸的进油流量为$q(\text{m}^3/\text{s})$;进油压力为$p(\text{Pa})$;回油流量为$q'(\text{m}^3/\text{s})$;活塞直径为$D(\text{m})$;活塞面积为$A_1(\text{m}^2)$;活塞杆直径$d(\text{m})$;有杆腔面积为$A_2(\text{m}^2)$。活塞的推力$F_3(\text{N})$和运动速度$v_3(\text{m/s})$为

$$F_3 = p(A_1 - A_2) = p\frac{\pi d^2}{4} \tag{2-18}$$

$$v_3 = \frac{q}{A_1 - A_2} = \frac{4q}{\pi d^2} \quad (2\text{-}19)$$

差动连接时活塞运动速度较快,产生的推力较小,因而差动连接常用于空载快进场合。差动连接往返速度相同时(即 $v_3 = v_2$),要满足 $D = \sqrt{2}\,d$ 的条件。

【实例 2-2】 如图 2-24(a)所示,已知单活塞杆液压缸的内径 $D = 40$ mm,活塞杆直径 $d = 20$ mm,供油压力 $p_1 = 2.5$ MPa,供油流量 $q = 10$ L/min,$F_1 = 2\,000$ N。

求:①标出活塞杆的运动方向;②活塞杆的运动速度 v_1;③右腔的压力 p_2。

解:
①活塞杆运动方向向右。
②活塞杆的运动速度:

$$v_1 = \frac{q}{A_1} = \frac{10 \times \frac{10^{-3}}{60}}{3.14 \times (40 \times 10^{-3})^2/4} \text{ m/s} = 0.133 \text{ m/s}$$

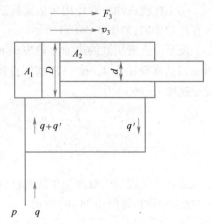

图 2-25 差动连接

③右腔的压力:

$$F_1 = p_1 A_1 - p_2 A_2 \Rightarrow p_2 = (p_1 A_1 - F_1)/A_2$$

$$= \frac{2.5 \times 10^6 \times \frac{3.14 \times (40 \times 10^{-3})^2}{4} - 2\,000}{\frac{3.14 \times (20 \times 10^{-3})^2}{4}} \text{Pa}$$

$$= 3.63 \times 10^6 \text{ Pa} = 3.63 \text{ MPa}$$

(2)双作用双活塞杆液压缸

双作用双活塞杆液压缸在活塞两侧均有活塞杆,活塞杆直径相等,则活塞两侧有效工作面积相等。按照安装方式不同可分为缸筒固定和活塞杆固定两种。

缸筒固定的双作用双活塞杆液压缸,如图 2-26(a)所示,当活塞的有效行程为 l 时,活塞杆的移动范围为 $3l$,因此占地面积较大,一般适用于小型设备。活塞杆固定的双作用双活塞杆液压缸,如图 2-26(b)所示,当缸筒的有效行程为 l 时,活缸筒的移动范围为 $2l$,因此占地面积较小,一般适用于大中型设备。

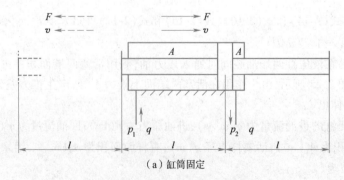

(a)缸筒固定

图 2-26 双作用双活塞杆液压缸

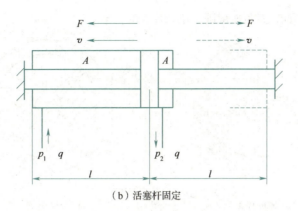

(b)活塞杆固定

图 2-26 双作用双活塞杆液压缸(续)

双作用双活塞杆液压缸的左、右两腔的有效工作面积相等,当分别向左、右腔输入相同压力和相同流量的油液时,液压缸左、右两个方向的推力和速度相等。设液压缸的进油流量为 $q(m^3/s)$;进油压力为 $p_1(Pa)$;回油压力为 $p_2(Pa)$;活塞杆直径为 $d(m)$;左、右腔有效工作面积均为 $A(m^2)$。活塞的推力 $F(N)$ 和运动速度 $v(m/s)$ 为

$$F = F_1 = F_2 = (p_1 - p_2)A = \frac{\pi}{4}(p_1 - p_2)(D^2 - d^2) \tag{2-20}$$

$$v = v_1 = v_2 = \frac{q}{A} = \frac{4q}{\pi(D^2 - d^2)} \tag{2-21}$$

二、其他液压缸的结构和工作原理

1. 柱塞缸的结构和工作原理

柱塞缸是一种单作用液压缸,其工作原理如图 2-27(a)所示,柱塞与工作部件连接,缸筒固定在机体上。当压力油进入缸筒时,推动柱塞带动运动部件向右运动,但反向退回时必须靠其他外力或自重驱动。若需要实现双向运动,可将柱塞缸成对反向布置使用,如图 2-27(b)所示。

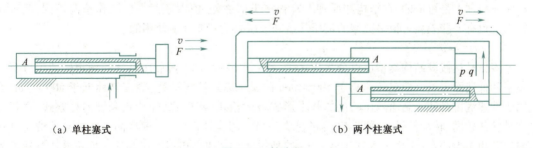

(a)单柱塞式 (b)两个柱塞式

图 2-27 柱塞缸

柱塞式液压缸中的柱塞和缸筒不接触,运动时由缸盖上导向套来导向,柱塞与缸筒无配合要求,缸筒内孔不需要精加工,甚至可以不加工,适用于行程较长的场合。

2. 摆动缸的结构和工作原理

摆动式液压缸又称摆动液压马达。当通入压力油时,主轴能输出小于 360°的摆动运动,常用于工夹具夹紧装置、送料装置、转位装置以及需要周期性进给的系统中。图 2-28(a)所示为单叶片式摆动缸,它的摆动角度较大,可达 300°。图 2-28(b)为双叶片式摆动缸,其摆动角度较小,输

出转矩是单叶片式的两倍,而角速度则是单叶片式的一半。

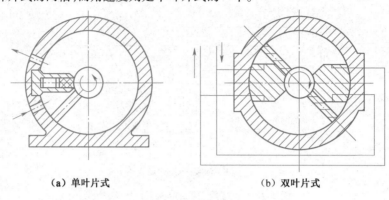

(a) 单叶片式　　　　　　　(b) 双叶片式

图 2-28　摆动缸

3. 伸缩缸的结构和工作原理

伸缩缸由两个或多个活塞缸套装而成,前一级活塞缸的活塞杆内孔是后一级活塞缸的缸筒,伸出时可获得很长的工作行程,缩回时可保持很小的结构尺寸,如图 2-29 所示,伸缩缸被广泛用于起重运输车辆上。

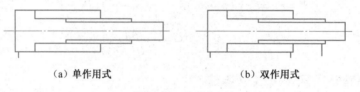

(a) 单作用式　　　　　　　(b) 双作用式

图 2-29　伸缩缸

三、液压马达的结构和工作原理

液压马达是液压系统的执行元件,将液压油的压力能转换成旋转的机械能。液压马达和液压泵在原理上是可逆的,在结构和原理上有很多类似之处,但由于两者的工作情况不同,两者在结构上也有一些差异。很多类型的液压马达和液压泵是不能互逆使用的。

1. 液压马达的分类

液压马达按其结构类型可以分为齿轮式、叶片式、柱塞式。按液压马达的额定转速可以分为高速和低速两大类。额定转速高于 500 r/min 的属于高速液压马达,额定转速低于 500 r/min 的属于低速液压马达。高速液压马达的基本形式有齿轮式、螺杆式、叶片式和轴向柱塞式,主要特点是转速较高、转动惯量小,便于启动和制动,调节(调速及换向)灵敏度高。通常高速液压马达输出转矩不大(仅几十牛·米到几百牛·米)所以又称高速小转矩液压马达。低速液压马达的基本形式是径向柱塞式,此外在轴向柱塞式、叶片式和齿轮式中也有低速的结构形式,低速液压马达的主要特点是排量大、体积大转速低(有时可低至每分钟几转甚至零点几转),因此可直接与工作机构连接,不需要减速装置,使传动机构大为简化,通常低速液压马达输出转矩较大(可达几千牛·米到几万牛·米),所以又称为低速大转矩液压马达。

2. 液压马达的工作原理和图形符号

以叶片式液压马达为例,如图 2-30 所示,由于压力油作用,受力不平衡使转子产生转矩。叶片式液压马达的输出转矩与液压马达的排量和液压马达进出油口之间的压差有关,其转速由输入液压马达的流量大小来决定。

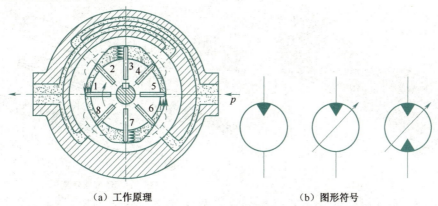

(a) 工作原理　　　　　　(b) 图形符号

图 2-30　叶片式液压马达

由于液压马达一般都要求能正反转,所以叶片式液压马达的叶片应径向放置。为了使叶片根部始终通有压力油,在回、压油腔通入叶片根部的通路上应设置单向阀,为了确保叶片式液压马达在压力油通入后能正常启动,必须使叶片顶部和定子内表面紧密接触,以保证良好的密封,因此在叶片根部应设置预紧弹簧。

叶片式液压马达体积小,转动惯量小,动作灵敏,可适用于换向频率较高的场合,但泄漏量较大,低速工作时不稳定。因此叶片式液压马达一般用于转速高、转矩小和动作要求灵敏的场合。

3. 液压马达的主要性能参数

根据理论分析,不计损失,液压马达的输入、输出功率相等。若 $\Delta p(\text{Pa})$ 表示液压马达输入压力与液压马达出口压差 $q_{ac}(\text{m}^3/\text{min})$ 表示输入液压马达的实际流量;$T_{th}(\text{N}\cdot\text{m})$ 表示理论转矩;$\omega(\text{r}/\text{min})$ 表示液压马达角速度;$n(\text{r}/\text{min})$ 表示液压马达转速,则

$$\Delta p q_{ac} = T_{th} \omega \tag{2-22}$$

即

$$\Delta p q_{ac} = T_{th} 2\pi n \tag{2-23}$$

若 $V(\text{m}^3/\text{r})$ 表示液压马达排量;$T_{ac}(\text{N}\cdot\text{m})$ 表示液压马达实际输出转矩;η_m 表示液压马达的机械效率,则有

$$T_{th} = \Delta p V / 2\pi \tag{2-24}$$

$$T_{ac} = \eta_m T_{th} \tag{2-25}$$

$$n = \frac{q_{ac}}{V} \tag{2-26}$$

实践操作

实践操作 1:液压缸的拆装和使用

活塞式液压缸是最常用的液压缸,图 2-31 所示为双作用单杆活塞式液压缸的外观图和立体分解图。

1. 液压缸的拆装

① 准备好内六角扳手一套、耐油橡胶板一块、油盘一个、钳工工具一套。

② 卸下双头螺杆 22 和两个螺母 5。

③ 卸下右端盖。

视频
液压活塞缸的结构和工作过程

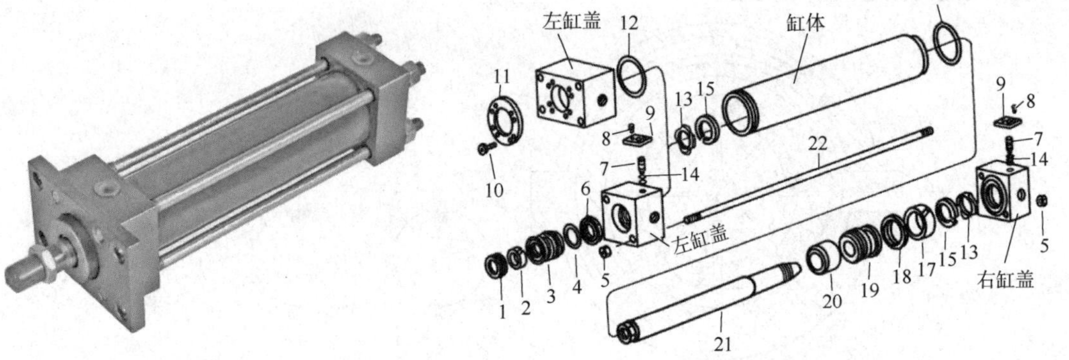

（a）外观图　　　　　　　　　　　　　　　（b）立体分解图

1—防尘密封；2—磨损补偿环；3—导向套；4、12、14、16—O形密封圈；5—螺母；6—密封圈；
7—缓冲节流阀；8、10—螺钉；9—支承板；11—法兰盖；13—减振垫；15—卡簧；17—活塞补偿环；
18—活塞密封；19—活塞；20—缓冲套；21—活塞杆；22—双头螺杆。

图2-31　双作用单杆活塞式液压缸

④卸下左端盖上的螺钉10，取下法兰盖11。
⑤依次卸下防尘密封1、磨损补偿环2、导向套3、密封圈4、6。
⑥卸下左端盖。
⑦卸下左、右端盖上螺钉8，取下支承板9、缓冲节流阀7、密封圈14。
⑧卸下密封圈12、减振垫13。
⑨卸下活塞和活塞杆组件。
⑩卸下卡簧15，取下活塞补偿环17、活塞密封18、活塞19、缓冲套20和密封圈16。
⑪观察液压缸主要零件的作用和结构：
- 观察所拆卸液压缸的类型和安装形式。
- 观察活塞与活塞杆的连接形式。
- 观察缸盖与缸体的连接形式。
- 观察液压缸中所用密封圈的位置和形式。

⑫按拆卸时的反向顺序进行装配。

2. 液压缸的使用
①液压缸的基座安装必须有足够的强度，否则活塞杆易弯曲。
②液压缸轴向两端不能固定死，以防热胀冷缩及液压力作用而变形。
③空载时，应拧开排气螺塞或进、出油口进行排气。
④注意控制油温、油压的变化、油液的污染度。
⑤注意液压缸的防尘。

素养提升

绿色环保：液压缸的清洗及污物处理

液压缸的清洗主要有机械清洗和化学清洗两种。机械清洗主要利用高压水或者蒸汽来清洗油缸，该方法能够有效清除油缸表面的油污、金属屑等杂质。但是，该方法存在一定的局限性，如无法清洗紧密间隙处的杂质,需要配合化学清洗方法使用。化学清洗可以有效清除油缸表面的油污、氧化物、铁锈等杂质,在清洗过程中不会损伤油缸表面的涂层或者金属。但是,该方法需要选用适合的清洗液,并严格按照说明书使用,否则可能会对油缸表面造成损害。

清洗注意事项:清洗液的选择非常关键,不同类型的油缸需要不同的清洗液,常见的清洗液有汽油、酒精、煤油等溶剂类型、碱性清洗液等,选择时需要根据油缸的材质、使用环境、污染程度等因素来确定;在清洗过程中要注意安全,要穿戴好防护用品,如手套、眼镜、口罩等,同时要注意清洗液的存储和处理,避免对人体和环境造成危害;清洗后要及时对油缸进行干燥处理,不要让清洗液残留在油缸内,以免对设备的使用产生影响,同时要对清洗液进行专门的处理,不要排放到自然环境中。

污染物处理:液压缸清洗产生的污染物及废水需过滤集中回收,进行无害化处理,降低对环境的影响,保护环境质量。

实践操作2:液压马达的拆装

图2-32所示为齿轮式液压马达外观图和立体分解图。

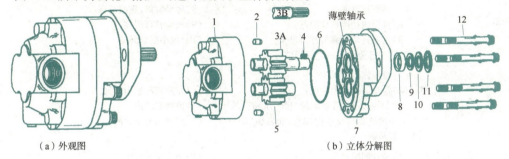

(a) 外观图　　　　　　　　　　(b) 立体分解图

1—壳体;2—定位销;3—输出齿轮轴;4—键;5—从动齿轮轴;6—O形密封圈;7—前盖;
8—轴封;9、10—垫;11—卡簧;12—螺钉。

图2-32　齿轮式液压马达

①准备好内六角扳手一套、耐油橡胶板一块、油盘一个、钳工工具一套。
②卸下4个螺钉12。
③卸下壳体1。
④卸下键4、卡簧11、垫10和9、轴封8。
⑤卸下定位销2。
⑥卸下输出齿轮轴3、从动齿轮轴5。
⑦观察主要零件的作用和结构。
⑧按拆卸的反向顺序装配液压马达。装配前清洗各零部件,将轴与泵盖之间、齿轮与泵体之间的配合表面涂润滑液,并注意各处密封的装配。

实践操作3:液压缸和液压马达故障诊断与维修

液压缸和液压马达的故障原因和维修方法见表2-3。

表2-3　液压缸和液压马达的故障原因和维修方法

类型	故障现象	故障原因	维修方法
液压缸	液压缸不动作	(1)系统压力油未进入液压缸 (2)系统压力上不去 (3)安装连接不良	(1)疏通油路 (2)综合分析,排除故障 (3)重新正确安装液压缸

续表

类型	故障现象	故障原因	维修方法
液压缸	液压缸能运动,但速度达不到规定值	(1)液压泵的供油不足,压力不够 (2)系统漏油量过大 (3)液压缸工作腔与回油腔窜腔 (4)液压缸或活塞过度磨损	(1)排除液压泵故障 (2)参考相关项目,排除故障 (3)更换密封圈 (4)修磨或更换活塞
	液压缸爬行	(1)液压缸内进了空气 (2)液压缸内因异物和水分进入,产生局部拉伤和烧结现象 (3)液压缸安装不良,其中心线与导向套的导轨不平行 (4)运动密封件装配过紧 (5)活塞杆与活塞不同轴 (6)导向套与缸筒不同轴 (7)活塞杆弯曲 (8)缸筒内径圆柱度超差 (9)活塞杆两端螺母拧得过紧 (10)液压缸运动件之间间隙过大	(1)排除液压缸内空气 (2)修磨液压缸内壁 (3)重新安装液压缸 (4)调整密封圈 (5)校正、修整或更换 (6)校正、修整导向套 (7)校直活塞杆 (8)镗磨缸筒,重配活塞 (9)松至合理程度 (10)减小配合间隙
	不正常声响和抖动	(1)液压缸内进了空气 (2)滑动面配合太紧或拉毛 (3)缸壁胀大,活塞密封损坏,压油腔的压力油通过缝隙高速泄回油腔,会发出"咝咝"不正常声响	(1)排除液压缸内空气 (2)修磨滑动面 (3)更换活塞密封圈
	液压缸端部冲击	(1)缓冲间隙过大 (2)缓冲装置中的单向阀失灵	(1)减小缓冲间隙 (2)更换单向阀
	液压缸泄漏	(1)液压缸密封不良 (2)连接处接合不良 (3)零件变形或破损	(1)重装或更换密封圈 (2)修磨连接处接合面 (3)校正或更换零件
液压马达	转速低,输出转矩小	(1)电机转速低,功率不匹配 (2)滤油器或管路阻塞 (3)液压油黏度不合适 (4)密封不严,有空气进入 (5)油液污染,堵塞了马达通道 (6)液压马达的零件过度磨损 (7)单向阀密封不严,溢流阀失灵	(1)更换电机 (2)清洗滤油器或疏通管路 (3)更换液压油 (4)固紧密封圈 (5)拆卸、清洗马达,更换液压油 (6)检修或更换 (7)修理阀芯或阀座
	噪声过大	(1)联轴器与马达传动轴不同轴 (2)齿轮式液压马达齿形精度低,接触不良,轴向间隙小,内部个别零件损坏,齿轮内孔与端面不垂直,端盖上两孔不平行,滚针轴承断裂,轴承架损坏 (3)叶片或主配油盘接触的两侧面、叶片顶端或定子内表面磨损或刮伤,扭力弹簧变形或损坏	(1)调整或重新安装 (2)更换齿轮,或研磨修整齿形,研磨有关零件,重配轴向间隙,更换损坏的零件 (3)更换叶片或主配油盘
	泄漏	(1)管接头未拧紧 (2)接合面未拧紧 (3)密封件损坏 (4)相互运动零件间的间隙过大 (5)配油装置发生故障	(1)拧紧管接头 (2)拧紧接合面 (3)更换密封件 (4)调整间隙或更换损坏零件 (5)检修配油装置

项目二　液压元件的认识及故障诊断

自主测试

一、填空题

1. 液压执行元件有_____和_____两种类型,这两者不同点在于:_____将液压能变成直线运动或摆动的机械能,_____将液压能变成连续回转的机械能。

2. 液压缸按结构特点的不同可分为_____缸、_____缸和摆动缸三类。液压缸按其作用方式不同可分为_____式和_____式两种

3. _____缸和_____缸用以实现直线运动,输出推力和速度;_____缸用以实现小于360°的转动,输出转矩和角速度。

4. 活塞式液压缸一般由_____、_____、缓冲装置、放气装置和_____装置等组成。选用液压缸时,首先应考虑活塞杆的_____,再根据回路的最高_____选用适合的液压缸。

5. 两腔同时输入压力油,利用_____进行工作的单活塞杆液压缸称为差动液压缸。它可以实现_____的工作循环。

6. 液压缸常用的密封方法有_____和_____两种。

7. _____式液压缸由两个或多个活塞式液压缸套装而成,可获得很长的工作行程。

二、选择题

1. 液压缸差动连接工作时,缸的(　　),缸的(　　)。
 A. 运动速度增加了　　B. 输出力增加了　　C. 运动速度减少了　　D. 输出力减少了

2. 在某一液压设备中需要一个完成很长工作行程的液压缸,宜采用(　　)。
 A. 单活塞液压缸　　B. 双活塞杆液压缸　　C. 柱塞液压缸　　D. 伸缩式液压缸

3. 在液压系统中液压缸是(　　)。
 A. 动力元件　　B. 执行元件　　C. 控制元件　　D. 传动元件

4. 在液压传动中,液压缸的(　　)决定于流量。
 A. 压力　　B. 负载　　C. 速度　　D. 排量

5. 将压力能转换为驱动工作部件机械能的能量转换元件是(　　)。
 A. 动力元件　　B. 执行元件　　C. 控制元件　　D. 辅助元件

6. 要求机床工作台往复运动速度相同时,应采用(　　)液压缸。
 A. 双活塞杆　　B. 差动　　C. 柱塞　　D. 单叶片摆动

7. 单杆活塞液压缸作为差动液压缸使用时,若使其往复速度相等,其活塞直径应为活塞杆直径的(　　)倍。
 A. 0　　B. 1　　C. 2　　D. $\sqrt{2}$

8. 一般单杆油缸在快速缩回时,往往采用(　　)。
 A. 无杆腔进油　　B. 差动连接　　C. 有杆腔进油　　D. 双活塞杆

三、判断题

1. 液压缸负载的大小决定进入液压缸油液压力的大小。（　　）

2. 改变活塞的运动速度,可采用改变油压的方法来实现。（　　）

3. 工作机构的运动速度决定于一定时间内,进入液压缸油液容积的多少和液压缸推力的大小。（　　）

4. 一般情况下,进入油缸的油液压力要低于油泵的输出压力。　　　　　　　　(　　)
5. 如果不考虑液压缸的泄漏,液压缸的运动速度只决定于进入液压缸的流量。(　　)
6. 增压液压缸可以不用高压泵而获得比该液压系统中供油泵高的压力。　　　(　　)
7. 液压执行元件包含液压缸和液压马达两大类型。　　　　　　　　　　　　(　　)
8. 双作用式单活塞杆液压缸的活塞,在两个方向所获得的推力不相等:工作台作慢速运动时,活塞获得的推力小;工作台作快速运动时,活塞获得的推力大。　　(　　)
9. 为实现工作台的往复运动,可成对使用柱塞缸。　　　　　　　　　　　　(　　)
10. 采用增压缸可以提高系统的局部压力和功率。　　　　　　　　　　　　(　　)

四、计算题

1. 已知单杆液压缸缸筒直径 $D=100$ mm,活塞杆直径 $d=50$ mm,工作压力 $p_1=2$ MPa,流量 $q=10$ L/min,回油压力 $p_2=0.5$ MPa,求活塞往复运动时的推力和运动速度。

2. 液压系统如图 2-33 所示,液压泵的铭牌参数为 $q=18$ L/min,$p=6.3$ MPa,设活塞直径 $D=90$ mm,活塞杆直径 $d=60$ mm,在不计压力损失且 $F=28\,000$ N 时,求在图 2-33 所示情况下压力表的指示压力。

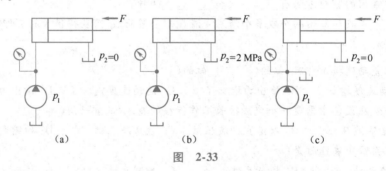

图 2-33

3. 已知两个结构相同相互串联的液压缸,如图 2-34 所示,无杆腔面积 $A_1=100$ cm^2,有杆腔面积 $A_2=80$ cm^2,缸 1 输入压力 $p_1=0.9$ MPa,输入流量 $q_1=12$ L/min,不计损失和泄漏,求(1)两缸承受相同负载时($F_1=F_2$),两缸的运动速度及负载大小多少?(2)缸 2 的输入压力是缸 1 的一半时($p_2=p_1/2$),两缸各能承受多少负载?

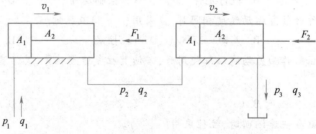

图 2-34

任务 2.3　认识液压方向控制元件及故障诊断

液压控制阀是液压系统的控制元件,由阀体、阀芯和驱动阀芯动作的元件组成,用于控制、调节液压系统中液体流动的方向、压力和流量,以满足执行元件的工作需要。按用途不同可分为方向控制阀、压力控制阀和流量控制阀三类。

方向控制阀是用于控制液压系统中油路的接通、切断或改变液流方向的液压阀,主要用以实现对执行元件的启动、停止或运动方向的控制。常用的方向控制阀可分为单向阀和换向阀,单向阀主要用于控制油液的单向流动,换向阀主要用于改变油液的流动方向、接通或切断油路。

任务要求

- 素养要求:坚定方向,保持科学严谨、自主探究的态度,专于一事,树立正确的世界观、价值观和人生观。
- 知识要求:理解单向阀和换向阀的结构和工作原理,熟悉单向阀和换向阀的应用情况。
- 技能要求:会进行方向控制阀的拆卸和安装,能对方向控制阀的常见故障进行诊断及排除。

知识准备

一、单向阀的结构和工作原理

单向阀主要用于液压系统油路的单方向流动控制,常用的单向阀有普通单向阀和液控单向阀。

1. 普通单向阀的结构和工作原理

普通单向阀通常简称单向阀,在液压回路中可以控制油液沿一个方向流动,而反向截止。普通单向阀由阀体、阀芯和弹簧等组成,如图 2-35(a) 所示,液压油经阀体 1 左端通口 P_1 流入,克服弹簧 3 作用在阀芯 2 上的力,推动阀芯 2 向右移动,阀口打开,液压油通过阀芯 2 上的径向孔 a、轴向孔 b 从阀体右端的通口 P_2 流出;但当液压油从阀体 1 右端的通口 P_2 流入时,液压力和弹簧力使阀芯 2 紧紧压在阀座上,阀口关闭,油液无法通过。因此,流经普通单向阀的液压油只能沿 P_1 进入,由 P_2 流出,而反向不流通。图 2-35(b) 所示为普通单向阀的图形符号。

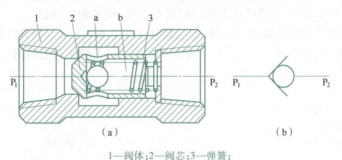

1—阀体;2—阀芯;3—弹簧;
a—阀芯径向孔;b—阀芯轴向孔。

图 2-35 普通单向阀的结构原理和图形符号

一般普通单向阀的开启压力在 0.035 ~ 0.05 MPa。作背压阀使用时,更换刚度较大的弹簧,使开启压力达到 0.2 ~ 0.6 MPa。

2. 液控单向阀的结构和工作原理

液控单向阀是一种通入控制液压油后即允许油液双向流动的单向阀,由单向阀和液控装置两部分组成,如图 2-36(a) 所示。当控制口 K 处无液压油通入时,其工作原理与普通单向阀一样,液压油只能从进油口 P_1 流向出油口 P_2,不能反向流动。当控制口 K 处通入液压油时,控制活塞 1 右侧 a 腔通泄油口(图中未画出),在油液压力作用下活塞向右移动,推动顶杆 2 顶开阀芯 3,使油

口 P_1 和 P_2 接通，油液就可以在两个方向自由流动。图 2-36(b)所示为液控单向阀的图形符号。

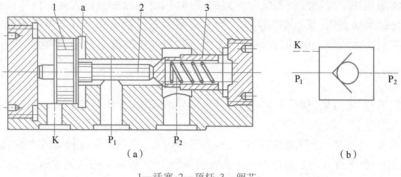

1—活塞；2—顶杆；3—阀芯；
a—通泄油口腔。

图 2-36 液控单向阀的结构原理和图形符号

液控单向阀具有普通单向阀的特点，可以在一定条件下允许正反向液流自由通过，通常用于液压系统的保压、锁紧和平衡回路。液控单向阀还可以成对组合使用，组成"双向液压锁"，一般通常用于锁紧回路，如图 2-37 所示。当进油口 P_1 通入液压油时，液压油从 P_2 口流出，同时控制油口 K_2 通油，则 P_3 和 P_4 油口接通，形成互通状态。同理，当进油口 P_3 通入液压油时，液压油从 P_3 口流向 P_4 口，而控制油口 K_1 通油，则 P_1 和 P_2 油口互通。

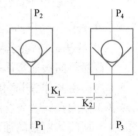

图 2-37 双向液压锁

二、换向阀的结构和工作原理

换向阀一般是利用阀芯在阀体中的相对位置的变化，使各流体通路之间（与该阀体相连接的流体通路）实现接通或断开以改变流动方向，从而控制执行机构的运动。换向阀的种类很多，主要的分类见表 2-4，其中应用最广泛的是滑阀式换向阀。

表 2-4 换向阀的分类

分类方式	常见类型
按阀芯结构分类	滑阀式、转阀式、锥阀式
按阀芯工作位置分类	二位、三位、四位等
按通路分类	二通、三通、四通、五通等
按操纵方式分类	手动、机动、液动、电磁动、电液动等

1. 滑阀式换向阀的工作原理

滑阀式换向阀的工作原理如图 2-38(a)所示，当阀芯向右移动一定的距离时，由液压泵输出的液压油从换向阀的 P 口经 A 口流向液压缸左腔，液压缸右腔的液压油经 B 口流向 T_2 口后流回油箱，液压缸活塞向右运动；反之，若阀芯向左移动某一距离时，液流反向，P 口通 B 口，A 口通 T_1 口，活塞向左运动。图 2-38(b)所示为该滑阀式换向阀的图形符号。

2. 滑阀式换向阀的图形符号

滑阀式换向阀的图形符号一般为矩形框式，换向阀的工作位置数称为"位"，与液压系统中油路相连接的油口数称为"通"。

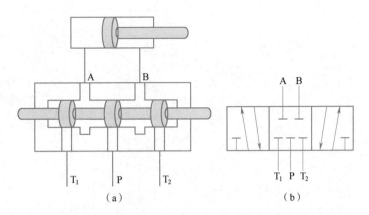

图 2-38 滑阀式换向阀的工作原理和图形符号

滑阀式换向阀图形符号的规定和含义：

①方框表示阀的工作位置，有几个方框就表示几位。

②在一个方框内，箭头"↑"或堵塞符号"⊤""⊥"与方框相交的点数就是通路数，有几个交点就是几通阀。

③箭头"↑"表示阀芯处在这一位置时两油口相通，但不一定表示油液的实际流向，"⊤"或"⊥"表示此油口被阀芯封闭（堵塞）不通流。

④一般 P 表示进油口，T 或 O 表示回油口，A\B\C 表示与元件相接口，K 表示控制油口。

⑤控制方式和复位弹簧符号通常画在方框的两侧。

⑥三位阀的中间方框、二位阀的靠近弹簧的方框为阀的常态位（即未施加控制信号的原始位置），在液压系统图中，阀通常连接在常态位，位于常态位左侧的方框称为"左位"，位于常态位右侧的方框称为"右位"，通常在常态位标明油口代号。

常用滑阀式换向阀的结构和图形符号见表 2-5，滑阀式换向阀的图形符号表明了换向阀的工作位置数、油口数、油口间的接通关系等。

表 2-5 滑阀式换向阀的结构和图形符号

名称	结构原理	图形符号	使用场合
二位二通			控制油路接通与断开
二位三通			控制改变油液流动方向
二位四通			控制执行元件双向运动，不能实现执行元件任意位置停止

续表

名称	结构原理	图形符号	使用场合
三位四通			控制执行元件双向运动,可以实现执行元件任意位置停止
二位五通			控制执行元件双向运动且回油方式不同,不能实现执行元件任意位置停止
三位五通			控制执行元件双向运动且回油方式不同,可以实现执行元件任意位置停止

3. 滑阀式换向阀的控制方式

常用的滑阀式换向阀的控制方式主要有手动控制、机动控制、电磁控制、液动控制、电液控制等。

(1) 手动换向阀

手动换向阀是用手动方式操纵手柄使阀芯移动实现换向阀换位的换向阀,可分为弹簧自动复位和弹簧钢球定位两种。图2-39所示为弹簧自动复位式三位四通手动换向阀,当手柄1向左侧扳动时,阀芯2右移,进油口P和油口A接通,油口B和回油口O接通,换向阀处于左位工作;当手柄1向右侧扳动时,阀芯2左移,进油口P和油口B接通,油口A和回油口O接通,换向阀处于右位工作。松开手柄1时,在换向阀右侧弹簧作用下,阀芯2复位中位,断开油路。由于换向阀在弹簧作用下会自动复位,弹簧自动复位式三位四通手动换向阀使用时必须用手扳住手柄1不放开。如果需要换向阀在左、中、右位上能实现定位,则需要选择弹簧钢球定位式换向阀,如图2-40所示。

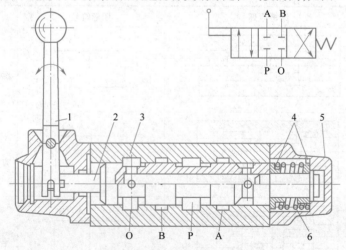

1—手柄;2—阀芯;3—阀体;4—套筒;5—端盖;6—弹簧。

图2-39 弹簧自动复位式三位四通手动换向阀

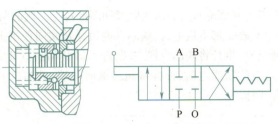

图 2-40　弹簧钢球定位式三位四通手动换向阀

(2) 机动换向阀

机动换向阀又可以称为行程阀,利用安装在运动部件上的挡块或凸块,推压机动换向阀阀芯顶部,迫使阀芯移动,换向阀换位,实现油路换向。如图 2-41 所示为二位二通常闭式机动换向阀,在常态下,阀芯 2 位于最左端,进油口 P 和油口 A 不通,换向阀右位工作;当运动部件上的挡块或凸块压下挡铁 1 时,阀芯 2 右移,进油口 P 和油口 A 接通,换向阀左位工作。

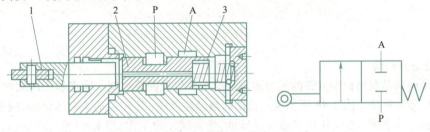

1—挡铁;2—阀芯;3—弹簧;A—进油口;P—油口。

图 2-41　二位二通常闭式机动换向阀

(3) 电磁换向阀

电磁换向阀简称电磁阀,利用电磁铁的通电吸合与断电释放而直接推动阀芯来控制液流方向,是电气系统和液压系统之间的信号转换元件。电磁换向阀由电磁铁和换向滑阀两部分组成,按照电源不同,可分为交流和直流两种电磁阀,交流电压常用 220 V 或 380 V,直流电压常用 24 V。电磁换向阀操纵方便、布局灵活,有利于提高自动化程度,因此应用最广泛,但电磁铁的吸力有限(120 N),因此电磁换向阀只适用于流量不太大的场合。

图 2-42 所示为二位三通交流电磁换向阀结构图,在图示常态位,进油口 P 和油口 A 接通,油口 B 断开;当电磁铁通电吸合时,推杆 1 将阀芯 2 推向右端,进油口 P 和油口 B 接通,油口 A 断开;当电磁铁断电释放时,弹簧 3 推动阀芯 2 复位。

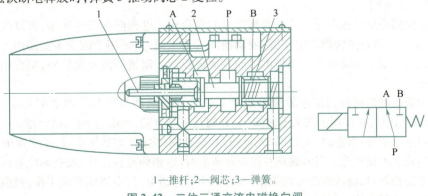

1—推杆;2—阀芯;3—弹簧。

图 2-42　二位三通交流电磁换向阀

图2-43所示为三位四通电磁换向阀的结构原理和图形符号。阀的两端各有一个直流电磁铁和一个对中弹簧。当两边电磁铁都不通电时,阀芯在两边弹簧共同作用下处于中位,P、T、A、B互不相通;当右边电磁铁通电时,推杆将阀芯推向左端,进油口P和油口B相通,油口A和回油口T相通,阀右位工作;当左边电磁铁通电时,推杆将阀芯推向右端,进油口P和油口A相通,油口B和回油口T相通,阀左位工作。

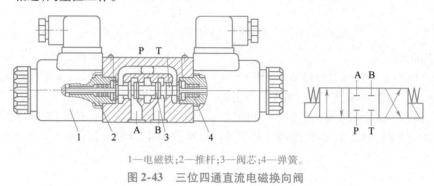

1—电磁铁;2—推杆;3—阀芯;4—弹簧。
图2-43 三位四通直流电磁换向阀

(4)液动换向阀

液动换向阀是利用控制油路的压力油来改变阀芯位置的换向阀。阀芯靠换向阀两端密封腔中油液的压差来移动。图2-44所示为三位四通液动换向阀,当K_1口通入液压油后,阀芯右移,进油口P和油口A接通,油口B和回油口O接通,换向阀左位工作;当K_2口通入液压油后,阀芯左移,进油口P和油口B接通,油口A和回油口O接通,换向阀右位工作。由于压力油可以产生很大的推力,液动换向阀可用于高压大流量的液压系统中。

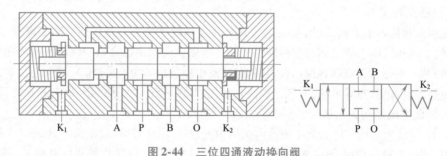

图2-44 三位四通液动换向阀

(5)电液换向阀

电液换向阀是由电磁滑阀和液动滑阀组成的复合阀。电磁阀起先导作用,可以改变控制液流方向,从而改变液动滑阀阀芯的位置;液动换向阀为主阀,主要用于改变主油路的方向。电液换向阀的优点是用反应灵敏的小规格电磁阀方便地控制大流量的液动阀换向,主要用于大中型液压设备中。

三位四通电液换向阀的结构原理图如图2-45(a)所示,图形符号如图2-45(b)、(c)所示。图2-45(a)所示电液换向阀上部为电磁阀(先导阀),下部为液动阀(主阀),结合图2-45(b)说明电液换向阀工作原理:常态时,电磁阀(先导阀)和液动阀(主阀)均处于中位,主油路中P、T、A、B四个油口均处于不通状态。当电磁阀左边电磁通电时,电磁阀左位工作,控制油经电磁阀左位进入液动阀左边控制口,液动阀换左位工作;当电磁阀右边通电时,电磁阀右位工作,控制油经电磁阀右位进入液动阀右边控制口,液动阀换右位工作。

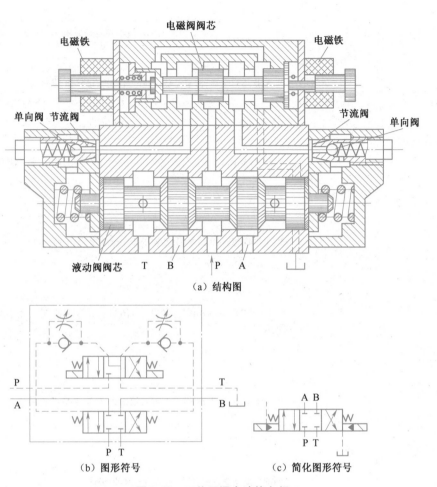

图 2-45 三位四通电液换向阀

若在液动换向阀的两端盖处加调节螺钉,则可调节液动换向阀芯移动的行程和各主阀口的开度,从而改变通过主阀的流量,对执行元件起粗略的速度调节作用。

4. 滑阀式换向阀的中位机能

换向阀处于常态位置时,其各油口的连通关系称为滑阀机能。三位换向阀的常态位为中位,三位换向阀的滑阀机能又称中位机能。不同中位机能的三位换向阀,阀体通用,但阀芯台肩结构、尺寸及内部通孔情况不同,表 2-6 所示为常见三位四通换向阀的中位机能。

表 2-6 常见三位四通换向阀的中位机能

型式	符 号	中位油口状况、特点及应用
O 型	（A B / P T 全封闭图形）	P、A、B、T 四口全封闭;液压缸闭锁,可用于多个换向阀并联工作

续表

型式	符 号	中位油口状况、特点及应用
H型		P、A、B、T口全通;活塞浮动,在外力作用下可移动,泵卸荷
Y型		P封闭,A、B、T口相通;活塞浮动,在外力作用下可移动,泵不卸荷
K型		P、A、T口相通,B口封闭;活塞处于闭锁状态,泵卸荷
M型		P、T口相通,A与B口均封闭;活塞闭锁不动,泵卸荷,也可用多个M型换向阀并联工作
P型		P、A、B口相通,T封闭;泵与缸两腔相通,可组成差动回路
X型		四油口处于半开启状态,泵基本卸荷,但仍保持一定压力
J型		P与A封闭,B与T相通;活塞停止,但在外力作用下可向一边移动,泵不卸荷
C型		P与A相通;B与T封闭;活塞处于停止位置

素养提升

坚定信念:坚持正确方向

方向控制阀的作用是控制液压执行元件方向,有了方向控制阀,液压油液才能流向正确的方向,液压系统才能正常动作,完成工作。我们要牢固树立中国特色社会主义道路自信、理论自信、制度自信、文化自信,坚定正确的政治方向,把准前进方向,把中华民族伟大复兴作为自己的使命,把为人民服务作为自己的宗旨。

实践操作

实践操作1:单向阀的拆装和使用

如图2-46所示为管式普通单向阀的外观图和立体分解图。

 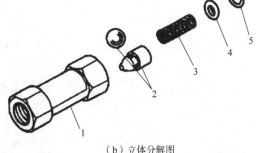

(a)外观图　　　　　　　　　　(b)立体分解图

1—阀体;2—阀芯;3—弹簧;4—垫;5—卡环。

图2-46　管式普通单向阀

1. 单向阀的拆装

①准备好内六角扳手一套、耐油橡胶板一块、油盘一个、钳工工具一套。
②用卡环钳卸下卡环5。
③依次取下垫4、弹簧3、阀芯2。
④观察单向阀主要零件的结构和作用:
- 观察阀体结构和作用。
- 观察阀芯的结构和作用。

⑤按拆卸的相反顺序装配,即后拆的零件先装配,先拆的零件后装配。装配时应注意:
- 装配前应认真清洗各零件,并将配合零件表面涂润滑油。
- 检查各零件的油孔、油路是否畅通、是否有尘屑,若有重新清洗。

⑥将阀外表面擦拭干净,整理工作台。

2. 单向阀的使用

①注意安装方向,不要装反。
②对于管式与法兰安装式单向阀,要注意接口处的密封措施。

实践操作2:换向阀的拆装和使用

图2-47所示为三位四通电磁换向阀的外观图和立体分解图。

1. 换向阀的拆装

①准备好内六角扳手一套、耐油橡胶板一块、油盘一个、钳工工具一套。
②将换向阀两端的电磁铁拆下。
③轻轻取出弹簧、挡块及阀芯等。如果阀芯发卡,可用铜棒轻轻敲击出来,禁止猛力敲打,损坏阀芯台肩。

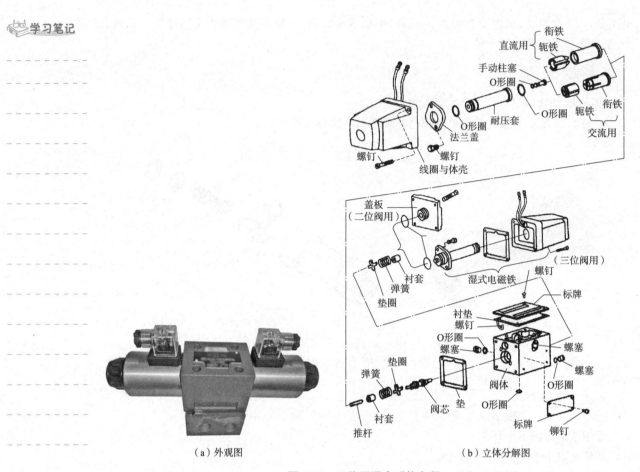

图 2-47 三位四通电磁换向阀

④观察换向阀主要零件的结构和作用：
- 观察阀芯与阀体内腔的构造，并记录各自台肩与沉割槽数量。
- 观察阀芯的结构和作用。
- 观察电磁铁结构。
- 如果是三位换向阀，判断中位机能的型式。

⑤按拆卸的相反顺序装配换向阀。

⑥将换向阀外表面擦拭干净，整理工作台。

2. 电磁换向阀的使用

①国产电磁换向阀的电源进出线出厂时埋在阀的标牌下，接线时可拆开标牌后将电磁铁的引线接牢。要注意电磁铁的种类，是交流还是直流，电压大小等，与电源相符。

②电磁换向阀最高水平安装，必须垂直安装时，电磁铁不能朝下。

③板式阀安装面的表面粗糙度 Ra 应小于 3.2 μm，平面度应小于 0.01 mm。

④板式阀与安装面之间安装的各油口的 O 形密封圈，硬度为 HS90。

⑤换向阀的回油管应插入工作时最低油面下，防止空气倒灌进入阀体。

⑥对于大型号较重的管式阀不能只靠接头支撑，还须另用螺钉固定在支架上，再拧接管接头

和管路。接管时,还要注意阀体标注的 P、A、B、O(T)、L 等不能接错。

⑦不要漏装密封圈,L 口要单独接回油箱,不可回油共用一条管路。

⑧电磁铁的使用和安装都要符合说明书要求,否则就要选用特殊电磁铁。

⑨使用电源电压频率及波动范围必须与所使用的电磁阀的要求相符,电压波动一般为额定值的 ±10%。

⑩电磁阀的响应时间是指通入电流信号加到电磁铁起至阀芯完成其行程所需时间。交流电磁铁通电响应时间为 10~30 ms,断电响应时间为 30~40 ms;直流电磁铁通电响应时间为 120 ms,断电响应时间为 45 ms 左右。

⑪交流电磁铁换向频率不得大于 180 次/min,直流电磁铁换向频率不得大于 120 次/min。

⑫有时偶尔不能换向时,可推动电磁铁端部的手动推杆,使其换向,如果这种办法不能使阀恢复正常,则要检查其他原因。

实践操作 3:单向阀和换向阀的故障诊断与维修

单向阀和换向阀的故障原因及维修方法见表 2-7。

表 2-7 单向阀和换向阀的故障原因和维修方法

类型	故障现象	故障原因	维修方法
单向阀	单向阀失灵	(1)阀体或阀芯变形、阀芯有毛刺、油液污染引起的单向阀卡死 (2)弹簧折断、漏装或弹簧刚度太大 (3)锥阀与阀座同轴度超差或密封表面有生锈麻点,从而形成接触不良和严重磨损等 (4)锥阀(或钢球)与阀座完全失去作用	(1)清洗、检修或更换阀体或阀芯,更换液压油 (2)更换或补装弹簧 (3)清洗、研磨阀芯和阀座 (4)研磨阀芯和阀座
	液控单向阀反向时打不开	(1)控制压力过低 (2)泄油口堵塞或有背压 (3)控制活塞因毛刺或污物卡住 (4)液控单向阀选择不合适	(1)按规定压力调整 (2)检查外泄管路和控制油路 (3)清洗去毛刺 (4)选择合适的液控单向阀
	泄漏	(1)油中有杂质,阀芯不能关死 (2)螺纹连接的结合部分没有拧紧或密封不严而引起外泄漏 (3)阀座锥面密封不严 (4)锥阀的锥面(或钢球)不圆或磨损 (5)加工、装配不良,阀芯或阀座拉毛甚至损坏	(1)清洗阀,更换液压油 (2)拧紧,加强密封 (3)检查、研磨锥面 (4)检查、研磨或更换阀芯 (5)检修或更换
	噪声	(1)单向阀与其他元件产生共振 (2)单向阀的流量超过额定流量	(1)适当调节阀的工作压力或改变弹簧刚度 (2)更换大规格的单向阀或减少通过阀的流量
换向阀	阀芯不动或不到位	(1)电磁铁故障 ①电压太低造成吸力不足,推不动阀芯 ②电磁铁接线焊接不良,接触不好 ③漏磁引起吸力不足 ④因滑阀卡住交流电磁铁的铁芯吸不底面烧毁 ⑤湿式电磁铁使用前未先松开放气螺钉放气 (2)滑阀卡住 ①阀体因安装螺钉的拧紧力过大或不均匀	(1)检修电磁铁 ①提高电源电压 ②检查并重新焊接 ③更换电磁铁 ④清除滑阀卡住故障,更换电磁铁 ⑤湿式电磁铁在使用前要松开放气螺钉放气 (2)检修滑阀 ①检查,使拧紧力适当、均匀 ②检查、修磨或重配阀芯,更换液压油 ③检查间隙情况,研磨或更换阀芯

续表

类型	故障现象	故障原因	维修方法
换向阀	阀芯不动或不到位	使阀芯卡住 ②阀芯被碰伤,油液被污染 ③滑阀与阀体配合间隙过小,阀芯在阀孔中卡住不动作或动作不灵活 ④阀芯几何形状超差。阀与阀体装配不同心,产生轴向液压卡紧现象 (3)液动换向阀控制油路故障 ①油液控制压力不够,滑阀不动,不能换向或换向不到位 ②节流阀关闭或堵塞 ③滑阀两端泄油口没有接回油箱或泄油管堵塞 (4)电磁换向阀的推杆磨损后长度不够,使阀芯移动过小,引起换向不灵或不到位 (5)弹簧折断、漏装、太软,不能使滑阀恢复中位	④检查、修正几何偏差和同心度,检查液压卡紧情况,修复 (3)检修液动换向阀控制油路 ①提高控制油压,检查弹簧是否过硬,以便更换 ②检查、清洗节流口 ③检查,并接通回油箱。清洗回油管,使之通畅 (4)检修,必要时更换推杆 (5)检查、更换或补装弹簧
	换向冲击与噪声	(1)控制流量过大,滑阀移动速度太快,产生冲击声 (2)固定电磁铁的螺钉松动而产生振动 (3)电磁铁的铁芯接触面不平或接触不良 (4)滑阀时卡时动或局部摩擦力过大 (5)单向节流阀阀芯与阀孔配合间隙过大,单向阀弹簧漏装,阻尼失效,产生冲击声	(1)调小单向节流阀节流口,减慢滑阀移动速度 (2)紧固螺钉,并加防松垫圈 (3)清除异物,并修整电磁铁的铁芯 (4)研磨修整或更换滑阀 (5)检查、修整到合理间隙,补装弹簧

自主测试

一、填空题

1. 根据用途和工作特点的不同,控制阀主要分为三大类_____、_____和_____。
2. 方向控制阀用于控制液压系统中液流的_____和_____。
3. 换向阀实现液压执行元件及其驱动机构的_____、_____或变换运动方向。
4. 方向控制阀包括_____和_____等。
5. 单向阀的作用是使油液只能向_____流动。
6. _____是利用阀芯和阀体的相对运动来变换油液流动的方向、接通或关闭油路。

二、选择题

1. 对三位换向阀的中位机能,缸闭锁,泵不卸载的是(　　);缸闭锁,泵卸载的是(　　);缸浮动,泵卸载的是(　　);缸浮动,泵不卸载的是(　　);可实现液压缸差动回路的是(　　)。
   A. O 型　　　　B. H 型　　　　C. Y 型　　　　D. M 型　　　　E. P 型
2. 液控单向阀的闭锁回路比用滑阀机能为中间封闭或 PO 连接的换向阀闭锁回路的锁紧效果好,其原因是(　　)。
   A. 液控单向阀结构简单　　　　　　　　B. 液控单向阀具有良好的密封性
   C. 换向阀闭锁回路结构复杂　　　　　　D. 液控单向阀闭锁回路锁紧时,液压泵卸荷

3. 用于立式系统中的换向阀的中位机能为(　　)型。
   A. C　　　　　B. P　　　　　C. Y　　　　　D. M

三、判断题

1. 单向阀作背压阀用时,应将其弹簧更换成软弹簧。(　　)
2. 手动换向阀是用手动杆操纵阀芯换位的换向阀,分弹簧自动复位和弹簧钢珠定位两种。
   (　　)
3. 电磁换向阀只适用于流量不太大的场合。(　　)
4. 液控单向阀控制油口不通压力油时,其作用与单向阀相同。(　　)
5. 三位五通阀有三个工作位置,五个油口。(　　)
6. 三位换向阀的阀芯未受操纵时,其所处位置上各油口的连通方式就是它的滑阀机能。
   (　　)

四、简答题

1. 换向阀在液压系统中起什么作用？通常有哪些类型？
2. 什么是换向阀的"位"与"通"？
3. 什么是换向阀的"滑阀机能"？有哪些常用的滑阀机能？滑阀机能的特点和作用是什么？
4. 单向阀能否作为背压阀使用？

任务2.4　认识液压压力控制元件及故障诊断

压力控制阀是控制液压系统压力或利用压力的变化来实现某种动作的阀,简称压力阀。压力控制阀是利用作用在阀芯上的液压力和弹簧力相平衡的原理来工作的。按用途不同,可分为溢流阀、减压阀、顺序阀和压力继电器等。

任务要求

- 素养要求:学会压力调节,保持心理健康,积极进取,培养专业素质,提升职业素养。
- 知识要求:理解溢流阀、减压阀、顺序阀和压力继电器的结构和工作原理,熟悉溢流阀、减压阀、顺序阀和压力继电器的应用情况。
- 技能要求:会进行压力控制阀的拆卸和安装,能对压力控制阀的常见故障进行诊断及排除。

知识准备

一、溢流阀的结构和工作原理

溢流阀可以保持系统或回路的压力恒定,起溢流和稳压作用,还可以在系统中作为安全阀使用,对系统起过载保护作用。此外,溢流阀还可作为背压阀、卸荷阀、制动阀和平衡阀等来使用。溢流阀通常接在液压泵出口处的油路上。

根据结构和工作原理不同,溢流阀可分为直动式溢流阀和先导式溢流阀两类。直动式溢流阀结构简单,一般用于低压小流量系统;先导式溢流阀多用于中、高压及大流量系统中,反应不如直动式溢流阀灵敏。

1. 直动式溢流阀的结构和工作原理

直动式溢流阀是依靠系统中的压力油直接作用在阀芯上与弹簧力相平衡,以控制阀芯的启、闭动作。溢流阀是利用被控压力作为信号来改变弹簧的压缩量,从而改变阀口的通流面积和系统的溢流量。直动式溢流阀结构原理图和图形符号如图 2-48 所示,阀体上开有进油口 P 和回油口 T,阀芯在弹簧作用下压紧在阀座上,来自进油口 P 的液压油经阀芯上的径向孔和阻尼孔 a 通入阀芯底部,作用于阀芯。当进油压力小于弹簧调定压力时,阀芯在弹簧的作用下紧紧压在下阀座上,进油口 P 和回油口 T 不通,无油液溢出,阀不工作;当进油压力超过弹簧调定压力时,油液压力克服弹簧调定压力,阀芯上移,进油口 P 和回油口 T 相通,液压油经回油口 T 流回油箱,阀溢流,弹簧力随着开口的增大而增大,直至与油液压力平衡。调压螺母可以调定弹簧力的大小,以实现对直动式溢流阀溢流压力的调整。

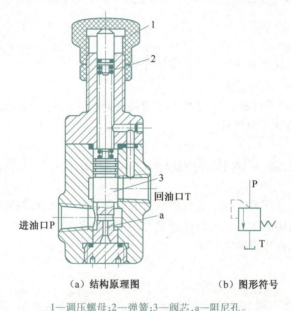

（a）结构原理图　　（b）图形符号

1—调压螺母;2—弹簧;3—阀芯,a—阻尼孔。

图 2-48　直动式溢流阀结构原理图和图形符号

直动式溢流阀结构简单,制造容易,成本低,阻力小,动作比较灵敏,但达到稳定过程较长,控制压力受溢流流量影响较大,容易产生振动,不适于高压、大流量的系统,常用于低压液压系统。

2. 先导式溢流阀的结构和工作原理

先导式溢流阀由先导阀和主阀两部分组成。先导阀实际上是一个小流量的直动式溢流阀,阀芯是锥阀,用来控制和调节溢流压力;主阀芯是滑阀,用来控制溢流流量。先导式溢流阀结构原理图和图形符号如图 2-49 所示,液压油经进油口 P、通油口 a 进入主阀芯底部油腔,同时经阻尼孔 b 进入上部油腔,经通油口 c 进入先导阀右侧油腔,所产生的油液压力作用于先导阀的锥阀芯 3。当远程控制口 K 不接通,系统压力 p 较低时,油液压力不能克服先导阀调压弹簧的调定压力,先导阀关闭,主阀芯两端压力平衡,主阀芯在平衡弹簧的作用下处于最下端,主阀溢流口封闭,无溢流;当系统压力 p 升高,作用于锥阀芯的油液压力克服先导阀调压弹簧的调定压力,先导阀打开,油液经通油口 e、回油口 T 流回油箱。由于阻尼孔 b 的作用,在主阀芯两端形成了一定压差,当压差克服主阀弹簧作用力时,主阀芯上移,主阀溢流口打开,进油口 P 和回油口 T 接通,实现溢流。调节调压螺母可以调节调压弹簧的预压缩量,实现系统压力的调节。当远程控制口 K 接通油箱时,主阀芯上端的压力接近于零,主阀芯上移到最高位置,主阀阀口开得很大,由于主阀弹簧较软,这时溢流阀 p 口处压力很低,系统的油液在低压下通过溢流阀流回油箱,实现卸荷。

先导式溢流阀恒定压力的性能优于直动式溢流阀,广泛地用于高压、大流量的场合,但先导式溢流阀是二级阀,反应不如直动式溢流阀灵敏。

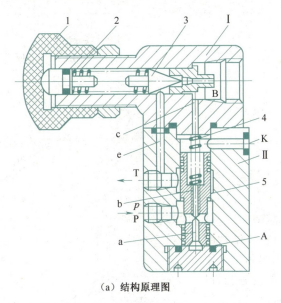

（a）结构原理图　　　　　　　　　（b）图形符号

1—调节螺母;2—调压弹簧;3—锥阀芯;4—主阀弹簧;5—主阀芯,a、c、e—通油孔;b—阻尼孔;P—进油口;T—回油口
Ⅰ—先导阀;Ⅱ—主阀;K—远程控制口。

图 2-49　先导式溢流阀结构原理图和图形符号

3. 溢流阀的应用

溢流阀在液压系统中的应用非常广泛,主要作为溢流阀、安全阀、背压阀、卸荷阀使用。

①作为溢流阀使用,如图 2-50(a)所示的溢流阀 1。当泵的流量大于节流阀允许通过的流量时,溢流阀使多余的油液流回油箱,此时泵的出口压力保持恒定。

②作为安全阀用,如图 2-50(b)所示。溢流阀限制系统的最高压力,防止系统过载。系统在正常工作状态下,溢流阀关闭;当系统过载时,溢流阀打开,使压力油经阀流回油箱。此时溢流阀为安全阀。

③作为背压阀用,如图 2-50(a)所示的溢流阀 2。溢流阀串联在回油路上,溢流产生背压,使运动部件运动平稳性增加。

④作为卸荷阀用,如图 2-50(c)所示。溢流阀的远程控制口 K 串接一小流量的二位二通电磁换向阀,当电磁铁通电时,电磁阀右位工作,溢流阀的液控口 K 通油箱,此时液压泵卸荷,溢流阀作为卸荷阀使用。

二、减压阀的结构和工作原理

减压阀是利用油液通过缝隙时产生压力损失的原理,使出口压力低于进口压力的压力控制阀。在液压系统中减压阀常用于降低或调节系统中某一支路的压力,以满足某些执行元件的需要。减压阀按工作原理分为直动式减压阀和先导式减压阀,其中先导式减压阀应用较为广泛。减压阀按调节性能还可以分为保证出口压力为定值的定值减压阀,保证进出口压差不变的定差减压阀以及保证进出口压力成比例的定比减压阀,其中定值减压阀应用最为广泛。

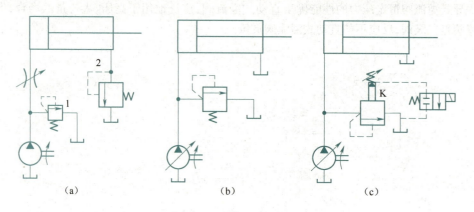

图 2-50 溢流阀的应用

1. 直动式减压阀的结构和工作原理

直动式减压阀由阀体和阀芯组成,其结构原理图及图形符号如图 2-51 所示。当阀芯位于原始位置,减压阀阀口处于开启状态,阀的进、出口相通,不起减压作用。当出口油压 p_2 上升超过阀芯内部弹簧调定压力时,液压油通过阀芯底部作用于阀芯,使阀芯上移,阀口减小,阀口处阻力增大,压降增大,出口油压 p_2 下降,直至下降到与弹簧调定压力相平衡,达到减压阀的出口调定压力后保持出口压力恒定。若出口油压 p_2 下降,则阀芯在弹簧力作用下向下移动,阀口增大,阀口处阻力减小,压降减小,出口油压 p_2 回升至减压阀的调定值并保持出口压力恒定。调节减压阀上端手轮可以改变弹簧的调定压力,即调整减压阀的出口调定压力。

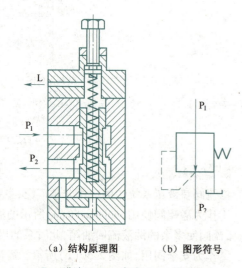

(a) 结构原理图　　(b) 图形符号

P_1—进油口;P_2—出油口;L—泄油口。

图 2-51 直动式减压阀结构原理图和图形符号

2. 先导式减压阀的结构和工作原理

先导式减压阀与先导式溢流阀结构相似,也是由先导阀和主阀两部分组成。先导阀由调压螺母、调压弹簧、先导阀阀芯和阀座等组成。主阀由主阀芯、主阀体和阀盖等组成。先导式减压阀结构原理图及图形符号如图 2-52 所示,油压为 p_1 的液压油由主阀进油口 P_1 流入,经减压阀阀口 x 后由出油口 P_2 流出,压力为 p_2。当出口压力 p_2 低于先导阀弹簧的调定压力时,先导阀关闭,主阀芯两端压力相等,在主阀弹簧力作用下处于最下端位置,x 开度最大,不起减压作用。当出口压力 p_2 高于先导阀弹簧的调定压力时,先导阀开启,P_2 腔部分压力油经孔 e(阻尼孔)、c、b、先导阀口、油孔 a 和卸油口 L 流回油箱。由于阻尼孔 e 的作用,主阀芯两端产生压差,主阀芯在压差作用下克服平衡弹簧的弹力上移,减压阀阀口减小,压差 (p_1-p_2) 增大,由于出口压力为调定值 p_2,因

此进口压力 p_1 值升高,起减压作用。此时如果由于负荷增大或进口压力上升使出口压力 p_2 增大,在 p_2 高于先导阀弹簧调定压力时,主阀芯上升,x 开度迅速减小,压差 (p_1-p_2) 增大,出口压力 p_2 下降至调定压力。减压阀能利用出口压力的反馈作用,自动控制阀口开度,保证出口压力基本为弹簧调定压力,这种减压阀是定值减压阀。调节先导式减压阀调节螺母可调节调压弹簧的预压缩量,从而调节减压阀出口调定压力。

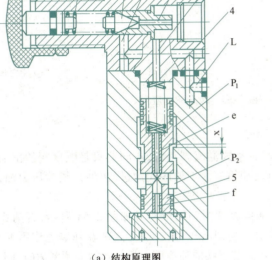
(a) 结构原理图

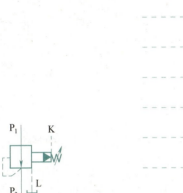
(b) 图形符号

1—调节螺母;2—调压弹簧;3—锥阀芯;4—主阀弹簧;5—主阀芯
a、b、c—油孔;e、f—阻尼孔;x—减压阀阀口;L—泄油口;P_1—进油口;P_2—出油口。

图 2-52 先导式减压阀结构原理图和图形符号

3. 减压阀的应用

减压阀在液压系统中主要起到减压和稳压的作用。

①减压回路:图 2-53(a)所示为减压回路,在主系统的支路上串联一减压阀,用以降低和调节支路液压缸的最大推力。

②稳压回路:图 2-53(b)所示为稳压回路,当系统压力波动较大,液压缸 2 需要有较稳定的输入压力时,在液压缸 2 进油路上串联一减压阀,在减压阀处于工作状态下,可使液压缸 2 的压力不受溢流阀压力波动的影响。

③单向减压回路:图 2-53(c)所示为单向减压回路,当需要执行元件正反向压力不同时,可用单向减压回路图。图 2-53(c)中的用双点画线框起的单向减压阀是具有单向阀功能的组合阀。

三、顺序阀的结构和工作原理

顺序阀利用系统压力变化来控制油路的通断,以控制液压系统中各执行元件动作的先后顺序。按控制方式的不同,顺序阀可分为内控式和外控式两种,内控式顺序阀是利用阀的进油口压力控制阀芯的启闭,外控式顺序阀是利用外部的控制压力油控制阀芯的启闭(液控顺序阀)。顺序阀还可分为直动式和先导式两种,直动式顺序阀一般用于低压系统,先导式顺序阀用于中高压系统。

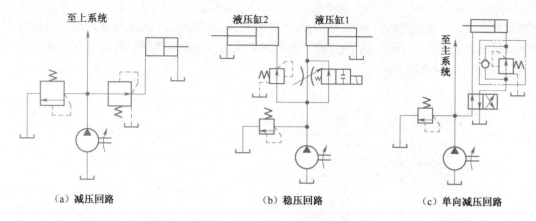

(a) 减压回路　　　(b) 稳压回路　　　(c) 单向减压回路

图 2-53　减压阀的应用

1. 直动式顺序阀的结构和工作原理

直动式顺序阀结构和工作原理与直动式溢流阀相似,不同的只是顺序阀的出油口通向系统的另一压力油路,而溢流阀的出油口通油箱。由于顺序阀的进、出油口均为压力油,所以它的泄油口 L 必须单独外接油箱。

直动式顺序阀(内控外泄式)的结构原理图和图形符号如图 2-54 所示,直动式顺序阀由下盖、控制活塞、阀体、阀芯和弹簧等组成。当油液压力较低时,阀芯在弹簧力作用下处于最下端,进油口 P_1 和出油口 P_2 不通。当作用在阀芯下端的油液压力超过弹簧的预紧力时,阀芯上移,阀口打开,进油口 P_1 和出油口 P_2 相通,油液经阀口流出,执行元件动作。当油液压力下降低于弹簧的预紧力时,阀芯下移,阀口关闭,进油口 P_1 和出油口 P_2 不通,油路关闭,执行元件停止动作。

除内控外泄形式外,还可以通过改变上盖或底盖的装配位置得到内控内泄、外控外泄、外控内泄等三种类型。内控内泄式顺序阀用在系统中作平衡阀或背压阀;外控外泄式顺序阀相当于一个液控二位二通阀作液动开关阀;外控内泄式顺序阀用作卸载阀,用于双泵供油回路使大泵卸载。

2. 顺序阀的应用

顺序阀在液压系统中主要作为顺序控制阀、卸荷阀和背压阀使用。

① 实现执行元件的顺序动作:实现定位夹紧顺序动作的液压回路如图 2-55 所示。在动作进程时(即活塞向下运动),要求定位缸 A 缸先动作,夹紧缸 B 缸后动作。当二位四通电磁换向阀 5 处于常态位(右位),油液从油箱经入液压泵 1 经减压阀 3 减压后通过单向阀 4 经过换向阀 5 右位进入定位缸 A 无杆腔,定位缸 A 活塞杆向下伸出,定位工件;当定位完成后,管路中的油液压力升高,当油液压力达到单向顺序阀 6 中的顺序阀调定压力时,顺序阀开启,油液进入夹紧缸 B 无杆腔,夹紧缸 B 活塞杆向下伸出,夹紧工件。当电磁换向阀 5 左边电磁得电,阀 5 换左位工作,油液经阀 5 左位同时进入定位缸 A 和夹紧缸 B 的有杆腔,缸 A 和 B 活塞杆均向上缩回,缸 A 无杆腔油液经阀 5 左位流回油箱,B 无杆腔油液经单向顺序阀 6 的单向阀(顺序阀反向不通)流回油箱。

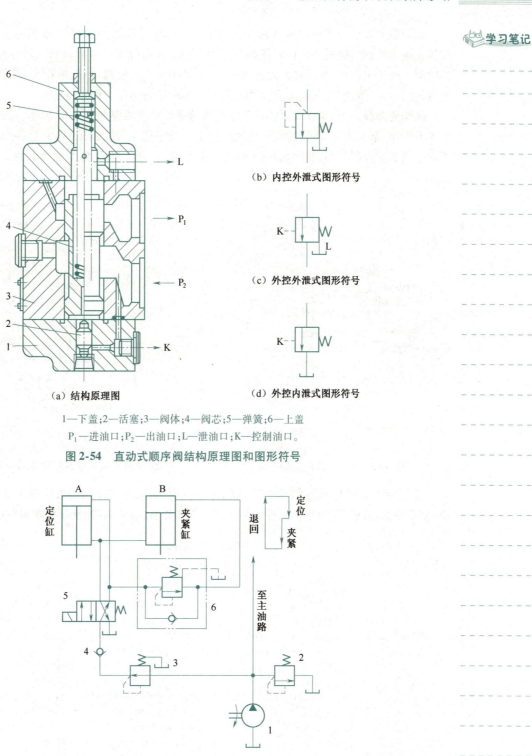

（a）结构原理图
（b）内控外泄式图形符号
（c）外控外泄式图形符号
（d）外控内泄式图形符号

1—下盖；2—活塞；3—阀体；4—阀芯；5—弹簧；6—上盖
P_1—进油口；P_2—出油口；L—泄油口；K—控制油口。

图 2-54 直动式顺序阀结构原理图和图形符号

1—液压泵；2—溢流阀；3—减压阀；4—单向阀；5—二位四通电磁换向阀；
6—单向顺序阀；A—定位缸；B—夹紧缸。

图 2-55 实现定位夹紧顺序动作的液压回路

②与单向阀组合成单向顺序阀：采用单向顺序阀的平衡回路如图 2-56 所示。在平衡回路上，应防止垂直或倾斜放置的执行元件和与之相连的工作部件因自重而自行下落。当三位四通电磁换向阀 3 处于中位时，液压缸 5 无进回油，活塞停止在当前位置，吊起重物 W，为防止在重物作用下，活塞自行下落，在液压缸 5 回油路上采用单向顺序阀平衡工作部件自重。

③作为卸荷阀用：实现双泵供油系统的大流量泵卸荷回路如图 2-57 所示。大量供油时，顺序阀 3 不工作，泵 1 和泵 2 同时供油，供油压力小于顺序阀 3 的控制压力；少量供油时，供油压力大于顺序阀 3 的控制压力，顺序阀 3 打开，单向阀 4 关闭，泵 2 卸荷，泵 1 继续供油。

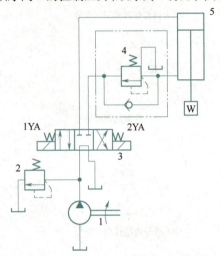

1—液压泵；2—溢流阀；3—三位四通电磁换向阀（M 型）；
4—单向顺序阀；5—液压缸。

图 2-56　用单向顺序阀的平衡回路

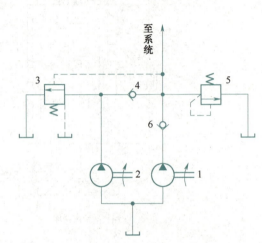

1—低压大排量泵；2—高压小排量泵；
3—顺序阀（卸荷阀）；4、6—单向阀；5—溢流阀。

图 2-57　实现双泵供油系统的大流量泵卸荷回路

④作为背压阀用：顺序阀背压回路如图 2-58 所示，顺序阀 2 用于液压缸 3 回油路上，增大背压，使活塞的运动速度稳定。元件 1 为液压源图形符号，包含油箱、液压泵和溢流阀等。

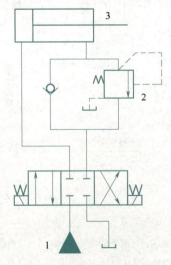

1—液压源；2—顺序阀；3—液压缸。

图 2-58　顺序阀背压回路

3. 溢流阀、减压阀和顺序阀比较

溢流阀、减压阀和顺序阀都是压力控制阀,是用于控制液压系统压力或利用压力的变化来实现某种动作,既有相似之处也有各自特点,溢流阀、减压阀和顺序阀的比较见表2-8。

表2-8 溢流阀、减压阀和顺序阀的比较

名称	溢流阀	减压阀	顺序阀
阀口	阀口常闭(箭头错开)	阀口常开(箭头连通)	阀口常闭(箭头错开)
控制油	来自进油口	来自出油口	来自进油口
阀出口	出口通油箱	出口通系统	出口通系统
油压	进口油压基本稳定	出口油压基本稳定	无稳压要求,只起通断作用
卸油方式	内泄	外泄	外泄
作用	在系统中起定压溢流或安全作用	在系统中起减压和稳压作用	在系统中是一个压力控制开关

素养提升

职业素养:自我调节,保持心理健康

压力控制阀用于控制或调节液压传动系统的压力。我们在平时的学习、工作和生活中,要像"压力阀"一样,学会调节压力,适应学习、工作和生活中遇到的各种问题和压力。要像"安全阀"一样,找自己可倾诉的家人、朋友、同学和老师进行交流,释放压力,保持心理健康,提高自己的自适应能力,提升职业素养。

职业素养:
自我调节,
保持心理健康

四、压力继电器的结构和工作原理

压力继电器是一种将油液的压力信号转换成电信号的电液控制元件。当油液压力达到压力继电器的调定压力时,发出电信号,以控制电磁铁、电磁离合器、继电器等元件动作,实现泵的加载或卸荷、执行元件的顺序动作或系统的安全保护和连锁等其他功能。

压力继电器由压力-位移转换装置和微动开关两部分组成,分为柱塞式、弹簧管式、膜片式和波纹管式四类,其中柱塞式最常用。压力继电器正确位置在液压缸和节流阀之间。单触点,柱塞式压力继电器如图2-59所示。

压力继电器的应用:

①安全控制,压力继电器可实现安全控制。当系统压力达到压力继电器事先调定的压力值时,压力继电器即发出电信号,使由其控制的系统停止工作,对系统起安全保护作用。

②执行元件的顺序动作,压力继电器可实现执行元件的顺序动作。当系统压力达到压力继电器事先调定的压力值时,压力继电器即发出电信号,使由其控制的执行元件开始动作。

实践操作

实践操作1:溢流阀的拆装和使用

图2-60所示为先导式溢流阀外观图和立体分解图。

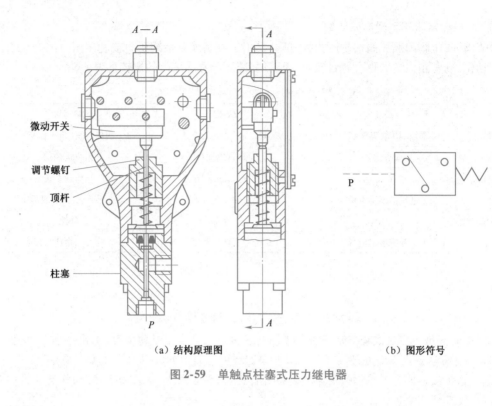

(a) 结构原理图　　　　　　　　　　(b) 图形符号

图 2-59　单触点柱塞式压力继电器

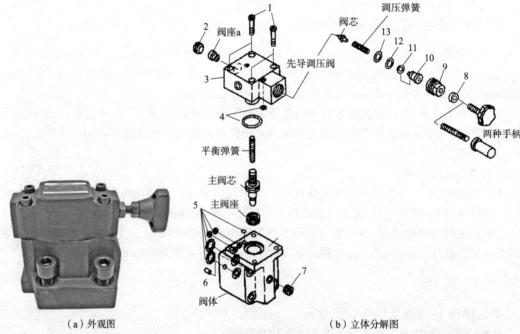

(a) 外观图　　　　　　　　　　(b) 立体分解图

1—螺钉；2、7—螺堵；3—闷盖；4、5、11、12、13—O 形密封圈；6—定位销；8—锁紧螺母；9—螺套；10—调节杆。

图 2-60　先导式溢流阀

1. 溢流阀的拆装

①准备好内六角扳手一套、耐油橡胶板一块、油盘一个、钳工工具一套。

②松开先导阀体与主阀体的连接螺钉1,取下先导阀体部分。

③从先导阀体部分松开锁紧螺母8及调整手轮。

④从先导阀体部分取下螺套9,调节杆10,O形密封圈11、12、13,先导阀调压弹簧及先导阀芯等。

⑤卸下螺堵2,取下先导阀阀座。

⑥从主阀体中取出O形密封圈4、主阀弹簧、主阀芯、主阀座。如果阀芯发卡,可用铜棒轻轻敲击出来,禁止猛力敲打,损坏阀芯台肩。

⑦观察溢流阀主要零件的结构和作用:

- 观察先导阀阀体上开的远控口和安装先导阀阀芯用的中心圆孔。
- 观察先导阀阀芯与主阀芯的结构,主阀芯阻尼孔的大小,比较主阀芯与先导阀芯弹簧的刚度。
- 观察先导阀调压弹簧和主阀弹簧,调压弹簧的刚度比主阀弹簧的大。

⑧按拆卸的相反顺序装配,即后拆的零件先装配,先拆的零件后装配。装配时应注意:

- 装配前应认真清洗各零件,并将配合零件表面涂润滑油。
- 检查各零件的油孔、油路是否畅通、是否有尘屑,若有重新清洗。
- 将调压弹簧放置在先导阀阀芯的圆柱面上,然后一起推入先导阀阀体内。
- 主阀芯装入主阀体后,应运动自如。
- 先导阀阀体与主阀体的止口、平面应完全贴合后,才能用螺钉连接,螺钉要分两次拧紧,并按对角线顺序进行。
- 装配中注意主阀芯的三个圆柱面与先导阀阀体、主阀阀体与主阀阀座孔配合的同心度。

⑨将阀外表面擦拭干净,整理工作台。

2. 溢流阀的使用

①适用的液压油黏度为 15~38 cSt,油液的工作温度应控制为 10~60 ℃。

②系统过滤精度不得低于 25 μm。

③管式连接阀及法兰连接阀要支承可靠,不推荐仅用接管和法兰直接支承阀,最好另有支承阀的支架。板式阀的安装面表面粗糙度 Ra 为 6.3 μm 以上,平面度 0.01 mm 以上。

④溢流阀只有需要遥控或多级压力控制时,远程控制口才接入控制油路,其他情况一律堵上。

⑤溢流阀的回油阻力不得高于 0.7 MPa,回油一般直接接油箱。溢流阀为外排时,泄油口背压不得超过设定压力的 2%。

⑥购回的溢流阀如果不及时使用,须将内部灌入防锈油,并将外露加工表面涂防锈脂,妥善保存。

⑦电磁溢流阀中的电磁换向阀接入的电压及接线形式必须正确。

⑧板式卸荷溢流阀组合了一个单向阀,使得泵卸荷时可防止液压系统压力油反向流动;管式阀则必须单独连接一个与阀通径相匹配的管式单向阀。

实践操作2:溢流阀、减压阀、顺序阀和压力继电器的故障诊断与维修

溢流阀、减压阀、顺序阀和压力继电器的故障原因和维修方法见表2-9。

表 2-9　溢流阀、减压阀、顺序阀和压力继电器的故障原因和维修方法

类型	故障现象	故障原因	维修方法
溢流阀	调压时,压力升得很慢,甚至一点也调不上去	(1) 主阀阀芯上有毛刺,或阀芯与阀体孔配合间隙内卡有污物 (2) 主阀阀芯与阀座接触处纵向拉伤有划痕,接触线处磨损有凹坑 (3) 先导阀锥阀与阀座接触处纵向拉伤有划痕,接触线处磨损有凹坑 (4) 先导阀锥阀与阀座接触处粘有污物	(1) 修磨阀芯 (2) 清洗与换油,修磨阀芯 (3) 清洗与换油,修磨阀芯 (4) 清洗与换油
	调压时,压力虽然可上升,但升不到公称压力	(1) 液压泵故障 (2) 油温过高,内部泄漏量大 (3) 调压弹簧折断或错装 (4) 主阀阀芯与主阀阀体孔的配合过松,拉伤出现沟槽,或使用后磨损 (5) 主阀阀芯卡死 (6) 污物颗粒部分堵塞主阀阀芯阻尼孔、旁通孔和先导阀阀座阻尼孔 (7) 先导针阀与阀座之间能磨合但不能很好得密合	(1) 检修或更换液压泵 (2) 加强冷却,消除泄漏 (3) 更换调压弹簧 (4) 更换主阀阀芯 (5) 去毛刺,清洗 (6) 用φ1 mm 钢丝穿通阻尼孔 (7) 研磨先导针阀与阀座配合
	压力波动大	(1) 系统中进了空气 (2) 液压油不清洁,阻尼孔不通畅 (3) 弹簧弯曲或弹簧刚度太低 (4) 锥阀与锥阀座接触不良或磨损 (5) 主阀阀芯表面拉伤或弯曲	(1) 排净系统中的空气 (2) 更换液压油,穿通并清洗阻尼孔 (3) 更换弹簧 (4) 更换锥阀 (5) 修磨或更换阀芯
	调压时,压力调不下来	(1) 错装成刚性太大调压弹簧 (2) 调节杆外径太大或因毛刺污物卡住阀盖孔,不能随松开的调压手柄而后退,所调压力下不来或调压失效 (3) 先导阀阀座阻尼孔被封死,压力调不下来,调压失效 (4) 因调节杆密封沟槽太浅,O 形圈外径又太粗,卡住调节杆不能随松开的调压螺钉移动	(1) 更换弹簧 (2) 检查调节杆外径尺寸 (3) 用φ1 mm 钢丝穿通阻尼孔 (4) 更换合适的 O 形圈
	振动与噪声大,伴有冲击	(1) 系统中进了空气 (2) 进、出油口接反 (3) 调压弹簧折断 (4) 先导阀阀座阻尼孔被封死 (5) 滑阀上阻尼孔堵塞 (6) 主阀弹簧太软、变形	(1) 排净系统中的空气 (2) 纠正进、出油口位置 (3) 更换调压弹簧 (4) 用φ1 mm 钢丝穿通阻尼孔 (5) 疏通滑阀上阻尼孔 (6) 更换主阀弹簧
减压阀	减压阀出口压力几乎等于进口压力,不起减压作用	(1) 主阀阀芯阻尼孔、先导阀阀座阻尼孔被污物颗粒部分堵塞,失去自动调节能力 (2) 主阀阀芯上或阀体孔沉割槽棱边有毛刺、污物卡住,或因主阀阀芯与主阀阀体孔的配合过紧,或主阀阀芯、阀孔形状公差超标,产生液压卡紧,将主阀卡死在最大开度位置 (3) 管式或法兰式减压阀很容易将阀盖装错方向,使阀盖与阀体之间的外泄口堵死,无法排油,造成困油,使主阀顶在最大开度而不减压	(1) 用φ1 mm 钢丝或用压缩空气疏通阻尼孔,并清洗阻尼孔 (2) 去毛刺、清洗、修复阀孔和阀芯,保证阀孔和阀芯之间合理的间隙,配前可适当研磨阀孔,再配阀芯 (3) 应按正确方向安装阀盖

续表

类型	故障现象	故障原因	维修方法
减压阀	减压阀出口压力几乎等于进口压力,不起减压作用	(4)板式减压阀泄油通道堵住未通回油箱 (5)管式减压阀泄油通道出厂时是堵住的,使用时泄油孔的油塞未拧出	(4)疏通泄油通道 (5)使用时泄油孔的油塞拧出
减压阀	出口压力不稳定,有时还有噪声	(1)系统中进空气 (2)弹簧变形 (3)减压阀在超过额定流量下使用时,往往会出现主阀振荡现象,使减压阀出口压力不稳定,此时出油口压力出现"升压—降压—再升压—再降压"的循环	(1)排净系统空气 (2)更换弹簧 (3)更换型号合适的减压阀
减压阀	出口压力很低,即使拧紧调压手轮,压力也升不起来	(1)减压阀进、出油口接反了 (2)进油口压力太低 (3)先导阀阀芯与阀座配合之间因污物滞留、有严重划伤,阀座配合孔失圆、有缺口,造成先导阀阀芯与阀座之间不密合 (4)漏装了先导阀阀芯 (5)先导阀弹簧装成软弹簧 (6)主阀阀芯阻尼孔被污物颗粒堵塞	(1)纠正接管错误 (2)查明原因排除 (3)研磨先导阀阀芯与阀座配合面,使先导阀阀芯与阀座之间密合 (4)补装先导阀阀芯 (5)更换合适的弹簧 (6)用$\phi 1$ mm钢丝或用压缩空气疏通阻尼孔,并清洗阻尼孔
减压阀	调压失灵	(1)调节杆上O形圈外径过大 (2)调节杆上装O形圈的沟槽过浅	(1)更换合适的O形圈 (2)更换合适的调节杆
减压阀	外漏	(1)调节杆上O形圈外径过小 (2)调节杆上装O形圈的沟槽过深	(1)更换合适的O形圈 (2)更换合适的调节杆
顺序阀	出油口总有油流出,不能使执行元件实现顺序动作	(1)上下阀盖装错,外控与内控混淆 (2)单向顺序阀的单向阀卡死在打开位置 (3)主阀阀芯与主阀阀体孔的配合过紧,主阀阀芯卡死在打开位置,顺序阀变为直通阀 (4)外控顺序阀的控制油道被污物堵塞,或控制活塞被污物、毛刺卡死 (5)主阀阀芯被污物、毛刺卡死在打开位置,顺序阀变为直通阀	(1)纠正上下阀盖安装方向 (2)清洗单向阀阀芯 (3)研磨主阀阀芯与主阀阀体孔,使阀芯运动灵活 (4)清洗疏通控制油道,清洗控制活塞 (5)拆开主阀清洗并去毛刺,使阀芯运动灵活
顺序阀	出油口无油流出,不能使执行元件实现顺序动作	(1)液压系统压力没有建立起来 (2)上下阀盖装错,外控与内控混淆 (3)主阀阀芯被污物、毛刺卡死在关闭位置,顺序阀变为直通阀 (4)主阀阀芯与主阀阀体孔的配合过紧,主阀阀芯卡死在关闭位置,顺序阀变为直通阀 (5)液控顺序阀控制压力太小	(1)检修液压系统 (2)纠正上下阀盖安装方向 (3)拆开主阀清洗并去毛刺,使阀芯运动灵活 (4)研磨主阀阀芯与主阀阀体孔,使阀芯运动灵活 (5)调整控制压力至合理值

续表

类型	故障现象	故障原因	维修方法
顺序阀	调定压力值不稳定,不能使执行元件实现顺序动作,或顺序动作错乱现象	(1)污物颗粒部分堵塞主阀芯阻尼孔 (2)控制活塞外径与阀盖孔配合太松,导致控制油的泄漏油作用到主阀芯上,出现顺序阀调定压力值不稳定,不能使执行元件顺序动作,或顺序动作错乱现象	(1)用φ1 mm钢丝穿通阻尼孔,并清洗阻尼孔 (2)更换控制活塞
压力继电器	动作不灵敏	(1)弹簧永久变形 (2)滑阀在阀孔中移动不灵活 (3)薄膜片在阀孔中移动不灵活 (4)钢球不正圆 (5)行程开关不发信号	(1)更换弹簧 (2)清洗或研磨滑阀 (3)更换薄膜片 (4)更换钢球 (5)检修或更换行程开关
压力继电器	不发信号与误发信号	(1)压力继电器安装位置错误,如回油路节流调速回路中压力继电器装在回油路上 (2)返回区间调节太小 (3)系统压力未上升或下降到压力继电器的设定压力 (4)压力继电器的泄油管路不畅通 (5)微动开关不灵敏,复位性能差 (6)微动开关定位不装牢或未压紧 (7)微动开关的触头与杠杆之间的空行程过大或过小时,易发误动作信号 (8)薄膜式压力继电器的橡胶隔膜破裂 (9)柱塞卡死	(1)回油路节流调速回路中压力继电器只能装在进油路上 (2)正确调节返回区间 (3)检查系统压力不上升或下降的原因,予以排除 (4)疏通压力继电器的泄油管路 (5)更换橡胶隔膜 (6)装牢微动开关定位 (7)正确调整微动开关的触头与杠杆之间的空行程 (8)更换橡胶隔膜 (9)使柱塞运动灵活

自主测试

一、填空题

1. 在液压系统中,控制_____或利用压力的变化来实现某种动作的阀称为压力控制阀。这类阀利用作用在阀芯上的液压力和弹簧力相_____的原理来工作。按用途不同,可分_____、_____、_____和压力继电器等。

2. 根据溢流阀在液压系统中所起的作用,溢流阀可作_____、_____、_____和背压阀使用。

3. 先导式溢流阀是由_____和_____两部分组成,前者控制_____,后者控制_____。

4. 减压阀主要用来_____液压系统中某一分支油路的压力,使之低于液压泵的供油压力,以满足执行机构的需要,并保持基本恒定。减压阀也有_____式减压阀和_____式减压阀两类,_____式减压阀应用较多。

5. 减压阀在_____油路、_____油路、润滑油路中应用较多。

6. _____阀是利用系统压力变化来控制油路的通断,以实现各执行元件按先后顺序动作的压力阀。

7. 压力继电器是一种将油液的_____信号转换成_____信号的电液控制元件。

二、选择题

1. 溢流阀的作用是配合泵等,溢出系统中的多余的油液,使系统保持一定的( )。
   A. 压力　　　　B. 流量　　　　C. 流向　　　　D. 清洁度
2. 要降低液压系统中某一部分的压力时,一般系统中要配置( )。
   A. 溢流阀　　　B. 减压阀　　　C. 节流阀　　　D. 单向阀
3. ( )是用来控制液压系统中各元件动作的先后顺序的。
   A. 顺序阀　　　B. 节流阀　　　C. 换向阀　　　D. 溢流阀
4. 在常态下,溢流阀( )、减压阀( )、顺序阀( )。
   A. 常开　　　　B. 常闭
5. 将先导式溢流阀的远程控制口接了回油箱,将会发生( )问题。
   A. 没有溢流量　　　　　　　　B. 进口压力为无穷大
   C. 进口压力随负载增加而增加　D. 进口压力调不上去
6. 液压传动系统中常用的压力控制阀是( )。
   A. 换向阀　　　B. 溢流阀　　　C. 液控单向阀　D. 节流阀
7. 一级或多级调压回路的核心控制元件是( )。
   A. 溢流阀　　　B. 减压阀　　　C. 压力继电器　D. 顺序阀
8. 当减压阀出口压力小于调定值时,( )起减压和稳压作用。
   A. 仍能　　　　B. 不能　　　　C. 不一定能　　D. 不减压但稳压
9. 在液压系统中,可用于安全保护的控制阀是( )。
   A. 顺序阀　　　B. 节流阀　　　C. 溢流阀　　　D. 减压阀

三、判断题

1. 溢流阀通常接在液压泵出口的油路上,它的进口压力即系统压力。( )
2. 溢流阀用于系统的限压保护、防止过载的场合,在系统正常工作时,该阀处于常闭状态。( )
3. 压力控制阀基本特点都是利用油液的压力和弹簧力相平衡的原理来进行工作的。( )
4. 液压传动系统中常用的压力控制阀是单向阀。( )
5. 溢流阀在系统中作安全阀调定的压力比作调压阀调定的压力大。( )
6. 减压阀的主要作用是使阀的出口压力低于进口压力且保证进口压力稳定。( )
7. 利用远程调压阀的远程调压回路中,只有在溢流阀的调定压力高于远程调压阀的调定压力时,远程调压阀才能起调压作用。( )

四、简答题

1. 比较溢流阀、减压阀、顺序阀的异同点。
2. 简述直动式溢流阀和先导式溢流阀的工作原理。

五、分析题

1. 如图 2-61 所示溢流阀的调定压力为 4 MPa,若阀芯阻尼小孔造成的损失不计,试判断下列情况下压力表读数各为多少?(1)1YA 断电,负载为无限大时;(2)1YA 断电,负载压力为 2 MPa 时;(3)YA 通电,负载压力为 2 MPa 时。

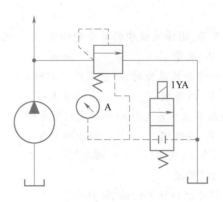

图 2-61

2. 如图2-62所示回路中,溢流阀的调整压力为5.0 MPa,减压阀的调整压力为2.5 MPa,试分析下列情况,并说明减压阀阀口处于什么状态?(1)当泵压力等于溢流阀调定压力时,夹紧缸使工件夹紧后,A、C点的压力各为多少?(2)当泵压力由于工作缸快进压力降到1.5 MPa时(工件原先处于夹紧状态)A、B、C点的压力是多少?(3)夹紧缸在夹紧工件前做空载运动时,A、B、C三点的压力各为多少?

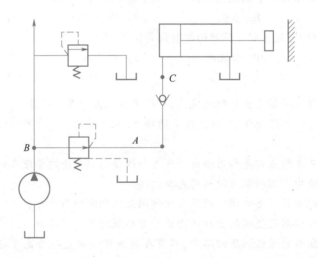

图 2-62

3. 如图2-63所示的液压系统,两液压缸的有效面积$A_1 = A_2 = 100\ cm^2$,缸Ⅰ负载$F = 35\ 000\ N$,缸Ⅱ运动时负载为零。不计摩擦阻力、惯性力和管路损失,溢流阀、顺序阀和减压阀的调定压力分别为4 MPa、3 MPa和2 MPa。求在下列三种情况下,A、B和C处的压力。(1)液压泵启动后,两换向阀处于中位;(2)1YA通电,液压缸1活塞移动时及活塞运动到终点时;(3)1YA断电,2YA通电,液压缸2活塞运动时及活塞碰到固定挡块时。

4. 如图2-64所示,已知两液压缸的活塞面积相同,液压缸无杆腔面积$A_1 = 20 \times 10^{-4}\ m^2$,但负载分别为$F_1 = 8\ 000\ N$,$F_2 = 4\ 000\ N$,如溢流阀的调整压力为4.5 MPa,试分析减压阀压力调整值分别为1 MPa、2 MPa、4 MPa时,两液压缸的动作情况。

项目二　液压元件的认识及故障诊断

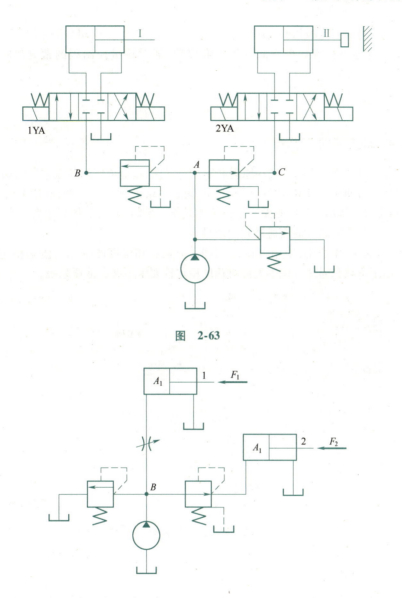

图　2-63

图　2-64

任务2.5　认识液压流量控制元件及故障诊断

液压系统中执行元件运动速度的大小,由输入执行元件的油液流量的大小来确定。流量控制阀简称流量阀,它通过改变节流口通流面积或通流通道的长短来改变局部阻力的大小,从而实现对流量的控制,进而改变执行机构的运动速度。

视频

认识液压流量
控制元件

任务要求

- 素养要求:严守职业规范,培养精益求精的工匠精神。

- 知识要求:理解节流阀和调速阀的结构和工作原理,熟悉节流阀和调速阀的应用情况。
- 技能要求:会进行流量控制阀的拆卸和安装,能对流量控制阀的常见故障进行诊断及排除。

知识准备

一、节流阀的结构和工作原理

图 2-65 所示为普通节流阀的结构原理和图形符号图,该节流阀的节流油口为轴向三角槽式。节流阀打开时,压力油从油口 P_1 流入,经孔道 a、阀芯左端的轴向三角槽,孔道 b 和出油口 P_2 流出。阀芯在弹簧力的作用下始终紧贴在推杆 2 的端部。旋转调节柄,推杆沿轴向移动,可改变节流口的通流截面积,从而调节油液通过阀的流量。

节流阀结构简单、体积小、使用方便、成本低,但负载和温度的变化对流量稳定性的影响较大,因此只适用于负载和温度变化不大或对速度稳定性要求不高的液压系统。

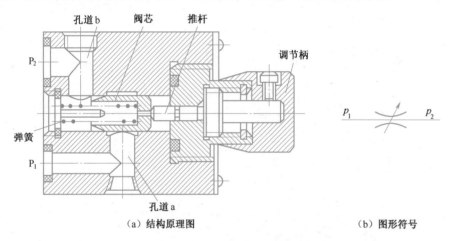

图 2-65 普通节流阀的结构原理图和图形符号

二、调速阀的结构和工作原理

调速阀是由定差减压阀和节流阀串联组合而成。用定差减压阀来保证可调节流阀前后的压差不受负载变化的影响,从而使通过节流阀的流量保持稳定。

图 2-66 为调速阀结构原理图和图形符号图。调速阀出口处的压力,由与之相连执行元件所受负载决定。定差减压阀阀芯弹簧很软(刚度很低),当定差减压阀阀芯左右移动时其弹簧作用力 $F_{弹}$ 变化不大,因此节流阀前后压差 $\Delta p = p_2 - p_3$ 基本不变,近似常量,即当负载变化时,通过调速阀的油液流量基本不变,液压系统执行元件的运动速度保持稳定。

调速阀在压差大于一定数值后,流量基本上保持恒定。当压差很小时,由于定差减压阀阀芯被弹簧推至最下端,减压阀阀口全开,不起稳定节流阀前后压差的作用,故此时调速阀的性能与节流阀相同,因此调速阀正常工作时,至少要求有 0.4~0.5 MPa 以上的压差。

调速阀的应用与节流阀相似,凡是节流阀能应用的场合,调速阀均可应用。与普通节流阀不同的是,调速阀可用于对速度稳定性要求较高的液压系统中。

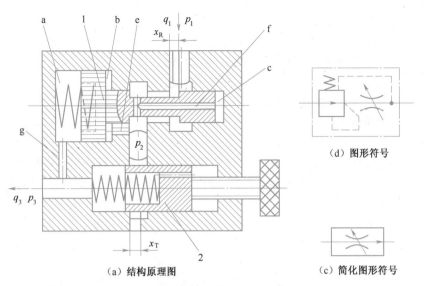

1—定差减压阀阀芯；2—节流阀阀芯
a、b、c—减压阀油腔；e、f、g—通油孔。

图 2-66 调速阀的结构原理图和图形符号

实践操作

实践操作 1：节流阀的拆装

图 2-67 所示为普通节流阀的外观和立体分解图。

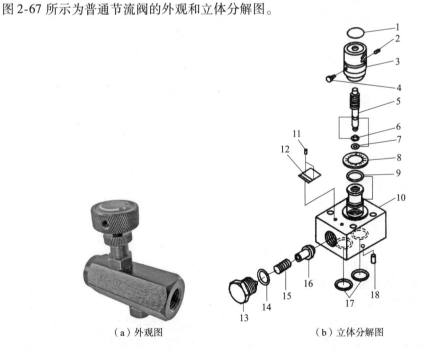

1—贴片；2、4—锁紧螺钉；3—刻度手柄；5—节流阀阀芯；6、7、9、14、17—O 形密封圈；
8—刻度盘；10—阀体；11—铆钉；12—铭牌；13—螺堵；15—弹簧；16—单向阀阀芯；18—定位销。

图 2-67 普通节流阀

①准备好内六角扳手一套、耐油橡胶板一块、油盘一个、钳工工具一套。
②松开刻度手轮3上的锁紧螺钉2、4,取下手轮3。
③卸下刻度盘8,取下节流阀阀芯5及密封圈6、7、9。
④卸下螺塞13,取下密封圈14、弹簧15、单向阀阀芯16。
⑤观察节流阀主要零件的结构和作用。
- 观察阀芯的结构和作用。
- 观察阀体的结构和作用。

⑥按拆卸的相反顺序装配,即后拆的零件先装配,先拆的零件后装配。装配时,如有零件弄脏,应该用煤油清洗干净后方可装配。装配阀芯时,可在其台肩上涂抹液压油,以防止阀芯卡住。装配时严禁遗漏零件。
⑦将节流阀外表面擦拭干净,整理工作台。

素养提升

职业规范:精益求精的工匠精神

流量控制阀通过改变节流口通流面积或通流通道的长短来改变局部阻力的大小,从而实现对流量的控制。节流阀阀芯与阀体孔有配合要求,若阀芯与阀体孔间隙过大,就会产生阀的内部泄漏,油液会从高压腔流向低压腔,直接导致节流阀调整失效。因此,在进行节流阀的拆装时,要严格遵守职业规范、精准操作、追求卓越,将节流阀阀芯与阀体孔配合间隙控制在规定的范围,使阀件能够更好地工作。

实践操作2:调速阀的拆装与使用

图2-68所示为调速阀的外观和立体分解图。

1. 调速阀的拆装

①准备好内六角扳手一套、耐油橡胶板一块、油盘一个、钳工工具一套。
②卸下堵头1、12,依次从右端取下O形圈2、密封挡圈3、阀套4;依次从左端取下密封挡圈11、O形圈14、定位块15、弹簧16、压力补偿阀阀芯17。
③卸下螺钉24,取下手柄23。
④卸下螺钉25,取下铭牌26。
⑤卸下节流阀阀芯27。
⑥卸下O形圈6、7,垫8、9,O形圈10。
⑦卸下螺钉39,取下38、37、36、35、34、33、32等单向阀组件。
⑧观察调速阀主要零件的结构和作用:
- 观察节流阀阀芯的结构和作用。
- 观察减压阀阀芯的结构和作用。
- 观察单向阀阀芯的结构和作用。
- 观察阀体的结构和作用。

⑨按拆卸的相反顺序装配,即后拆的零件先装配,先拆的零件后装配。装配时,如有零件弄脏,应该用煤油清洗干净后方可装配。装配阀芯时,可在其台肩上涂抹液压油,以防止阀芯卡住。装配时严禁遗漏零件。
⑩将调速阀外表面擦拭干净,整理工作台。

项目二 液压元件的认识及故障诊断

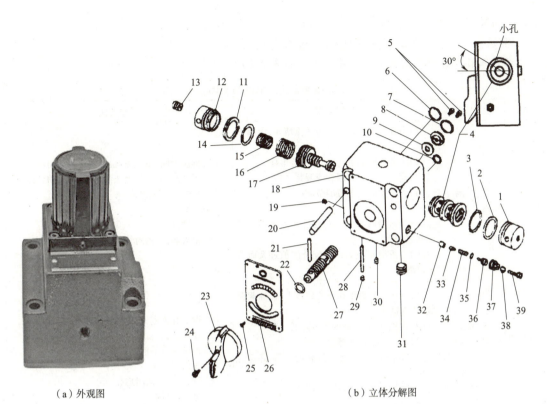

（a）外观图　　　　　　　　　　　　　（b）立体分解图

1、12、19、20、29、30—堵头；2、6、7、10、14、22—O 型密封圈；3、11—密封挡圈；4—阀套；
5、13、24、25—螺钉；8、9—垫圈；15—定位块；16—弹簧；17—压力补偿阀阀芯；18—阀体；
21—销；23—手柄；26—铭牌；27—节流阀阀芯；28—安装定位套；31—螺塞；32～39—单向阀组件。

图 2-68　调速阀

2. 调速阀的使用

①调整流量大小时，先松开手柄上锁紧螺钉，顺时针旋转手柄，流量增大，反之则减小。调节完毕后，须固紧锁紧螺钉。

②调速阀只能在调节范围内使用。

③阀安装面的表面粗糙度 Ra 应小于 1.6 μm，平面度应小于 13 μm。

④油液过滤精度不得低于 25 μm，最好在阀前设置过滤精度为 10 μm 管路滤油器。

⑤对于定压差减压阀作压力补偿的调速阀，为了确保调节流量满意，阀进口压力应低于某一数值（如美国 Vickers 的 FCG 型调速阀为 0.1 MPa）。节流口进出口两端一般应保持一定数值压差（如 0.9 MPa，随阀的种类而定），否则不能保持恒定的流量，而会受到工作负载的影响，并且要求调速阀的出口压力低于 0.6 MPa。

⑥对于定差溢流阀（旁通阀）作压力补偿的调速阀因为总有一些油经常通过旁通阀流入油箱，因此要求泵的流量要大于阀的流量一定值（如阀的流量为 106 L/min，泵的流量至少应为 125 L/min）。

⑦对于定差溢流阀作压力补偿的调速阀回路口的压力有规定，且只能用在进口节流的回路中。

⑧调速阀适用的液压油黏度 17～38 cSt，环境温度为 -20～+40 ℃ 油液的工作温度应控制在

−20 ~ +65 ℃。

实践操作 3：节流阀和调速阀的故障诊断与维修

节流阀和调速阀的故障原因和维修方法见表 2-10。

表 2-10　节流阀和调速阀的故障原因和维修方法

类型	故障现象	故障原因	维修方法
节流阀	流量调节作用失灵	(1)节流口或阻尼小孔被严重堵塞,滑阀被卡住 (2)节流阀阀芯因污物、毛刺等卡住 (3)阀芯复位弹簧断裂或漏装 (4)在带单向阀装置的节流阀中,单向阀密封不良 (5)节流滑阀与阀体孔配合间隙过小而造成阀芯卡死 (6)节流滑阀与阀体孔配合间隙过大而造成泄漏	(1)拆洗滑阀,更换液压油,使滑阀运动灵活 (2)拆洗滑阀,更换液压油,使滑阀运动灵活 (3)更换或补装弹簧 (4)研磨阀座 (5)研磨阀孔 (6)检查磨损、密封情况,修换阀芯
节流阀	流量虽然可调,但调好的流量不稳定,从而使执行元件的速度不稳定	(1)油中杂质黏附在节流口边上,通油截面减小,流量减少 (2)油温升高,油液的黏度降低 (3)调节手柄锁紧螺钉松动 (4)节流阀因系统负荷有变化而使流量变化 (5)阻尼孔堵塞,系统中有空气 (6)密封损坏 (7)阀芯与阀体孔配合间隙过大而造成泄漏	(1)拆洗有关零件,更换液压油 (2)加强散热 (3)锁紧调节手柄锁紧螺钉 (4)改用调速阀 (5)排空气、畅通阻尼孔 (6)更换密封圈 (7)检查磨损、密封情况,更换阀芯
节流阀	外泄漏,内泄漏大	(1)外泄漏主要发生在调节手柄部位、工艺螺堵、阀安装面等处,主要原因是 O 形密封圈永久变形、破损及漏装等 (2)内泄漏的原因主要是节流阀阀芯与阀体孔配合间隙过大或使用过程中的严重磨损及阀芯与阀孔拉有沟槽,还有油温过高等	(1)更换 O 形密封圈 (2)保证阀芯与阀孔的公差,保证节流阀阀芯与阀体孔配合间隙,如果有严重磨损及阀芯与阀孔拉有沟槽,则可用电刷镀或重新加工阀芯进行研磨
调速阀	流量调节作用失灵	(1)节流口或阻尼小孔被严重堵塞,滑阀被卡住 (2)节流阀阀芯因污物、毛刺等卡住 (3)阀芯复位弹簧断裂或漏装 (4)节流滑阀与阀体孔配合间隙过大而造成泄漏 (5)调速阀进出口接反了 (6)定差减压阀阀芯卡死在全闭或小开度位置 (7)调速阀进口与出口压力差太小	(1)拆洗滑阀,更换液压油,使滑阀运动灵活 (2)拆洗滑阀,更换液压油,使滑阀运动灵活 (3)更换或补装弹簧 (4)检查磨损、密封情况,修换阀芯 (5)纠正进出口接法 (6)拆洗和去毛刺,使减压阀阀芯能灵活移动 (7)按说明书调节压力
调速阀	调速阀输出的流量不稳定,从而使执行元件的速度不稳定	(1)定压差减压阀阀芯被污物卡住,动作不灵敏,失去压力补偿作用 (2)定压差减压阀阀芯与阀套配合间隙过小或大小不同心 (3)定压差减压阀阀芯上的阻尼孔堵塞	(1)拆洗定压差减压阀阀芯 (2)研磨定压差减压阀阀芯 (3)畅通定压差减压阀阀芯上的阻尼孔

项目二　液压元件的认识及故障诊断

续表

类型	故障现象	故障原因	维修方法
调速阀	调速阀输出的流量不稳定,从而使执行元件的速度不稳定	(4)节流滑阀与阀体孔配合间隙过大而造成泄漏 (5)漏装了减压阀的弹簧,或弹簧折断、装错 (6)在带单向阀装置的调速阀中,单向阀芯与阀座接触处有污物卡住或拉有沟槽不密合,存在泄漏	(4)检查磨损、密封情况,修换阀芯 (5)补装或更换减压阀的弹簧 (6)研磨单向阀阀芯与阀座,使之密合,必要时予以更换
	最小稳定流量不稳定,执行元件低速运动速度不稳定,出现爬行抖动现象	(1)油温高且温度变化大 (2)温度补偿杆弯曲或补偿作用失效 (3)节流阀阀芯因污物,造成时堵时通 (4)节流滑阀与阀体孔配合间隙过大而造成泄漏 (5)在带单向阀装置的调速阀中,单向阀芯与阀座接触处有污物卡住或拉有沟槽不密合,存在泄漏	(1)加强散热,控制油温 (2)更换温度补偿杆 (3)拆洗滑阀,更换液压油,使滑阀运动灵活 (4)检查磨损、密封情况,修换阀芯 (5)研磨单向阀阀芯与阀座,使之密合,必要时予以更换

自主测试

一、填空题

1. 流量控制阀是通过改变阀口通流面积来调节阀口流量,从而控制执行元件运动_____的液压控制阀。常用的流量阀有_____阀和_____阀两种。

2. 节流阀结构简单、体积小、使用方便、成本低。但负载和温度的变化对流量稳定性的影响较_____,因此只适用于负载和温度变化不大或速度稳定性要求_____的液压系统。

3. 调速阀是由定差减压阀和节流阀_____组合而成。用定差减压阀来保证可调节流阀前后的压力差不受负载变化的影响,从而使通过节流阀的_____保持稳定。

二、选择题

1. 调速阀是组合阀,其组成是(　　)。
   A. 可调节流阀与单向阀串联　　　　B. 定差减压阀与可调节流阀并联
   C. 定差减压阀与可调节流阀串联　　D. 可调节流阀与单向阀并联

2. 调速阀是(　　),单向阀是(　　),减压阀是(　　)。
   A. 方向控制阀　　　　B. 压力控制阀　　　　C. 流量控制阀

三、判断题

1. 使用可调节流阀进行调速时,执行元件的运动速度不受负载变化的影响。(　　)
2. 节流阀是最基本的流量控制阀。(　　)
3. 流量控制阀基本特点都是利用油液的压力和弹簧力相平衡的原理来进行工作的。(　　)

四、简答题

1. 调速阀为什么能够使执行机构的运动速度稳定?
2. 节流阀与调速阀有何异同点?

任务2.6 认识液压辅助元件及故障诊断

液压系统中的辅助装置,如蓄能器、滤油器、油箱、热交换器、管件等,对系统的动态性能、工作稳定性、工作寿命、噪声和温升等都有直接影响,必须予以重视。其中油箱需根据系统要求自行设计,其他辅助装置则做成标准件,供设计时选用。

任务要求

- 素养要求:做好本职工作,培养团结协作、相互配合的职业素养。
- 知识要求:理解蓄能器、过滤器、油箱、管路和管接头及密封装置的结构和工作原理,熟悉辅助元件的应用情况。
- 技能要求:能对辅助元件的常见故障进行诊断及排除。

知识准备

一、蓄能器的类型和结构

蓄能器是液压系统中的储能元件,能储存多余的压力油液,并在系统需要时释放出来供给系统,实现在短时间内供应大量压力油液,维持系统压力,减小液压冲击或压力脉动等功能。

蓄能器主要有重力式、弹簧式和充气式三类。目前常用的是利用气体压缩和膨胀来储存、释放液压能的充气式蓄能器。充气式蓄能器又包括气瓶式、活塞式和气囊式三种。蓄能器的结构简图、特点及用途见表2-11。

表2-11 蓄能器的结构简图、特点及用途

分类	结构简图与图形符号	特点	用途
重力式		结构简单,压力稳定;体积大,笨重,运动惯性大,反应不灵敏,密封处易漏油,有摩擦损失	仅作蓄能用,在大型固定设备中采用;轧钢设备中仍广泛采用(如轧辊平衡等)
弹簧式		结构简单,容量小,反应较灵敏;不宜用于高压,不适于循环频率较高的场合	仅供小容量及低压($p \leqslant 1 \sim 12$ MPa)系统作蓄能及缓冲用

续表

分　类		结构简图与图形符号	特　点	用　途
充气式	气瓶式		容量大，惯性小，反应灵敏，占地小，没有摩擦损失；但气体易混入油液内，影响液压系统运行的平稳性，必须经常灌注新气体；附属设备多，一次投资大	适用于大流量的中、低压回路的蓄能
	活塞式		油气隔离，工作可靠，寿命长，尺寸小；但反应不灵敏，缸体加工和活塞密封性能要求较高	蓄能、吸收脉动
	气囊式		油气隔离，油液不易氧化，油液中不易混入气体，反应灵敏，尺寸小，质量轻；气囊及壳体制造较困难，橡胶气囊要求温度范围(-20~+70℃)	折叠型气囊容量大，适于蓄能；波纹型气囊用于吸收冲击

二、过滤器的类型

过滤器的功用是过滤混在液压油液中的杂质,降低进入系统中油液的污染度,保证系统正常地工作,按滤芯材料和结构形式可以分为网式过滤器、线隙式过滤器、纸芯式过滤器和烧结式过滤器,如图 2-69 所示。

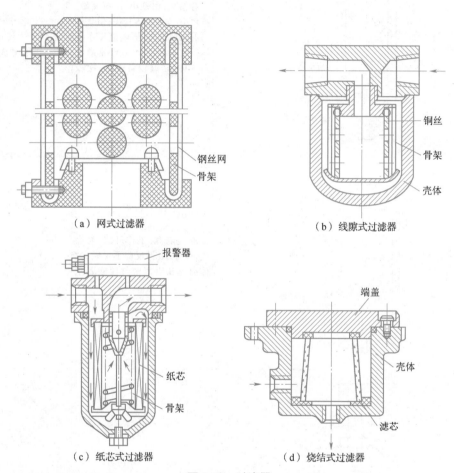

图 2-69　过滤器

1. 网式过滤器

网式滤芯是在周围开有很多孔的金属筒形骨架上,包着一层或两层铜丝网,过滤精度由网孔大小和层数决定,如图 2-69(a)所示。网式过滤器结构简单,清洗方便,通油能力大,过滤精度低,常作吸滤器。

2. 线隙式过滤器

线隙式过滤器滤芯用铜线或铝线密绕在筒形骨架的外部制成,依靠铜丝间的微小间隙滤除混入液体中的杂质,如图 2-69(b)所示。线隙式过滤器结构简单,通流能力大,过滤精度比网式过滤器高,但不易清洗,多为回油过滤器,常用于液压系统的压力管及内燃机的燃油过滤系统。

3. 纸芯式过滤器

纸芯式过滤器滤芯为平纹或波纹的酚醛树脂或由木浆微孔滤纸制成的纸芯,将纸芯围绕在带孔的镀锡铁做成的骨架上,以增大强度,如图 2-69(c)所示。为增加过滤面积,纸芯一般做成折叠形。纸芯式过滤器过滤精度较高,一般用于油液的精过滤,但堵塞后无法清洗,须经常更换滤芯。

4. 烧结式过滤器

滤芯用金属粉末烧结而成,利用颗粒间的微孔来挡住油液中的杂质通过,如图 2-69(d)所示。烧结式过滤器的滤芯能承受高压,抗腐蚀性好,过滤精度高,适用于要求精滤的高压、高温液压系统。

三、油箱的功能和结构

油箱的主要功用是储存油液,此外还起着散发油液中热量(在周围环境温度较低的情况下则是保持油液中热量)、释放混在油液中的气体、沉淀油液中污物等作用。

油箱可分为开式油箱和闭式油箱两种。开式油箱中的油液的液面与大气相通,而闭式油箱中油液的液面与大气隔绝。开式油箱又分为整体式和分离式。所谓整体式是指利用主机的底座等作为油箱,而分离式油箱则与泵组成一个独立的供油单元(泵站)。

油箱的典型结构如图 2-70 所示,油箱内部用隔板 7、9 将吸油管 1 与回油管 4 隔开;顶部、侧部和底部分别装有滤油网 2、液位计 6 和排放污油的放油阀 8;安装液压泵及其驱动电动机的安装板 5 则固定在油箱顶面上。

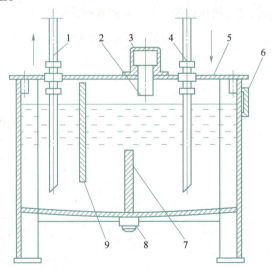

1—吸油管;2—过滤网;3—空气过滤器;4—回油管;5—安装板;
6—液位计;7、9—隔板;8—放油阀。

图 2-70 油箱

四、管路和管接头的类型和结构

液压系统中使用的油管种类很多,有钢管、紫铜管、尼龙管、橡胶软管、耐油塑料管等,须按照安装位置、工作环境和工作压力来正确选用。油管的特点及其适用场合见表 2-12。

表2-12 液压系统中常用的油管

种类		特点和适用场合
硬管	钢管	能承受高压,价格低廉,耐油,抗腐蚀,刚性好,但装配时不能任意弯曲;常在装拆方便处用作压力管道,中、高压用无缝管,低压用焊接管接合
	紫铜管	易弯曲成各种形状,但承压能力一般不超过6.5~10 MPa,抗振能力较弱,又易使油液氧化;通常用在液压装置内配接不便之处
软管	尼龙管	乳白色半透明,加热后可以随意弯曲成形或扩口,冷却后又能定形不变,承压能力因材质而异,2.5~8 MPa不等
	橡胶软管	高压管由耐油橡胶夹钢丝编织网制成,钢丝网层数越多,耐压越高,价格高昂,用作中、高压系统中两个相对运动件之间的压力管道;低压管由耐油橡胶夹帆布制成,可用作回油管道
	耐油塑料管	质轻耐油,价格便宜,装配方便,但承压能力低,长期使用会变质老化,只宜用作压力低于0.5 MPa的回油管、泄油管等

管接头是油管与油管、油管与液压件之间的可拆式连接件,必须具有装拆方便、连接牢固、密封可靠、外形尺寸小、通流能力大、压降小、工艺性好等各项条件。

液压系统中的泄漏问题大部分都出现在管系中的接头上,为此对管材的选用,接头形式的确定(包括接头设计、垫圈、密封、箍套、防漏涂料的选用等),管系的设计(包括弯管设计、管道支承点和支承形式的选取等)以及管道的安装(包括正确的运输、储存、清洗、组装等)都要审慎从事,以免影响整个液压系统的使用质量。

管接头与其他液压元件用国家标准公制锥螺纹和普通细牙螺纹连接。常用的管接头有焊接式、卡套式、扩口式、扣压式、固定铰接管接头等。常用管接头结构、特点及应用见表2-13。

表2-13 常用管接头结构及特点

名称	结构简图	特点及应用
焊接式管接头	(球形头)	连接牢固,利用球面密封,简单可靠,用来连接管壁较厚的钢管,用在压力较高的液压系统中,装拆不便
卡套式管接头	(油管、卡套)	当旋紧管接头的螺母时,利用夹套两端的锥面使夹套产生弹性变形来夹紧油管,这种管接头装拆方便,适用于高压系统的钢管连接,但制造工艺要求高,要采用冷拔无缝钢管
扩口式管接头	(油管、管套)	结构简单,适用于铜管或薄壁钢管的连接,也可用来连接尼龙管和塑料管,在一般的压力不高的机床液压系统中,应用较为普遍

续表

名称	结构简图	特点及应用
扣压式管接头	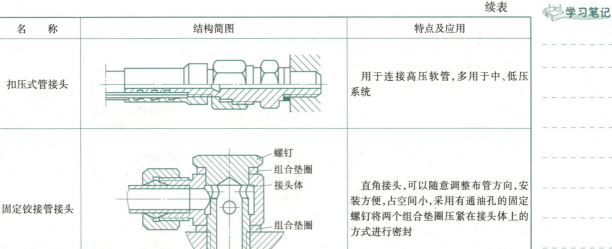	用于连接高压软管,多用于中、低压系统
固定铰接管接头		直角接头,可以随意调整布管方向,安装方便,占空间小,采用有通油孔的固定螺钉将两个组合垫圈压紧在接头体上的方式进行密封

五、密封装置的类型和结构

密封是解决液压系统泄漏问题最重要、最有效的手段。液压系统如果密封不良,可能出现不允许的外泄漏,外漏的油液将会污染环境;还可能使空气进入吸油腔,影响液压泵的工作性能和液压执行元件运动的平稳性(爬行);泄漏严重时,系统容积效率过低,甚至工作压力达不到要求值。若密封过度,虽可防止泄漏,但会造成密封部分的剧烈磨损,缩短密封件的使用寿命,增大液压元件内的运动摩擦阻力,降低系统的机械效率。因此,合理地选用和设计密封装置在液压系统的设计中十分重要。

密封按其工作原理不同可分为非接触式密封和接触式密封。非接触式主要指间隙密封,接触式主要指密封件密封。常用的密封装置的类型、结构、特点及应用见表2-14。

表2-14 常用密封装置的类型、结构和特点

名称		结构简图	特点及应用
非接触式密封	间隙密封		间隙密封是靠相对运动件配合面之间的微小间隙来进行密封的,常用于柱塞、活塞或阀的圆柱配合副中,一般在阀芯的外表面开有几条等距离的均压槽,它的主要作用是使径向压力分布均匀,减少液压卡紧力,同时使阀芯在孔中对中性好,以减小间隙的方法来减少泄漏。这种密封的优点是摩擦力小,缺点是磨损后不能自动补偿,主要用于直径较小的圆柱面之间,如液压泵内的柱塞与缸体之间,滑阀的阀芯与阀孔之间

学习笔记

续表

名　　称			结构简图	特点及应用
接触式密封	O形密封圈		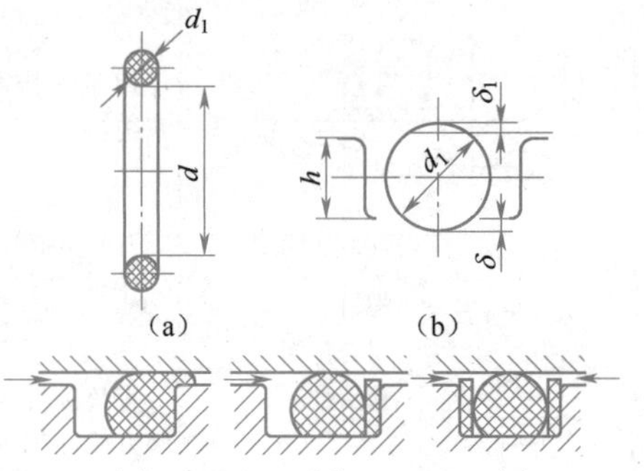（a）（b） （c）（d）（e）	O形密封圈一般用耐油橡胶制成，其横截面呈圆形，它具有良好的密封性能，内外侧和端面都能起密封作用，结构紧凑，运动件的摩擦阻力小，制造容易，装拆方便，成本低，且高低压均可以用，工作压力可达0～30 MPa，工作温度为－40～＋120 ℃
接触式密封	唇形密封圈	Y形	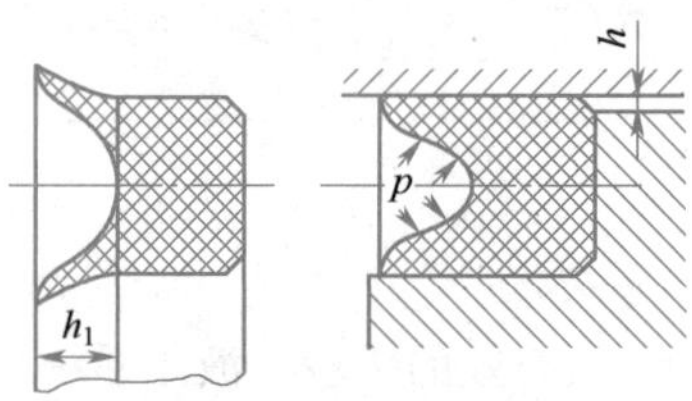	Y形密封能随着工作压力的变化自动调整密封性能，压力越高则唇边被压得越紧，密封性越好；当压力降低时唇边压紧程度也随之降低，从而减少了摩擦阻力和功率消耗，它还能自动补偿唇边的磨损，保持密封性能不降低。工作压力可达20 MPa，工作温度为－30～＋100 ℃。在装配时应注意唇边应对着有压力油的油腔
接触式密封	唇形密封圈	V形	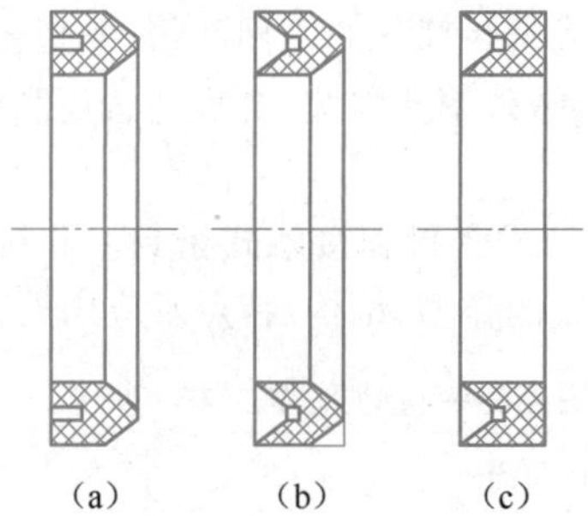（a）（b）（c）	V形密封通常由压环、密封环和支承环圈等多层涂胶织物压制而成，能保证良好的密封性，当压力更高时，可以增加中间密封环的数量，这种密封圈在安装时要预压紧，所以摩擦阻力较大。唇形密封圈安装时应使其唇边开口面对压力油，使两唇张开，分别贴紧在机件的表面上。最高工作压力可达50 MPa，工作温度为－40～＋80 ℃
接触式密封	组合式密封装置		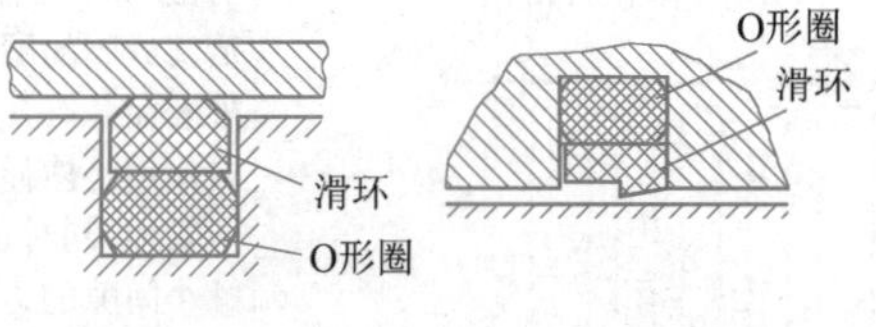	组合式密封为O形密封圈与截面为矩形的聚四氟乙烯塑料滑环组成的组合密封装置，由于密封间隙靠滑环，而不是O形圈，因此摩擦阻力小而且稳定，工作压力可达80 MPa。往复运动密封时，速度可达15 m/s；往复摆动与螺旋运动密封时，速度可达5 m/s
接触式密封	回转轴的密封装置		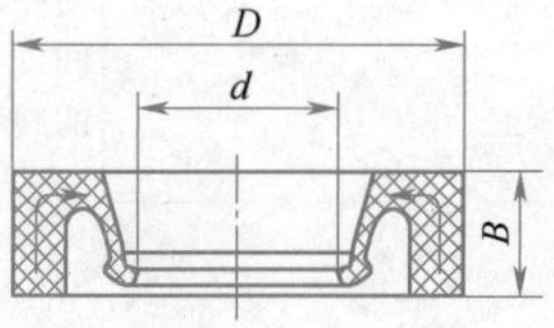	回转轴的密封装置形式很多，左图所示是一种由耐油橡胶制成的回转轴用密封圈

素养提升

职业素养:尽忠职守、团结协作

辅助元件是液压系统组成部分,在液压系统中起到辅助的作用。虽然是辅助元件,但在整个系统中是不可或缺的,它们承担了系统的连接、保护等作用。在工作中,会因为分工不同而产生不同的工作岗位,每一个工作岗位在整个工作系统中也是不可缺少的,我们应当立足本职工作,忠于职守,相互配合,共同完成工作任务,提升自身职业素养。

实践操作

实践操作1:蓄能器的选用与安装

1. 蓄能器的选用

选用蓄能器应考虑:工作压力及耐压、公称容积及允许的吸(排)油流量或气体容积、允许使用的工作介质及介质温度,其次还应考虑蓄能器的质量大小及占用空间、价格及使用寿命、安装维修的方便性及厂家的货源情况等。

蓄能器属压力容器,必须有生产许可证才能生产,所以一般不要自行设计、制造蓄能器,而应选择专业厂家的定型产品。

2. 蓄能器的安装

蓄能器在液压回路中的安放位置随其功用不同而不同:吸收液压冲击或压力脉动时宜放在冲击源或脉动源近旁;补油保压时宜放在尽可能接近有关执行元件处。

使用蓄能器须注意以下几点:

① 重力式蓄能器柱塞上升极限位置应设安全装置或信号指示器,均匀地安置重物。

② 弹簧式蓄能器应尽量靠近振动源安装。

③ 充气式蓄能器中应使用惰性气体(一般为氮气),允许工作压力视蓄能器结构形式而定,例如气囊式为 3.5~32 MPa。

④ 不同的蓄能器各有其适用的工作范围,如气囊式蓄能器的气囊强度不高,不能承受很大的压力波动,且只能在 -20~+70 ℃ 的温度范围内工作。

⑤ 气囊式蓄能器原则上应垂直安装(油口向下),只有在空间位置受限制时才允许倾斜或水平安装。

⑥ 装在管路上的蓄能器须用支板或支架固定。

⑦ 蓄能器与管路系统之间应安装截止阀,供充气、检修时使用。蓄能器与液压泵之间应安装单向阀,防止液压泵停车时蓄能器内储存的压力油液倒流。

实践操作2:过滤器的选用与安装

1. 过滤器的选用

按过滤精度(滤去杂质的颗粒大小)不同,过滤器可分为粗过滤器、普通过滤器、精密过滤器和特精过滤器四种,分别过滤直径大于 100 μm、10~100 μm、5~10 μm 和 1~5 μm 大小的杂质。

选用过滤器时,要注意:① 过滤精度应满足预定要求;② 能在较长时间内保持足够的通流能力;③ 滤芯具有足够的强度,不因液压力的作用而损坏;④ 滤芯抗腐蚀性能好,能在规定的温度下持久地工作;⑤ 滤芯清洗或更换简便。因此,过滤器应根据液压系统的技术要求,按过滤精度、通流能力、工作压力、油液黏度、工作温度等条件选定其型号。

2. 过滤器的安装

过滤器在液压系统中的安装位置通常有以下几种,如图2-71所示。

①安装在泵的吸油口处。泵的吸油路上一般都安装有过滤器,目的是滤去较大的杂质微粒以保护液压泵,此外过滤器的过滤能力应为泵流量的两倍以上,压力损失小于0.02 MPa。

②安装在系统分支油路上。当泵的流量较大时,若采用其余油路过滤,过滤器可能过大,因此在只有泵流量20%~30%的支路上安装一个小规格的过滤器,对油液起过滤作用。

③安装在泵的出口油路上。泵的出口油路安装过滤器是用来滤除可能侵入阀类等元件的污染物,过滤精度应为10~15 μm,且能承受油路上的工作压力和冲击压力,压力降应小于0.35 MPa。同时应安装安全阀以防过滤器堵塞。

④安装在系统的回油路上。系统回油路上安装过滤器起间接过滤作用。一般与过滤器并联安装一背压阀,当过滤器堵塞达到一定压力值时,背压阀打开。

⑤单独过滤系统。大型液压系统可专设一液压泵和过滤器组成独立过滤回路。

液压系统中除了整个系统所需的过滤器外,还常常在一些重要元件(如伺服阀、精密节流阀等)的前面单独安装一个专用的精过滤器来确保它们的正常工作。

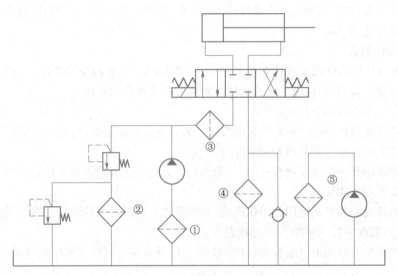

图2-71 过滤器的安装位置

实践操作3:油箱的选用

①油箱有效容积的选用。油箱有效容积是指油面高度为油箱高度80%时的容积。应根据液压系统发热、散热平衡的原则来计算,这项计算在系统负载较大、长期连续工作时是必不可少的。但对于一般情况来说,油箱的有效容积可以按液压泵的额定流量估计出来。

②油箱箱体结构的选用。油箱的外形可依总体布置确定,为了有利于散热,宜用长方体。油箱的三向尺寸可根据安放在顶盖上的泵和电机及其他元件的尺寸、最高油面只允许到达油箱高度的80%来确定。中小型油箱的箱体常用3~4 mm厚的钢板直接焊成,大型油箱的箱体则用角钢焊成骨架后再焊上钢板。箱体的强度和刚度要能承受住装在其上的元器件的质量、机器运转时的转矩及冲击等,为此,油箱顶部应比侧壁厚3~4倍。为了便于散热、放油和搬运,油箱体底脚高度应为150~200 mm,箱体四周要有吊耳,底脚的厚度为油箱侧壁厚的2~3倍。箱体的底部应

设置放油口,且底面最好向放油口倾斜,以便清洗和排除油污。

③油箱防锈方案的选用。油箱内壁应涂上耐油防锈的涂料。外壁如涂上一层极薄的黑漆(不超过 0.025 mm 厚度),会有很好的辐射冷却效果。而铸造的油箱内壁一般只进行喷砂处理,不涂漆。

④油箱密封的选用。为了防止油液污染,油箱上各盖板、管口处都要妥善密封。注油器上要加滤油网。防止油箱出现负压而设置的通气孔上须装空气滤清器。空气滤清器的容量至少应为液压泵额定流量的 2 倍。油箱内回油集中部分及清污口附近宜装设一些磁性块,以去除油液中的铁屑和带磁性颗粒。

⑤吸油管、回油管和泄油管位置的选用。吸油管和回油管应尽量相距远些,两管之间要用隔板隔开,以增加油液循环距离,使液体有足够的时间分离气泡,沉淀杂质,消散热量。隔板高度最好为箱内油面高度的 3/4。吸油管入口处要装粗滤油器,管端与箱底、箱壁间距离均不宜小于管径的 3 倍,以便四周吸油。粗滤油器距箱底不应小于 20 mm。粗滤油器与回油管管端在油面最低时仍应浸入油面以下,防止吸油时吸入空气或回油冲入油箱时搅动油面而混入气泡。回油管管端宜斜切 45°,以增大出油口截面积,减慢出口处油流速度,此外,应使回油管斜切口面对着箱壁,以便油液散热。当回油管排回的油量很大时,宜使它出口处高出油面,向一个带孔或不带孔的斜槽(倾角为 5°~15°)排油,使油流散开,一方面减慢流速,另一方面排走油液中空气,减慢回油流速、减少它的冲击搅拌作用,也可以采取让它通过扩散室的办法来达到。

泄油管的安装分两种情况,阀类的泄油管安装在油箱的油面以上,以防止产生背压,影响阀的工作;液压泵或液压缸的泄油管安装在油面以下,以防空气混入。

⑥加油口和空气滤油器位置的选用。加油口应设置在油箱的顶部便于操作的地方,加油口应带有过滤网,平时加盖密封。为了防止空气中的灰尘杂物进入油箱,保证在任何情况下油箱始终与大气相通,油箱上的通气孔应安装规格足够的空气滤油器。空气滤油器是标准件,并将加油过滤功能组合为一体化结构,可根据需要选用。

⑦油位指示器位置的选用。油位指示器用于监测油面高度,所以其窗口尺寸应满足对最高、最低油位的观察,且要装在易于观察的地方。

实践操作 4:辅助元件的故障诊断与维修

辅助元件的故障原因和维修方法见表 2-15。

表 2-15 辅助元件的故障原因和维修方法

类型	故障现象	故障原因	维修方法
蓄能器	不起作用	(1)气阀漏气严重 (2)气囊破损	(1)检修气阀 (2)更换气囊
	气囊式蓄能器压力下降严重,经常需要补气	(1)阀芯与阀座不密合 (2)阀芯锥面上拉有沟槽 (3)阀芯锥面上有污物	(1)研磨 (2)更换阀芯 (3)清洗阀芯
	蓄能器充气时,压力上升得很慢,甚至不上升	(1)充气阀密封盖未拧紧或使用中松动而漏了氮气 (2)充气阀密封圈漏装或破损 (3)充气的氮气瓶的气压太低	(1)拧紧充气阀密封盖 (2)补装或更换密封圈 (3)更换氮气瓶

续表

类型	故障现象	故障原因	维修方法
过滤器	滤芯已破坏变形	(1)滤油器选用不当 (2)滤芯堵塞 (3)蓄能器中的油液反灌冲坏滤油器	(1)正确选用滤油器 (2)清洗或更换滤芯 (3)检修蓄能器,并更换滤油器
	滤油器堵塞	滤油器堵塞纳垢后,会造成液压泵吸油不良、泵产生噪声、系统无法吸油等问题	可用三氯化乙烯、甲苯等溶剂清洗或机械及物理方法清洗
	带堵塞指示发信装置的滤油器,堵塞后不发信	(1)带堵塞指示发信装置的活塞被污物卡死 (2)弹簧装错	(1)清洗活塞,使其运动灵活 (2)按要求装弹簧
油箱	油箱温升严重	(1)液压油黏度选择不当 (2)油箱设置在高温热辐射源附近,环境温度高 (3)油箱散热面积不够 (4)液压系统各种压力损失产生的能量转换大	(1)更换液压油 (2)应尽量远离热源 (3)应加大油箱散热面积 (4)应正确设计液压系统,减少各种压力损失
	油箱振动和噪声	(1)泵有气穴,系统的噪声显著增大 (2)油温过高 (3)液压泵与电机连接处未装减振垫 (4)油箱地脚螺钉未固牢在地上	(1)减少液压泵的进油阻力 (2)加强散热 (3)液压泵与电机连接处要加装减振垫 (4)油箱地脚螺钉应固牢在地上
	油箱内油液污染	(1)装配时残存的油漆剥落片、焊渣等污物污染了液压油 (2)密封不严,有污物进入了油箱	(1)清理污物,更换液压油 (2)清理污物,更换液压油
管路和管接头	漏油	(1)油管或管接头破裂 (2)密封不良或损坏 (3)管接头松动	(1)更换或焊补油管或管接头 (2)更换密封 (3)拧紧接头
	振动和噪声	(1)油管内进了空气 (2)油管固定不牢靠 (3)液压泵、电机等振动源的振动频率与配管的振动频率合拍产生共振	(1)排空气 (2)将油管固定牢靠 (3)二者的频率之比要在1/3~3的范围之外
密封装置	漏油	(1)密封装置选择不合理 (2)由于脏物颗粒拉伤密封圈表面或密封实唇部,密封圈严重磨损 (3)密封圈老化,产生裂纹 (4)密封圈过分压缩永久变形,失去弹性 (5)安装不好 ①安装方向和方法不对 ②未使用必要的工具安装密封圈,密封圈在安装时被划伤 ③密封圈装配时不注意,唇部弹簧脱落 ④油封安装孔与传动轴的同轴度过大,密封唇不能跟随轴运动 (6)设计和制造不好 ①安装尺寸、公差设计不正确 ②密封槽尺寸过深或过浅	(1)更换合适的密封装置 (2)更换液压油和密封圈 (3)更换密封圈 (4)更换密封圈 (5)按正确要求安装 ①安装方向和方法要正确 ②更换密封圈,更换时要用导引工具安装密封圈,密封槽边倒角,修毛刺,并在装前涂润滑油或油脂。 ③用导引工具安装密封圈 ④调整,保证油封安装孔与传动轴的同轴度 (6)合理设计保证制造质量 ①安装尺寸、公差设计要正确 ②密封槽尺寸要合理

续表

类型	故障现象	故障原因	维修方法
密封装置	漏油	③密封缝隙太大,易入缝隙而切破、咬伤密封圈 ④未设计密封圈装配导引部分,密封圈易切破 ⑤加工制造不好,如表面太粗糙、有波纹	③应设置密封圈和支承环,防止挤出 ④密封圈装配导引部分应按标准设计 ⑤加工时要保证密封部位的尺寸精度和表面粗糙度要求

自主测试

一、填空题

1. 蓄能器是液压系统中的储能元件,它_____多余的液压油液,并在需要时_____出来供给系统。
2. 蓄能器有_____式、_____式和充气式三类,常用的是_____式。
3. 蓄能器的功用是_____、_____和缓和冲击,吸收压力脉动。
4. 过滤器的功用是过滤混在液压油液中的_____,降低进入系统中油液的_____度,保证系统正常地工作。
5. 过滤器在液压系统中的安装位置通常有:泵的_____处、泵的油路上、系统的_____路上、系统_____油路上或单独过滤系统。
6. 油箱的功用主要是_____油液,此外还起着_____油液中热量、_____混在油液中的气体、沉淀油液中污物等作用。
7. 液压传动中,常用的油管有_____管、_____管、尼龙管、橡胶软管等。
8. 常用的管接头有_____管接头、_____管接头和_____管接头。

二、选择题

1. 强度高、耐高温、抗腐蚀性强、过滤精度高的精过滤器是(   )。
   A. 网式过滤器　　B. 线隙式过滤器　　C. 烧结式过滤器　　D. 纸芯式过滤器
2. 过滤器的作用是(   )。
   A. 储油、散热　　B. 连接液压管路　　C. 保护液压元件　　D. 指示系统压力

三、判断题

1. 在液压系统中,油箱唯一的作用是储油。　　　　　　　　　　　　　　(   )
2. 过滤器的作用是清除油液中的空气和水分。　　　　　　　　　　　　(   )
3. 油泵进油管路堵塞将使油泵温度升高。　　　　　　　　　　　　　　(   )
4. 防止液压系统油液污染的唯一方法是采用高质量的油液。　　　　　(   )
5. 油泵进油管路如果密封不好(有一个小孔),油泵可能吸不上油。　　(   )
6. 过滤器只能安装在进油路上。　　　　　　　　　　　　　　　　　　(   )
7. 过滤器只能单向使用,即按规定的液流方向安装。　　　　　　　　　(   )
8. 气囊式蓄能器应垂直安装,油口向下。　　　　　　　　　　　　　　(   )

四、简答题

1. 对过滤器有何要求?
2. 油箱的作用有哪些?对油箱的要求有哪些?

3. 过滤器有哪几种类型？它们的效果怎样？一般应安装在什么位置？
4. 简述油箱以及油箱内隔板的功能。
5. 过滤器在选择时应注意哪些问题？
6. 简述蓄能器的功能。
7. 密封装置有哪些类型？各有何特点？

综合评价

评价形式	评价内容	评价标准	得分	总分
自我评价(30分)	(1)学习准备 (2)学习态度 (3)任务达成	(1)优秀(30分) (2)良好(24分) (3)一般(18分)		
小组评价(30分)	(1)团队协作 (2)交流沟通 (3)主动参与	(1)优秀(30分) (2)良好(24分) (3)一般(18分)		
教师评价(40分)	(1)学习态度 (2)任务达成 (3)沟通协作	(1)优秀(40分) (2)良好(32分) (3)一般(24分)		
增值评价(+10分)	(1)创新应用 (2)素养提升	(1)优秀(10分) (2)良好(8分) (3)一般(6分)		

综合拓展3：认识新型液压阀

1. 比例阀

电液比例阀简称比例阀，是一种按输入的电气信号连续或比例地对油液的压力、流量、方向进行远距离控制的阀。

比例阀有两类：①由电液伺服阀简化结构、降低精度发展起来；②用比例电磁铁取代普通液压阀的手调装置或电磁铁发展起来的。后者是当今比例阀的主流，与普通液压阀可互换使用。比例阀按用途可分为比例压力阀、比例流量阀、比例方向阀和比例复合阀四种类型。

(1)比例阀的结构及工作原理

图2-72为比例电磁铁结构原理图，比例电磁铁与开关式电磁铁相似。当在线圈1上施加电压时，有电流流过线圈1，电流产生磁场，该磁场集中在金属导磁套6、磁极片4和衔铁3中，然而在磁极片4与衔铁3之间的磁回路中存在间隙，就会产生电磁力，该电磁力将闭合这个间隙，从而使磁路导通。推杆将比例电磁铁与比例阀阀芯连接起来，推动阀芯向挤压弹簧方向移动，如图2-73所示。电磁力大小由磁场强度决定，而磁场强度与线圈电流成正比，增加线圈电流将使电磁力增大，阀芯移动距离也增大。在设计比例电磁铁时，应使电磁力(F)与线圈电流(I)之间呈线性关系，即电磁力仅取决于线圈电流。

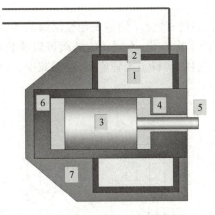
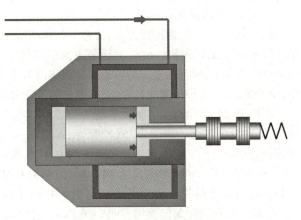

1—线圈；2—磁轭；3—衔铁；
4—磁极片；5—推杆；6—金属导磁套；
7—塑料树脂材料封装套。

图 2-72　比例电磁铁结构原理图

图 2-73　磁路导通阀芯移动

（2）比例阀的特点及应用

比例阀能实现压力、流量等参数的连续或比例控制；输出的压力、流量等参数不受负载影响；结构简单，通用性强；加工精度接近普通液压阀；具有伺服阀远程、连续操纵的优点；对油液污染不如伺服阀敏感。

2. 插装阀

插装阀又称插装式锥阀或逻辑阀，结构通常是锥形座阀，是一种较新型的液压元件，特点是通流能力大，密封性能好，动作灵敏、结构简单，因而主要用于流量较大的系统或对密封性能要求较高的系统。

（1）插装阀的结构和工作原理

图 2-74 所示为插装阀结构原理图，控制盖板 1 将锥阀组件封装在插装块体内，并且沟通先导阀和主阀，通过锥阀启闭对主油路通断起控制作用。

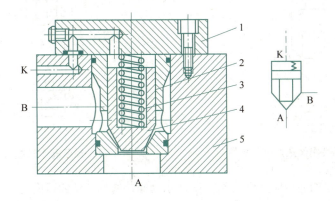

1—控制盖板；2—阀套；3—弹簧；4—阀芯；5—阀体。

图 2-74　插装阀结构原理图

(2)插装阀的特点及应用

插装阀结构简单,通流能力大,适合于各种高压大流量系统;改变不同的先导控制阀及盖板,便可轻易地实现不同阀的功能,而插装主阀的结构不变,便于标准化;不同功能的阀可以插装在一个集成阀体中,阀与阀之间的通道通过阀体内部的油孔连接,实现了无管连接,泄漏减少,占地小,便于集成化;先导控制阀功率小,有明显的节能效果。

①插装阀作单向阀用。将插装阀 A 口或 B 口与 K 口连通,即成为单向阀。如图 2-75(a)所示,A 口与 K 口连通,则 $p_A = p_K$;当 $p_A > p_B$ 时,锥阀芯关闭,A 与 B 不通;当 $p_A < p_B$ 时,锥阀芯开启,A 与 B 连通,且 B→A。图 6-4(b)所示为 B 口与 K 口连通的情况,工作原理与图 6-4(a)相似。

②插装阀作液控单向阀用。图 2-76 所示是插装阀作液控单向阀用,二位三通液控换向阀作先导阀,插装阀 B 口通过先导阀与 K 口连通,先导阀另一油口接油箱。当 $p_A > p_B$ 时,A→B;当 $p_A < p_B$ 时,A、B 不通,但 K 通压力油,则先导阀右位,可 B→A。

③插装阀作二位二通换向阀。图 2-77 所示为插装阀作二位二通换向阀用,二位三通电磁换向阀作先导阀,插装阀 A 口通过先导阀与 K 口连通,先导阀另一油口接油箱。先导阀电磁铁断电,则:$p_A > p_B$ 时,A、B 不通;$p_B > p_A$ 时,B→A;先导阀电磁铁得电,则:$p_A > p_B$ 时,A→B;$p_B > p_A$ 时,B→A。相当于二位二通电磁换向阀,适用于高压大流量场合。

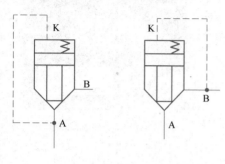
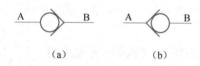

图 2-75 插装阀作单向阀用

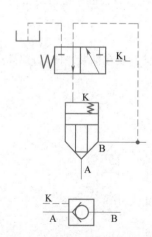

图 2-76 插装阀作液控单向阀用

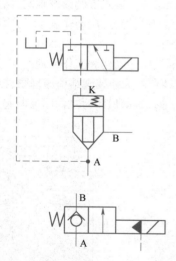

图 2-77 插装阀作二位二通换向阀用

④插装阀作三位四通换向阀用。图 2-78 所示为插装阀作三位四通换向阀用,先导阀中位时,$p_{K1} = p_{K2} = p_{K3} = p_{K4} = p_K$,各插装阀均关闭,A、B、P、T 四油口互不连通;先导阀右位时 $p_{K1} = p_{K3} = 0$,$p_{K2} = p_{K4} = p_K$,插装阀 1、3 开启,2、4 关闭,此时 P→B,A→T;先导阀左位时,$p_{K2} = p_{K4} = 0$,$p_{K1} = p_{K3} = p_K$,插装阀 2、4 开启,1、3 关闭,此时 P→A,B→T。

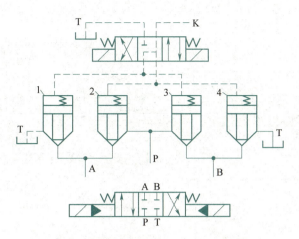

图 2-78 插装阀作三位四通换向阀用

3. 叠加阀

叠加式液压阀简称叠加阀,其阀体本身既是元件又是具有油路通道的连接体,阀体的上、下两面制成连接面。选择同一通径系列的叠加阀,叠合在一起用螺栓紧固,即可组成所需的液压传动系统。

(1) 叠加阀的结构及工作原理

叠加阀自成体系,每一种通径系列的叠加阀,其主油路通道和螺钉孔的大小、位置、数量都与相应通径的板式换向阀相同。因此,将同一通径系列的叠加阀互相叠加,可直接连接而组成集成化液压系统。

叠加阀的工作原理与一般液压阀相同,只是具体结构有所不同。图 2-79 所示为先导型叠加式溢流阀,由主阀和先导阀两部分组成,主阀芯 6 为单向阀二级同心结构,先导阀即为锥阀式结构。图 2-79(a)所示为 Y_1-F10D-P/T 型溢流阀的结构原理图,其中 Y 表示溢流阀,F 表示压力等级($p=20$ MPa),10 表示为 $\phi 10$ mm 通径系列,D 表示叠加阀、P/T 表示该元件进油口为 P,出油口为 T,图 2-79(b)所示为其图形符号,据使用情况不同,还有 P_1/T 型,其图形符号如图 2-79(c)所示,这种阀主要用于双泵供油系统的高压泵的调压和溢流。

叠加式溢流阀的工作原理与一般的先导式溢流阀相同,它是利用主阀芯两端的压差来移动主阀芯,以改变阀口的开度,油腔 e 和进油口 P 相通,C 和回油口 T 相通,压力油作用于主阀芯 6 的右端,同时经阻尼孔 d 流入阀芯左端,并经小孔 a 作用于锥阀 3 上,当系统压力低于溢流阀的调定压力时,锥阀 3 关闭,阻尼孔 d 没有液流流过,主阀芯两端液压力相等,主阀芯 6 在弹簧 5 作用下处于关闭位置;当系统压力升高并达到溢流阀的调定值时,锥阀 3 在液压力作用下压缩导阀弹簧 2 并使阀口打开。于是 e 腔的油液经锥阀阀口和小孔 c 流入 T 口,当油液通过主阀芯上的阻尼孔 d 时,便产生压差,从而使主阀芯两端产生压差,在这个压差的作用下,主阀芯克服弹簧力和摩擦力向左移动,使阀口打开,溢流阀便实现在一定压力下溢流。调节弹簧 2 的预压缩量便可改变该叠加式溢流阀的调整压力。

(2) 叠加阀的特点及应用

液压回路是由叠加阀堆叠而成的,可大幅缩小安装空间;组装工作必须熟练,并可方便而迅速地实现回路的增添或更改;减少了由于配管引起的外部漏油、振动、噪声等事故,因而提高了可靠性;元件集中设置,维护、检修容易;回路的压力损失较少,可节省能源。

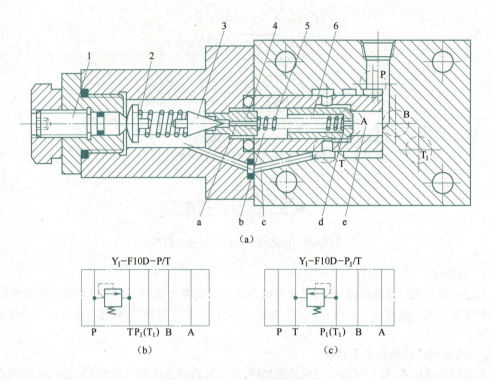

1—推杆；2、5—弹簧；3—锥阀；4—阀座；6—主阀芯
a、c—小孔；b、e—腔；d—阻尼孔
图2-79 叠加式溢流阀

素养提升

职业素养：持续学习，不断提升

随着技术的不断革新，新技术带来的新产品层出不穷。我们应当树立持续学习、终身学习的意识，主动了解新技术、新产品、新工艺、新材料，保持自身的持续发展，不断提升自身应对新变化的能力，提升职业素养。

电子故事卡

职业素养：
持续学习，
不断提升

项目三 液压基本回路的分析及故障处理

液压基本回路是能实现某种规定功能的液压元件的组合,是液压系统的组成部分。按实现的功能不同可分为方向控制回路、压力控制回路和速度控制回路等。

方向控制回路用于控制液压系统中液流方向,从而改变执行元件的运动方向。运动部件的换向,一般可采用各种换向阀来实现。在容积调速的闭式回路中,也可以利用双向变量泵控制油流的方向来实现液压缸(或液压马达)的换向。常见的方向控制回路有换向回路和锁紧回路。

任务 3.1 分析方向控制回路及故障处理

任务要求

- 素养要求:理论联系实际,培养勇于探索、实践创新的科学精神。
- 知识要求:理解换向回路和锁紧回路的工作原理。
- 技能要求:会对换向回路和锁紧回路进行故障诊断及处理。

知识准备

一、换向回路的工作原理

1. 采用电磁换向阀的换向回路

图 3-1 所示为采用二位三通电磁换向阀的换向回路,执行元件为单作用液压缸(弹簧复位式),选用二位三通电磁换向阀实现执行元件换向动作。当电磁换向阀 3 处于常态位(左位)时,单作用液压缸 4 的活塞杆处于缩回状态,不执行动作;当电磁换向阀 3 通电时,电磁换向阀 3 换右位工作,液压油由液压泵 1 经电磁换向阀 3 右位进入液压缸 4 无杆腔,推动活塞杆克服弹簧力向外伸出,执行动作。

图 3-2 所示为采用三位四通电磁换向阀的换向回路,执行元件为双作用单活塞杆液压缸,选用三位四通电磁换向阀实现执行元件换向动作。当电磁换向阀 3 处于常态位(中位)时,P、T、A、B 四个油口均不通,液压缸 4 不执行动作;当电磁换向阀 3 左边电磁 1YA 通电时,电磁换向阀 3 换左位工作,液压油由液压泵 1 经电磁换向阀 3 左位(P→A)进入液压缸 4 无杆腔,液压缸 4 有杆腔内的液压油经电磁换向阀 3 左位(B→T)回到油箱,液压缸 4 活塞杆向外伸出;当电磁换向阀 3 右边电磁 2YA 通电时,电磁换向阀 3 换右位工作,液压油由液压泵 1 经电磁换向阀 3 右位(P→B)进入液压缸 4 有杆腔,液压缸 4 无杆腔内的液压油经电磁换向阀 3 右位(A→T)回到油箱,液压缸 4 活塞杆缩回。

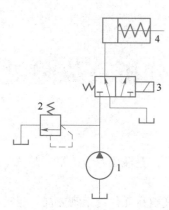

1—液压泵；2—溢流阀；3—二位三通电磁换向阀；
4—单作用单活塞杆液压缸(弹簧复位式)。

图 3-1 采用二位三通电磁换向阀的换向回路

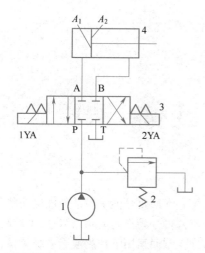

1—液压泵；2—溢流阀；3—三位四通电磁换向阀；
4—双作用单活塞杆液压缸。

图 3-2 采用三位四通电磁换向阀的换向回路

电磁换向阀组成的换向回路操作方便,易于实现自动化,但换向时间短,换向冲击较大,适用于小流量、平稳性要求不高的场合。

2. 采用液动换向阀的换向回路

图 3-3 所示为采用三位四通液动换向阀的换向回路。主油泵 1 通过三位四通液动换向阀 4 为液压缸供油,执行动作;辅助泵 2 通过三位四通手动换向阀 3 控制液动换向阀 4 的工作位变换。当手动换向阀 3 处于中位,液动换向阀 4 也处于中位,液压缸不动作;当手动换向阀 3 左位工作,液压油由辅助泵 2 经手动换向阀 3 进入液动换向阀 4 右侧液控口,液动换向阀 4 换右位工作,则主油路上的液压油由主油泵 1 经液动换向阀 4 右位进入液压缸有杆腔,无杆腔液压油经液动换向阀 4 右位流回油箱,液压缸活塞杆向上缩回;当手动换向阀 3 右位工作,液压油由辅助泵 2 经手动换向阀 3 进入液动换向阀 4 左侧液控口,液动换向阀 4 换左位工作,则主油路上的液压油由主油泵 1 经液动换向阀 4 左位进入液压缸无杆腔,有杆腔液压油经液动换向阀 4 左位流回油箱,液压缸活塞杆向下伸出。这种换向回路可用于大型油压机。

对于液动换向阀,一般的系统中也可直接将控制油路接入主油路。在机床夹具、油压机和起重机等不需要自动换向的场合,常常采用手动换向阀来进行换向。

3. 采用双向变量泵的换向回路

双向变量泵换向回路是利用双向变量泵直接改变输油方向,以实现液压缸和液压马达的换向,如图 3-4 所示。这种换向回路比普通换向阀换向平稳,多用于大功率的液压系统中,如龙门刨床、拉床等液压系统。

二、锁紧回路的工作原理

锁紧回路的作用是使执行元件能在任意位置上停留,以及在停止工作时,防止在受力的情况下发生移动。

图 3-5 所示为采用 O 型中位机能的锁紧回路。当三位四通电磁换向阀 3 处于中位时,液压缸 4 有杆腔和无杆腔均无油液流动,液压缸 4 处于静止锁紧状态。由于滑阀式换向阀不可避免地存在泄漏,采用 O、M 型换向阀的锁紧回路的密封性能较差,锁紧效果差,只适用于短时间的锁紧或

锁紧程度要求不高的场合。

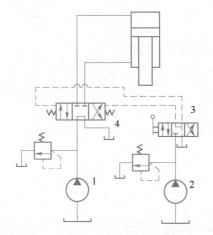

1—主油泵;2—辅助泵;3—三位四通手动换向阀;
4—三位四通液动换向阀。

图 3-3 采用三位四通液动换向阀的换向回路

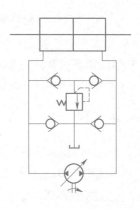

图 3-4 双向变量泵换向回路

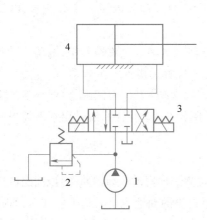

1—液压泵;2—溢流阀;3—三位四通电磁
换向阀(O 型);4—液压缸。

图 3-5 锁紧回路(采用 O 型中位机能)

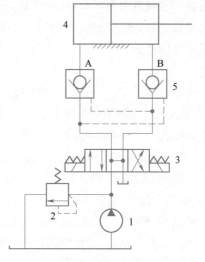

1—液压泵;2—溢流阀;3—三位四通电磁
换向阀(H 型);4—液压缸;5—双向液压锁。

图 3-6 锁紧回路(采用双向液压锁)

图 3-6 所示为采用双向液压锁的锁紧回路。当三位四通电磁换向阀 3 左侧电磁通电,阀 3 左位工作,液压缸 4 活塞杆向右伸出,执行动作;当换向阀 3 右侧电磁通电,阀 3 右位工作,液压缸 4 活塞杆向左缩回;当换向阀 3 两侧电磁均不通电,阀 3 中位工作,阀 3 中位为 H 型中位机能,液压泵、油箱、液压缸油口处于互通状态,组成双向液压锁的两个液控单向阀 A、B 的进油口及控制油口与油箱连通,因为两个液控单向阀 A、B 上下油口出现压力差,液控单向阀 A、B 上下均反向关闭,液压缸 4 无杆腔和有杆腔无液压油流动,液压缸 4 处于锁紧状态。采用双向液压锁的锁紧回路,液压缸活塞

杆可以在行程的任何位置锁紧,锁紧精度只受液压缸内少量的内泄漏影响,锁紧精度较高。

素养提升

科学素养:勇于探索、实践创新的精神

液压回路在工业生产中应用广泛,在进行回路分析、故障诊断及处理时,需要工作人员具有一定的知识基础,同时还要在实践过程中不断积累经验,探索更高效的方法。只有深入研究,不断创新才能不断提高,才能更好地推动工业生产的进步。

实践操作

实践操作:方向控制回路的故障诊断与处理

(1)换向阀选用不当,出现振动和噪声

故障现象及原因:在图3-2所示的用三位四通电磁换向阀控制的换向回路中,活塞向左移动时,常会产生噪声,系统还伴随有剧烈振动。三位四通电磁换向阀处于右位工作时,油液进入无杆腔,推动活塞向左移动,因 $A_1 > A_2$,无杆的回油会比有杆腔的进油大得多,如果只按液压泵流量选用电磁换向阀的规格,不但压力损失大增,而且阀芯上所受的液压力也会大增,远大于电磁铁的有效吸力而影响换向,导致电磁铁经常烧坏。如果与无杆腔相连的管道也是按液压泵的流量选定,液压缸返回行程中,该段管内流速将远大于允许的最大流速,而管道内沿程压力损失与流速的平方成正比,压力损失增加,导致压力急降和管内液流流态变差,出现振动和噪声。

处理方法:将该回路中的三位四通电磁换向阀换成较大规格的电磁换向阀,振动和噪声明显降低,但会发现在电磁换向阀处于中位锁紧时,活塞杆的位置会缓慢发生微动,在有外负载的情况下更为明显。引起这种现象的原因是:由于换向阀阀芯与阀体孔间有间隙,内部泄漏是不可避免的,加之液压缸也会有一定的泄漏,因此在需要精度要求较高的液压系统可用双液控单向阀组成液压锁紧换向回路,如图3-6所示。

(2)换向无缓冲,引起液压冲击

故障现象及原因:图3-7(a)所示为采用三位四通电磁换向阀的卸荷回路图,该回路的电磁换向阀的中位机能为M型,当换向阀处于中位时,液压泵提供的油液由换向阀中位卸荷,直接流回油箱。在高压、大流量液压系统中,当换向阀发生切换时,系统会出现较大冲击。三位换向阀中具有卸荷功能的除了M型以外,还有H型和K型的三位换向阀,这类换向阀组成的卸压回路一般用于低压、小流量的液压系统中。对于高压、大流量的液压系统,当液压泵的出口压力由高压切换到几乎为零压,或由零压迅速切换上升到高压时,必然在换向阀切换时产生液压冲击。同时还由于电磁换向阀切换迅速,无缓冲时间,迫使液压冲击加剧。

处理方法:如图3-7(b)所示,将三位四通电磁换向阀更换成三位四通电液换向阀,由于电液换向阀中的液动阀换向的时间可调,换向有一定的缓冲时间,使液压泵的出口压力上升或下降有一个变化过程,提高换向的平稳性,从而避免了明显的压力冲击。回路中单向阀的作用是使液压泵卸荷时仍有一定的压力值(0.2~0.3 MPa),供控制油路使用。

电子故事卡

科学素养:勇于探索、实践创新的精神

视频

液压方向控制回路的搭建与运行

项目三 液压基本回路的分析及故障处理

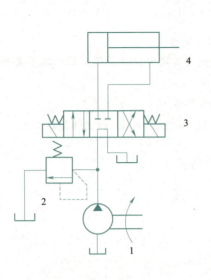
（a）采用M型中位机能

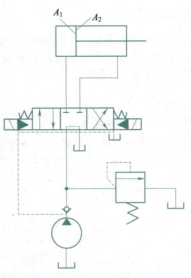
（b）采用电液换向阀

1—液压泵；2—溢流阀；3—三位四通电磁换向阀；4—液压缸。

图 3-7 换向阀卸荷回路

（3）方向控制回路其他常见故障诊断与维修方法

方向控制回路其他常见故障诊断与维修方法见表 3-1。

表 3-1 方向控制回路其他常见故障诊断与维修方法

故障现象	故障原因	维修方法
用换向阀控制的换向回路不换向	(1) 液压泵故障 (2) 溢流阀故障 (3) 换向阀故障 (4) 液压缸或液压马达故障	(1) 检修或更换液压泵 (2) 检修或更换溢流阀 (3) 检修或更换换向阀 (4) 检修或更换液压缸或液压马达
用双向变量泵控制的换向回路不换向	(1) 溢流阀故障，系统压力上不去 (2) 液压缸活塞与活塞杆摩擦阻力大，别劲 (3) 单向阀故障 (4) 液压泵故障	(1) 检修或更换溢流阀 (2) 调整其配合间隙 (3) 检修或更换单向阀 (4) 检修或更换液压泵
锁紧回路不可靠锁紧	(1) 液压缸或液压马达泄漏 (2) 液压单向阀泄漏 (3) 管路泄漏 (4) 换向阀选择不正确	(1) 检修或更换液压缸或液压马达 (2) 检修或更换液压单向阀 (3) 检修或更换管道及管接头 (4) 更换换向阀

自主测试

一、填空题

1. 方向控制回路是指在液压系统中，起控制执行元件的_____、_____及换向作用的液压基本回路。

2. 常见的方向控制回路包括_____回路和_____回路。

3. _____回路的作用是使执行元件能在任意位置上停留，以及在停止工作时，防止在受力的情况下发生移动。

二、简答题

1. 采用 O 型中位机能的锁紧回路适用于哪些工作场合?
2. 如图 3-6 所示采用双向液压锁的锁紧回路是如何实现中位锁紧的?该回路主要用于哪些场合?试举例说明。

三、分析题

1. 图 3-8 所示的液压系统,可以实现"快进→工进→快退→停止"的工作循环要求。

(1) 说出图中标有序号的液压元件的名称。

(2) 写出电磁铁动作顺序表(通电"＋",失电"－")。

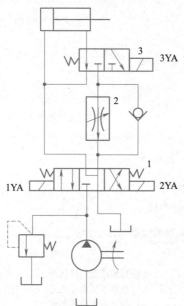

动作	电磁铁状态		
	1YA	2YA	3YA
快进			
工进			
快退			
停止			

图 3-8

2. 图 3-9 所示系统可实现"快进→工进→快退→停止(卸荷)"的工作循环。

(1) 指出标出数字序号的液压元件的名称。

(2) 试列出电磁铁动作表(通电"＋",失电"－")。

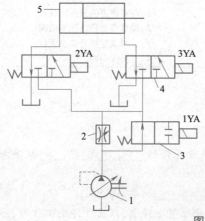

动作	电磁铁状态		
	1YA	2YA	3YA
快进			
工进			
快退			
停止			

图 3-9

任务 3.2 分析压力控制回路及故障处理

液压系统的工作压力取决于负载的大小。压力控制回路是用压力阀来控制和调节液压系统主油路或某一支路的压力,以满足执行元件速度换接回路所需的力或力矩的要求。利用压力控制回路可实现对系统进行调压(稳压)、卸荷、保压、增压、减压与平衡等控制。

任务要求

- **素养要求**:遵循的道德规范和行为准则,养成优秀的职业习惯。
- **知识要求**:理解调压、卸荷、保压、增压、减压和平衡回路的工作原理。
- **技能要求**:会对压力控制回路进行故障诊断及处理。

知识准备

一、调压回路的工作原理

调压回路是使液压系统整体或部分的压力保持恒定或不超过某个数值。在定量泵系统中,液压泵的供油压力可以通过溢流阀来调节。在变量泵系统中,可用安全阀来限定系统的最高压力,防止系统过载。若系统中需要两种以上的压力,则可采用多级调压回路。

1. 单级调压回路的工作原理

图 3-10(a) 所示为采用定量泵的单级调压回路,在液压泵 1 出口处设置并联溢流阀 2,控制液压系统的最高压力值。通过调节溢流阀 2 的压力,可以改变液压泵 1 的输出压力,当溢流阀 2 的调定压力确定后,液压泵 1 就在溢流阀 2 的调定压力下工作,实现对液压系统的调压和稳压控制。

图 3-10(b) 所示为采用变量泵的单级调压回路,溢流阀 2 则作为安全阀使用。当溢流阀 2 的调定压力确定后,液压泵 1 在低于溢流阀 2 的调定压力下工作,液压系统运行正常;当液压系统出现故障时,液压泵 1 的工作压力上升,当液压泵 1 的工作压力达到溢流阀 2 的调定压力时,溢流阀 2 开启,液压油从溢流阀 2 流回油箱,液压泵 1 的工作压力控制在溢流阀 2 的调定压力下,使液压系统不会因为压力升高而被破坏,保护液压系统。

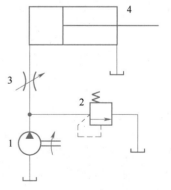
(a) 采用定量泵

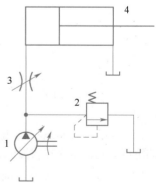
(b) 采用变量泵

1—液压泵;2—溢流阀;3—节流阀;4—液压缸。

图 3-10 单级调压回路

2. 双向调压回路的工作原理

在液压系统中,有时会需要执行元件的正反行程具有不同的油液压力,此时可采用双向调压回路。如图3-11所示,设溢流阀2调定压力高于溢流阀5调定压力,当换向阀3左位工作,液压油经液压泵1流经换向阀3的左位,进入液压缸4无杆腔,推动活塞杆伸出,有杆腔液压油经换向阀3左位流回油箱,此时液压泵1的工作压力由溢流阀2调定,而溢流阀5不工作;当换向阀3右位工作,液压油经液压泵1流经换向阀3右位,进入液压缸4有杆腔,活塞杆退回,无杆腔液压油经换向阀3右位流回油箱,此时液压泵1的工作压力由溢流阀5调定,而溢流阀2不工作;当液压缸4活塞杆退回到终点后,液压泵1可经溢流阀5实现低压力下回油。

3. 多级调压回路的工作原理

在实际应用中,有些液压系统要求在不同的工作阶段获得不同的工作压力,这就需要采用多级调压回路。

图3-12所示为二级调压回路。该回路中先导式溢流阀2调定为较高压力,溢流阀4调定为较低压力。当换向阀3下位工作,液压泵工作压力由先导式溢流阀2调定;当换向阀3电磁通电,换向阀3上位工作,先导式溢流阀2的先导阀口通过换向阀3上位与溢流阀4相通,而先导式溢流阀的先导阀是用于控制和调节溢流压力的,因此液压泵工作压力由溢流阀4调定,即实现两种不同的系统压力控制。

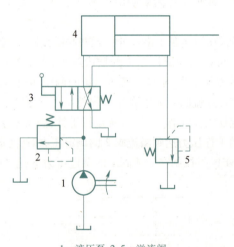

1—液压泵;2、5—溢流阀;
3—二位四通手动换向阀;4—液压缸。

图3-11 双向调压回路

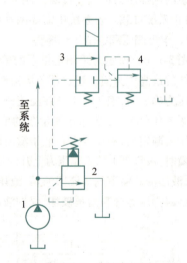

1—液压泵;2—先导式溢流阀;
3—二位二通电磁换向阀;4—溢流阀。

图3-12 二级调压回路

图3-13所示为三级调压回路。该回路中三级压力分别由先导式溢流阀1和溢流阀2、3调定,且溢流阀2、3的调定压力均低于先导式溢流阀1的调定压力。当换向阀电磁铁1YA、2YA均不通电,换向阀4中位工作,系统压力由先导式溢流阀1调定;当换向阀电磁铁1YA通电,换向阀4左位工作,系统压力由溢流阀2调定;当换向阀电磁铁2YA通电,换向阀4右位工作,系统压力由溢流阀3调定。

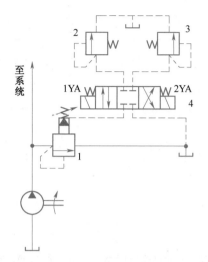

1—先导式溢流阀；2、3—溢流阀；4—三位四通电磁换向阀。

图 3-13　三级调压回路

素养提升

职业规范：
严守道德规
范和职业行
为准则

职业规范：严守道德规范和职业行为准则

在工作中，遵守职业行为准则和道德规范是每个员工都应该具有的基本素养。这些准则和规范不仅有助于维护个人的职业形象和声誉，也有利于组织的稳定和发展。我们要向大国工匠们学习，拥有工匠精神，精益求精，追求完美和极致，不惜花费时间精力，孜孜不倦，反复改进产品，使产品达到最佳。

二、卸荷回路的工作原理

卸荷回路的功用是在液压泵驱动电动机不频繁启闭时，使液压泵在功率损耗接近于零的情况下运转，以减少功率损耗，降低系统发热，延长泵和电动机的寿命。液压卸荷回路可分为流量卸荷和压力卸荷两种。流量卸荷主要是使用变量泵，使泵仅为补偿泄漏而以最小流量运转，此方法比较简单，但泵仍处在高压状态下运行，磨损比较严重。压力卸荷的方法是使泵在接近零压下运转，常见的压力卸荷方式有以下两种形式：

1. 换向阀卸荷回路的工作原理

换向阀卸荷回路主要有采用 M、H 和 K 型中位机能的三位换向阀的卸荷回路和采用二位二通换向阀的卸荷回路两种类型。

图 3-14(a) 所示为采用 M 型中位机能的三位换向阀的卸荷回路。当电磁换向阀 3 两端电磁都不通电时，换向阀 3 中位工作，液压泵 1 输出的液压油经换向阀 3 中位流回油箱，实现系统卸荷。这种卸荷方法比较简单，但压力较高、流量较大时，容易产生冲击，因此仅适用于低压、小流量液压系统。

图 3-14(b) 所示为采用二位二通换向阀的卸荷回路。当电磁换向阀 3 两端电磁都不通电时，换向阀 3 中位工作，此时电磁换向阀 5 右端电磁通电，则换向阀 5 右位工作，液压泵 1 输出的液压油经换向阀 5 右位流回油箱，实现系统卸荷。这种卸荷方法效果较好，易于实现自动控制，一般适用于液压泵的流量小于 1.05×10^{-3} m³/s 的场合。

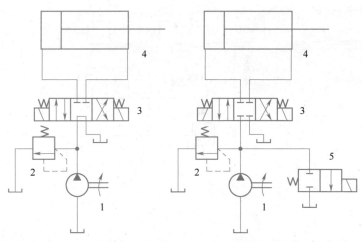

(a) 采用M型中位机能的三位换向阀卸荷回路　　(b) 采用二位二通换向阀的卸荷回路

1—液压泵；2—溢流阀；3—三位四通电磁换向阀；4—液压缸；5—二位二通电磁换向阀。

图 3-14　换向阀卸荷回路

2. 先导式溢流阀卸荷回路的工作原理

图 3-15 所示为采用先导式溢流阀远程控制口卸荷回路,将先导式溢流阀 2 远程控制口直接与二位二通电磁换向阀 3 相接,当换向阀 3 下位工作时,先导式溢流阀 2 作为溢流阀使用；当换向阀 3 上位工作时,先导式溢流阀 2 的远程控制口通过换向阀 3 上位与油箱接通,此时先导式溢流阀 2 在很低的油压作用下即可打开通油箱,实现液压泵 1 的卸荷。这种卸荷回路卸荷压力小,切换时冲击也小。

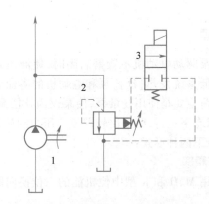

1—液压泵；2—先导式溢流阀；3—二位二通电磁换向阀。

图 3-15　先导式溢流阀远程控制口卸荷回路

三、保压回路的工作原理

保压回路就是使系统在液压缸不动或仅有工件变形所产生的小位移下稳定地维持住压力。最简单的保压回路是使用密封性能较好的液控单向阀回路,但是阀类元件处的泄漏使这种回路的保压时间不能维持太久。因此,常用的保压回路有以下三种形式:

1. 液压泵保压回路的工作原理

利用液压泵的保压回路就是在保压过程中,液压泵仍以较高的压力(保压所需压力)工作。此时,若采用定量泵则压力油几乎全经溢流阀流回油箱,系统功率损失大,易发热,故只在小功率的系统且保压时间较短的场合才使用;若采用变量泵,在保压时泵的压力较高,但输出流量几乎等于零,因而液压系统的功率损失小。

图 3-16 所示为利用液压泵的保压回路。当系统压力较低时,低压大流量泵供油,系统压力升高到卸荷阀的调定压力时,低压大流量泵卸荷,高压小流量泵供油保压,溢流阀调节压力。

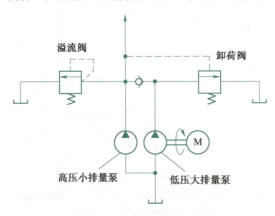

图 3-16 利用液压泵的保压回路

2. 蓄能器保压回路的工作原理

图 3-17 所示为利用蓄能器的保压回路。当电磁换向阀 6 左位工作时,液压油由液压泵 1 经换向阀 6 左位进入液压缸 7 无杆腔,液压缸 7 活塞杆伸出且压紧工件,蓄能器 5 蓄能。当进油路压力持续上升至调定值时,压力继电器 4 触发,电磁换向阀 3 通电,换向阀 3 上位工作,液压泵 1 经先导式溢流阀 2 卸荷,此时单向阀 8 关闭,液压缸 7 的压紧压力由蓄能器 5 继续提供,实现保压。当液压缸 7 进油压力不足时,压力继电器 4 复位,电磁换向阀 3 失电,液压泵 1 重新供油。该系统保压时间取决于蓄能器的容量,调节压力继电器的工作区间可以调节液压缸中压力的最大值和最小值。

3. 自动补油保压回路的工作原理

图 3-18 所示为自动补油式保压回路。当电磁换向阀 3 的电磁 1YA 通电时,换向阀 3 右位工作,液压油由液压泵 1 经换向阀 3 右位到液控单向阀 4 进入液压缸 5 无杆腔,活塞杆向下伸出,当液压缸 5 无杆腔油压上升至电接触式压力表 6 的预设上限值时,电接触式压力表 6 被触发,1YA 失电,换向阀 3 中位工作,液压泵 1 卸荷,液压缸 7 由液控单向阀 4 保压。当液压缸 5 无杆腔压力下降到电接触式压力表 6 的预设下限值时,电接触式压力表 6 再次触发,1YA 再次得电,液压泵 1 再次向系统供油,系统压力上升。当液压缸 5 无杆腔油压上升至电接触式压力表 6 的预设上限值时,电接触式压力表 6 触发,1YA 失电,重复上述过程。因此,该油路能自动地使液压缸补充压力油,使其压力能长期保持在一定的范围内。

四、增压回路的工作原理

当液压系统中的某一支油路需要压力较高但流量又不大的压力油,若采用高压泵经济性较差或者没有满足条件的液压泵时,就要采用增压回路。增压回路可以提高系统中某一支路的工作压力,以满足局部工作机构的需要。采用增压回路后,系统的整体工作压力仍较低,这样可以降低能源消耗。增压回路中提高压力的主要元件是增压缸或增压器。

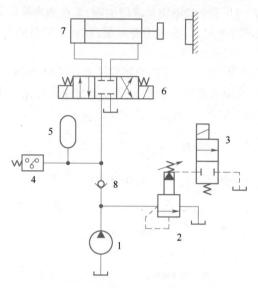

1—液压泵;2—先导式溢流阀;3—二位二通电磁换向阀;
4—压力继电器;5—蓄能器;6—三位四通电磁换向阀;
7—液压缸;8—单向阀。

图 3-17 利用蓄能器的保压回路

1. 单作用增压回路的工作原理

图 3-19 所示为单作用增压回路。当系统在图示位置工作时,系统中的液压油以压力 p_1 进入增压缸 4 的大活塞腔,此时在增压缸 4 的小活塞腔可得到所需的较高压力 p_2。

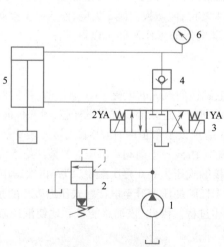

1—液压泵;2—先导式溢流阀;
3—三位四通电磁换向阀;4—液控单向阀;
5—液压缸;6—电接触式压力表。

图 3-18 自动补油式保压回路

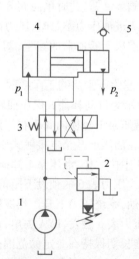

1—液压泵;2—先导式溢流阀;
3—二位四通电磁换向阀;
4—增压缸;5—单向阀。

图 3-19 单作用增压回路

当电磁换向阀 3 右位工作时,增压缸 4 内的活塞返回,辅助油箱中的油液经单向阀 5 补入小活塞。因此,该回路只能间歇增压,称为单作用增压回路。

2. 双作用增压回路的工作原理

图 3-20 所示为双作用增压回路。当系统在图示位置工作时,液压源 6 输出的压力油经换向阀 5 左位进入增压缸 7 左端的大、小活塞腔,右端大活塞腔回油经换向阀 5 左位回到油箱,增压缸 7 右端小活塞腔油液增压后经单向阀 4 输出,此时单向阀 2、3 关闭。当增压缸 7 活塞移动至右端时,换向阀 5 电磁通电,增压缸活塞向左移动,同理左端小活塞油液增压后经单向阀 3 输出。因此,随着增压缸活塞不断往复运动,增压缸两端交替输出高压油 p_1,实现连续增压。

五、减压回路的工作原理

减压回路是使系统中的某一部分油路具有较低的稳定压力。最常见的减压回路通过定值减压阀与主油路相连。

1. 单向减压回路的工作原理

图 3-21 所示为采用单向阀和减压阀的单向减压回路,当主油路压力降低到小于减压阀调整压力时,单向阀反向关闭,可防止油液倒流,起短时保压作用。

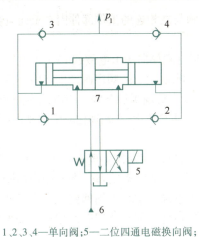

1、2、3、4—单向阀;5—二位四通电磁换向阀;
6—液压源;7—增压缸。

图 3-20 双作用增压回路

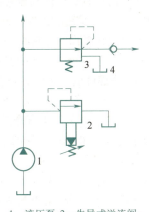

1—液压泵;2—先导式溢流阀;
3—减压阀;4—单向阀。

图 3-21 单向减压回路

2. 二级减压回路的工作原理

图 3-22 所示为减压阀和远程调压阀组成的二级减压回路。在图示工作状态时,液压缸 7 夹紧压力由先导式减压阀 3 调定;当电磁换向阀 4 通电后,先导式减压阀 3 先导口与溢流阀 5 接通,液压缸 7 夹紧压力由溢流阀 5 调定,该回路为二级减压回路。但要注意,溢流阀 5 的调定压力值一定要低于减压阀 3 的调定压力值。

为了使减压回路工作可靠,减压阀的最低调整压力不应小于 0.5 MPa,最高调整压力至少应比系统压力小 0.5 MPa。当减压回路中的执行元件需要调速时,调速元件应放在减压阀的后面,以避免减压阀泄漏(指由减压阀泄油口流回油箱的油液)对执行元件的速度产生影响。

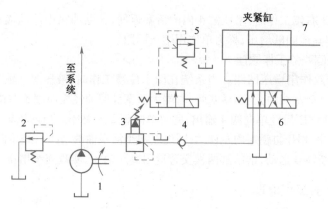

1—液压泵;2、5—溢流阀;3—先导式减压阀;4—二位二通电磁换向阀;
6—二位四通电磁换向阀;7—液压缸。

图 3-22 二级减压回路

六、平衡回路的工作原理

平衡回路用于防止垂直或倾斜放置的液压缸和与之相连的工作部件因自重而自行下落。

1. 单向顺序阀平衡回路的工作原理

图 3-23 所示为采用单向顺序阀的平衡回路。当电磁换向阀 1 电磁铁 1YA 得电后,液压缸 3 活塞和工作部件向下运动,在液压缸 3 的回油路上单向阀反向关闭,顺序阀产生背压,当顺序阀的背压能支撑住活塞和工作部件的自重时,活塞和工作部件可实现平稳下降。当电磁换向阀 1 中位工作时,活塞停止运动,不再下降。该回路适用于工作部件重量不大、活塞锁住时定位要求不高的场合。

2. 液控顺序阀平衡回路的工作原理

图 3-24 所示为采用液控顺序阀的平衡回路。当电磁换向阀 1 电磁铁 1YA 得电后,液压缸 3 活塞向下运动,控制压力油打开液控顺序阀,无背压,回路效率较高。当电磁换向阀 1 中位工作时,液控顺序阀关闭,可防止活塞和工作部件因自重下降。这种平衡回路的优点是只有上腔进油时活塞才下行,比较安全可靠;缺点是活塞下行时平稳性较差。该回路适用于运动部件重量不很大、停留时间较短的液压系统中。

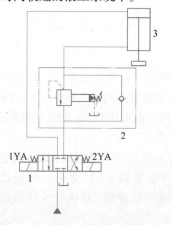

1—三位四通电磁换向阀;2—单向顺序阀;3—液压缸。
图 3-23 采用单向顺序阀的平衡回路

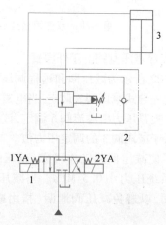

1—三位四通电磁换向阀;2—液控顺序阀;3—液压缸。
图 3-24 采用液控顺序阀的平衡回路

实践操作

实践操作：压力控制回路的故障诊断与处理

(1) 溢流阀主阀阀芯被卡住，发出振动与噪声

故障现象及原因：图 3-25 所示的压力控制回路中，液压泵为定量泵，三位四通电磁换向阀中位机能为 Y 型，所以，当换向阀处于中位，液压缸停止工作，此时系统不卸荷，液压泵输出的压力油全部由溢流阀溢回油箱。

当系统的压力较低（如 10 MPa 以下）时，溢流阀能够正常工作，而当压力升高（如 12 MPa）时，系统会发出像吹笛一样的声音，同时压力表的指针也会发生剧烈振动，经检测发现噪声来自溢流阀。

将该溢流阀拆下来，进行检查，发现溢流阀主阀阀芯被卡住，无法灵活动作，当系统压力达到一定值时（如 12 MPa），就会使主阀阀芯在某一位置激起高频振动，同时引起调压弹簧的强烈振动，从而出现噪声共振。另外，由于高压油不能通过正常的溢流口溢流，而是通过被卡住的溢流口和内泄油道溢回油箱，因此这股高压油将发出高频率的流体噪声。

处理方法：将溢流阀拆开后清洗阀芯，使阀芯运动灵活；如果阀芯清洗后，运动还不灵活，可研磨阀芯，使其运动灵活，然后按要求进行组装即可。

(2) 二级调压回路中压力冲击

故障现象及原因：图 3-12 所示二级调压回路中，由溢流阀 2 和溢流阀 4 各调一级压力，且溢流阀 4 的调定压力 p_2 要小于溢流阀 2 的调定压力 p_1。当 p_2 与 p_1 相差较大，压力由 p_1 切换到 p_2 时，由阀 3 和阀 4 间油路内切换前没压力，阀 3 切换时，溢流阀 2 远控口处的瞬时压力由 p_1 下降到几乎为零后再回升到 p_2，系统便产生较大的冲击。

处理方法：将阀 3 和阀 4 交换一个位置，如图 3-26 所示，这样从阀 2 的控制油口到阀 4 的油路里总是充满油，便不会产生切换压力时产生的冲击。

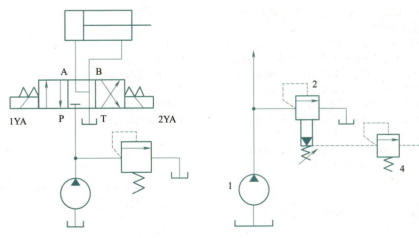

图 3-25　定量泵压力控制回路图　　图 3-26　二级调压回路冲击

(3) 压力控制回路其他常见故障诊断与维修

压力控制回路其他常见故障诊断与维修见表 3-3。

表 3-2　压力控制回路其他常见故障诊断与维修

故障现象	故障原因	维修方法
压力调整无效	(1)进油口和出油口装反,尤其在管式连接上容易出现反装的情况,板式阀也容易在集成块的设计中反装油路,导致调压失效 (2)油液的污染导致压力阀阀芯阻尼孔被污物堵塞,滑阀失去控制作用: ①对于溢流阀往往表现系统上压后立即失压,旋动手轮无法调节压力。或者是系统超压,溢流阀不起溢流作用 ②对于减压阀则表现为出油口压力上不去,油流很少,或者根本不起减压作用 (3)压力阀阀芯配合过紧或被污物卡死 (4)压力阀或回路泄漏 (5)压力阀弹簧断裂、漏装或弹簧刚度不适合,导致滑阀失去弹簧力的作用,无法调整	(1)纠正进油口和出油口装法 (2)清洗阀芯,畅通阻尼孔,并更换液压油 (3)研磨或清洗压力阀阀芯 (4)检查密封,拧紧连接件,更换密封圈 (5)更换或补装刚度适合的弹簧
压力波动	(1)油液的污染导致压力阀阀芯阻尼孔被污物堵塞,滑阀受力移动困难,甚至出现爬行现象,导致油液压力波动 (2)控制阀芯弹簧刚度不够,过软,导致弹簧弯曲变形无法提供稳定的弹簧力,造成油液压力在平衡弹簧力的过程中发生波动 (3)滑阀表面拉伤、阀孔碰伤、滑阀被污物卡住,滑阀与阀座孔配合过紧,导致滑阀动作不灵活,油液压力波动 (4)锥阀或钢球与阀座配合不良,导致缝隙泄漏,形成油液压力波动	(1)清洗阀芯,畅通阻尼孔,并更换液压油 (2)更换刚度适合的弹簧 (3)清洗、研磨可更换压力阀阀芯 (4)清洗、研磨可更换压力阀阀芯
振动与噪声	(1)出油口油路中有空气,容易发生气蚀,产生高频噪声 (2)调压螺母(或螺钉)松动 (3)压力阀弹簧在使用过程中发生弯曲变形,液压力容易引起弹簧自振,当弹簧振动频率与系统振动频率相同时,会出现共振,其原因是控制阀芯弹簧刚度不够 (4)滑阀与阀孔配合过紧或过松都会产生噪声 (5)压力阀的回油路背压过大,导致回油不畅,引起回油管振动,产生噪声	(1)排净油路中的空气 (2)要锁紧调压螺母(或螺钉) (3)更换刚度适合的弹簧 (4)清洗、研磨可更换压力阀阀芯 (5)降低压力阀的回油路背压

自主测试

一、填空题

1._____是用压力阀来控制和调节液压系统主油路或某一支路的压力,以满足执行元件速度换接回路所需的力或力矩的要求。

2. _____是使液压系统整体或部分的压力保持恒定或不超过某个数值。
3. _____的功用是在液压泵驱动电动机不频繁启闭的情况下,使液压泵在功率损耗接近于零的情况下运转,以减少功率损耗,降低系统发热,延长泵和电机的寿命。
4. 液压卸荷回路可分为_____和_____两种。
5. 增压回路中提高压力的主要元件是_____或_____。
6. _____用于防止垂直或倾斜放置的液压缸和与之相连的工作部件因自重而自行下落。

二、选择题

1. 压力控制回路包括(　　)。
　　A. 卸荷回路　　　　B. 锁紧回路　　　　C. 制动回路
2. 液压系统中的工作机构在短时间停止运行,可采用(　　)以达到节省动力损耗、减少液压系统发热、延长泵的使用寿命的目的。
　　A. 调压回路　　　B. 减压回路　　　C. 卸荷回路　　　D. 增压回路。
3. 为防止立式安装的执行元件及与之相连的负载因自重而下滑,常采用(　　)。
　　A. 调压回路　　　B. 卸荷回路　　　C. 背压回路　　　D. 平衡回路

三、分析题

1. 如图3-27所示液压系统,试说明溢流阀各系统中的不同用处。

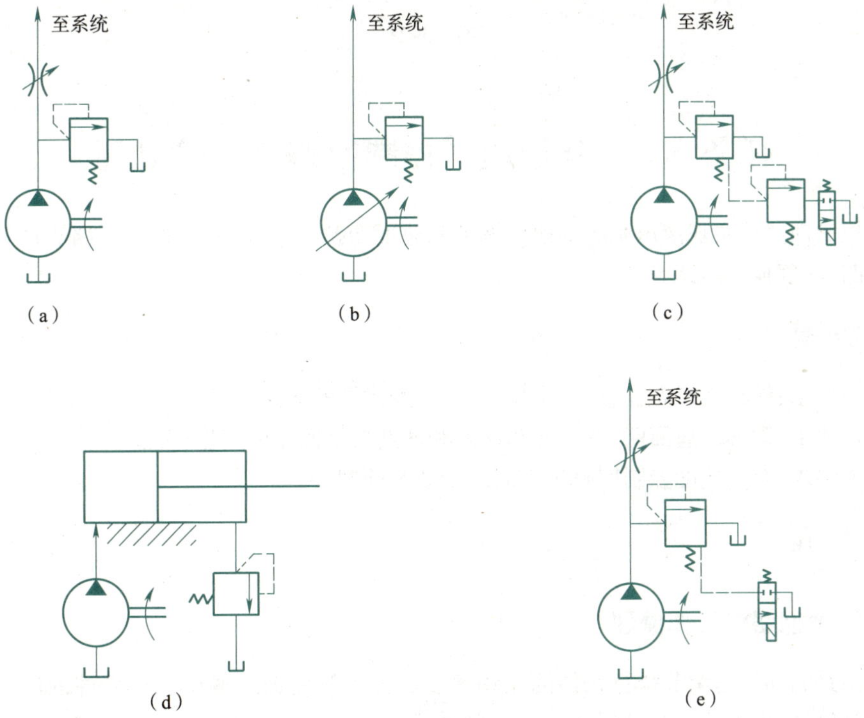

图 3-27

2. 图3-28所示液压系统能实现"快进→1工进→2工进→快退→停止"的工作循环。
(1)试填写电磁铁动作顺序表;
(2)分析系统的特点。

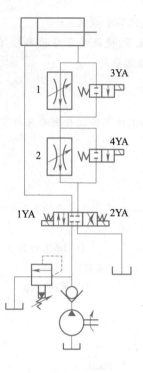

动作	电磁铁状态			
	1YA	2YA	3YA	4YA
快进				
1工进				
2工进				
快退				
停止				

图 3-28

任务3.3　分析速度控制回路及故障处理

速度控制回路可实现液压系统的速度调节和速度变换,常用的速度控制回路有调速回路、快速运动回路、速度换接回路等。

任务要求

- 素养要求:端正工作态度,严守工作规范,培养优秀的职业素养。
- 知识要求:理解调速回路、快速运动回路和速度换接回路的工作原理。
- 技能要求:会对速度控制回路进行故障诊断及处理。

知识准备

一、调速回路的工作原理

调速回路的功能是调节执行元件的运动速度。为了改变进入液压执行元件的流量,可采用变量液压泵供油,也可采用定量泵和流量控制阀控制。用定量泵和流量控制阀调速时称为节流调速;用改变变量泵或变量液压马达排量的方法调速时,称为容积调速;用变量泵和流量控制阀调速时,称为容积节流调速。

1. 节流调速回路的工作原理

节流调速回路是通过改变回路中流量控制元件(即节流阀和调速阀)通流截面积的大小来

控制流入执行元件或自执行元件流出的流量,从而实现运动速度的调节。根据流量阀在回路中的位置不同,分为进油节流调速、回油节流调速和旁路节流调速三种。前两种回路称为定压式节流调速回路,后一种由于回路的供油压力随负载的变化而变化又称为变压式节流调速回路。

(1)进油节流调速回路

进油节流调速回路是在执行机构的进油路上串接一个流量控制阀,如图3-29(a)所示。液压泵的供油压力由溢流阀调定,调节节流阀的开口,改变进入液压缸的流量,即可调节液压缸的速度。液压泵多余的流量经溢流阀流回油箱,故无溢流阀则不能调速。

液压缸的速度为

$$v = \frac{q_1}{A_1} = \frac{KA}{A_1}\left(p_p - \frac{F}{A}\right)^m \tag{3-1}$$

式中　K——流量系数;
　　　A——节流口通流面积;
　　　A_1——液压缸无杆腔有效面积;
　　　p_p——液压泵出口压力;
　　　F——液压缸的负载;
　　　m——节流指数。

速度负载特性曲线如图3-29(b)所示,表明速度随负载变化的规律,曲线越陡,说明负载变化对速度的影响越大,即速度刚度越低。当节流阀通流面积不变时,轻载区域比重载区域的速度刚度高;在相同负载下工作时,节流阀通流面积小的比大的速度刚度高,即速度低时速度刚度高。

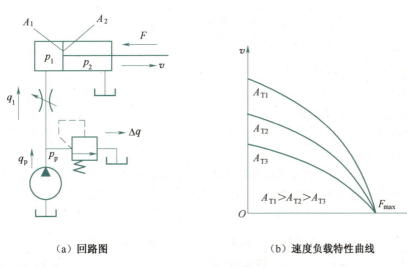

(a)回路图　　　　　　(b)速度负载特性曲线

图3-29　进油节流调速回路

由于节流阀安装在执行元件的进油路上,回油路无背压,负载消失,工作部件会产生前冲现象,也不能承受负值负载。这种回路多用于轻载、低速、负载变化不大和对速度稳定性要求不高的小功率液压系统,如车床、镗床、钻床、组合机床等机床的进给运动和辅助运动。

(2) 回油节流调速回路

回油节流调速回路是在执行机构的回油路上串接一个流量控制阀,如图 3-30 所示。与进油节流调速一样,定量泵多余的油液经溢流阀流回油箱,溢流阀保持溢流,液压泵的出口压力为溢流阀的调定压力并保持基本恒定。通过节流阀调节液压缸的回油流量,控制液压缸进油流量,实现调速。

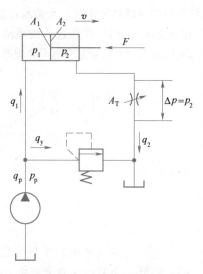

图 3-30 回油节流调速回路

液压缸的速度为

$$v = \frac{q_2}{A_2} = \frac{KA}{A_2}\left(\frac{p_1 A_1 - F}{A_2}\right)^m \tag{3-2}$$

式中 K——流量系数;
　　　A——节流口通流面积;
　　　A_1——液压缸无杆腔有效面积;
　　　A_2——液压缸有杆腔有效面积;
　　　F——液压缸的负载;
　　　m——节流指数。

进油节流调速和回油节流调速的速度负载特性公式形式相似,功率特性相同,但它们在承受负值负载的能力、运动平稳性、油液发热对回路的影响、停车后的启动性能等方面的性能有明显差别,见表 3-3。

表 3-3 进油节流调速和回油节流调速性能异同点

性能	进油节流调速	回油节流调速
承受负值负载的能力	需在执行元件回油路增加背压阀	回油腔背压,能承受一定负值负载
运动平稳性	无背压	回油背压(运动平稳性好) 低速不易爬行,高速不易振动
油液发热对回路影响	热量=元件散出+进入液压缸,增加泄漏,速度稳定性不好	热量随油液回到油箱,经冷却再进入系统,影响小

续表

性能	进油节流调速	回油节流调速
压力控制的方便性	进油压力随负载变化	回油腔压力随负载变化,不便于实现压力控制
启动性能	再启动时关小节流阀可避免启动冲击	关闭后,回油腔油液会泄漏回油箱,重启时背压消失,会产生瞬间冲击

进油节流调速回路和回油节流调速回路结构简单,价格低廉,但效率较低,只适宜用在负载变化不大、低速、小功率场合,如某些机床的进给系统中。实际应用中普遍采用进油路节流调速,并在回油路上增加一背压阀提高运动平稳性。

(3)旁路节流调速回路

旁路节流调速回路是在和执行元件并联的旁油路上安装流量阀,如图3-31(a)所示。节流阀调节液压泵溢出回油箱的流量,间接控制了进入液压缸的流量,调节节流阀的通流面积,即可实现调速。回路中节流阀承担溢流工作,故溢流阀为安全阀,常态时关闭,过载时打开,其调定压力为最大工作压力的 $1.1 \sim 1.2$ 倍,液压泵工作过程中的输出压力 p_p 完全取决于负载(不恒定),因此这种调速方式又称变压式节流调速。

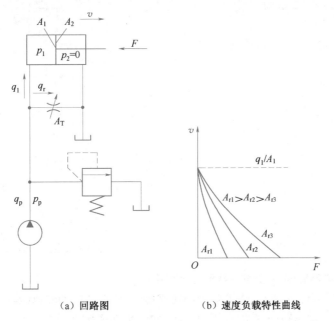

(a)回路图　　(b)速度负载特性曲线

图3-31　旁路节流调速回路

旁油路节流调速回路负载特性很软,低速承载能力差,故其应用比前两种回路少,只用于高速、重载,对速度平稳性要求不高的较大功率系统中。

(4)采用调速阀的节流调速回路

节流调速回路使用节流阀调速,速度受负载变化的影响比较大,速度负载特性比较软,变载荷下的运动平稳性较差。在负载变化的条件下调速阀能保证节流阀进出油口间的压差基本不变,因而采用调速阀能改善节流调速回路的速度负载特性,如图3-32所示。

采用调速阀的节流调速回路在低速稳定性、速度刚度、调速范围等方面优于节流调速回路。但该回路中包含减压阀、节流阀损失以及溢流损失,因此回路的功率损失比节流阀调速回路大。

2. 容积调速回路的工作原理

容积调速回路是采用改变泵或马达排量的方法来实现调速的,优点是没有节流损失和回流损失,效率高、油液温升小,缺点是变量泵和变量马达的结构较复杂,成本较高,适用于高速、大功率调速系统。

容积调速回路通常有三种基本形式:定量泵和变量液压马达组成的容积调速回路;变量泵和定量液压马达(缸)组成的容积调速回路;变量泵和变量液压马达组成的容积调速回路。

(1)定量泵和变量液压马达容积调速回路

由于液压泵的转速和排量均为常数,当负载功率恒定时,马达输出功率和回路工作压力都恒定不变,因为马达的输出转矩与马达的排量成正比,马达的转速则与马达的排量成反比,因此这种回路称为恒功率调速回路,其调速范围较小,较少单独应用,如图3-33所示。

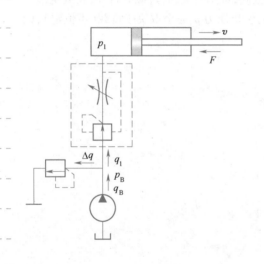

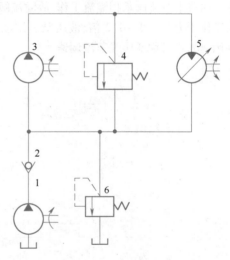

1—液压泵;2—单向阀;3—定量泵;
4、6—溢流阀;5—变量马达。

图3-32 采用调速阀的节流调速回路　　图3-33 定量泵变量液压马达容积调速回路

(2)变量泵和定量液压马达(缸)容积调速回路

当不考虑回路的容积效率时,若变量泵的转速不变,马达(缸)的转速(运动速度)与变量泵的排量成正比。当不考虑回路的损失时,马达(缸)的输出功率随变量泵的排量增减而线性增减。这种回路调速范围取决于排量泵的变量范围,其次受回路的泄漏和负载影响,这种回路的速度比一般在40左右,如图3-34所示。

(3)变量泵和变量液压马达容积调速回路

一般工作部件都在低速时要求有较大转矩,因此,这种系统在低速范围内调速时,先将液压马达的排量调为最大(使马达能获得最大输出转矩),然后改变泵的输出油量,当变量泵的排量由小变大,直至达到最大输油量时,液压马达转速亦随之升高,输出功率随之线性增加,此时液压马达处于恒转矩状态;若要进一步加大液压马达转速,则可将变量马达的排量由大调小,此时输出转矩随之降低,而泵则处于最大功率输出状态不变,故液压马达亦处于恒功率输出状态。这种回路可用于大功率场合,如矿山机械、起重机械的主运动液压系统,如图3-35所示。

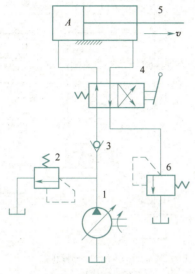

1—变量泵;2、6—溢流阀;3—单向阀;
4—二位四通手动换向阀;5—液压缸。

图3-34 变量泵定量液压缸容积调速回路

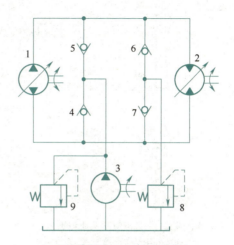

1—双向变量泵;2—双向变量马达;
3—辅助泵;4、5、6、7—单向阀;8、9—溢流阀。

图3-35 变量泵和变量液压马达容积调速回路

3. 容积节流调速回路的工作原理

容积节流调速回路的工作原理是采用压力补偿型变量泵供油,用流量控制阀调定进入液压缸或由液压缸流出的流量来调节液压缸的运动速度,并使变量泵的输油量自动地与液压缸所需的流量相适应,这种调速回路没有溢流损失,效率较高,速度稳定性也比单纯的容积调速回路好,常用在速度范围大,中、小功率的场合,例如组合机床的进给系统等。

图3-36所示为限压式变量泵和调速阀容积节流调速回路,由限压式变量泵和调速阀组成的容积节流联合调速回路。图3-37所示为差压式变量泵和节流阀容积节流调速回路,这种回路宜用在负载变化大,速度较低的中、小功率场合,如某些组合机床的进给系统中。

4. 调速回路的比较和选用

(1) 调速回路的要求

液压系统中的调速回路应能满足如下要求:能在规定的调速范围内调节执行元件的工作速度;在负载变化时,已调好的速度变化愈小愈好,并应在允许的范围内变化;具有驱动执行元件所需的力或转矩;使功率损失尽可能小,效率尽可能高,发热尽可能小(这对保证运动平稳性亦有利)。

(2) 选择依据

考虑执行元件的运动速度和负载的性质:速度低,宜采用节流调速回路;速度稳定性要求高,宜采用调速阀式调速回路;速度稳定性要求低,宜采用节流阀式调速回路;负载小、负载变化小的,可采用节流调速回路;负载大、负载变化大的,宜采用容积调速或容积节流调速回路。

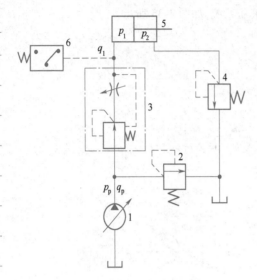
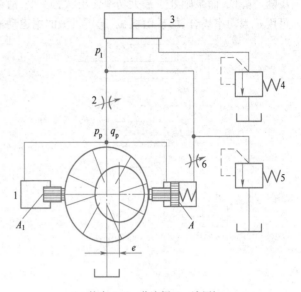

1—液压泵;2、4—溢流阀;3—调速阀;
5—液压缸;6—压力继电器。

图 3-36 限压式变量泵和调速阀
容积节流调速回路

1—柱塞;2、6—节流阀;3—液压缸;
4、5—溢流阀。

图 3-37 差压式变量泵和节流阀
容积节流调速回路

考虑功率大小:一般认为 3 kW 以下,宜采用节流调速回路;3~5 kW,可采用容积节流调速回路或容积调速回路;5 kW 以上,宜采用容积调速回路。

二、快速运动回路的工作原理

快速运动回路又称增速回路,其功用在于使液压执行元件获得所需的高速,以提高系统的工作效率或充分利用功率。

1. 液压缸差动连接快速运动回路的工作原理

图 3-38 所示为利用二位三通电磁换向阀实现的液压缸差动连接回路。当阀 1 左侧电磁通电且电磁阀 3 右侧电磁不通电时,阀 1 和阀 3 位于左位工作,液压油经阀 1 左位进入液压缸 5 无杆腔,液压缸 5 有杆腔油液经阀 3 左位也进入液压缸 5 无杆腔,形成差动连接,实现液压缸 5 活塞杆快速运动。当阀 1 左侧电磁通电且电磁阀 3 右侧电磁通电时,进油过程不变,回油过程中,液压缸 5 有杆腔油液经阀 3 右位后再由阀 2 的节流阀经阀 1 左位回到油箱,此过程可实现液压缸 5 活塞杆运动速度调节。

这种连接方式,可在不增加液压泵流量的情况下提高液压执行元件的运动速度,但是泵的流量和有杆腔排出的流量合在一起流过的阀和管路应按合成流量来选择,否则会使压力损失过大,泵的供油压力过大,致使泵的部分压力油从溢流阀溢回油箱而达不到差动快进的目的。这种回路结构简单,价格低廉,应用普遍,但液压缸的速度加快有限,有时仍不能满足快速运动的要求,常常要求与其他方法(如限压式变量泵)联合使用。

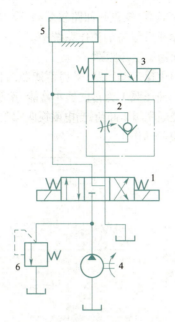

1—二位四通电磁换向阀；2—单向节流阀；3—二位三通电磁换向阀；4—液压泵；5—液压缸；6—溢流阀。

图 3-38　液压缸差动连接快速运动回路

2. 双泵供油快速运动回路的工作原理

图 3-39 所示为双泵供油快速运动回路，图中 1 为低压大流量泵，用以实现快速运动；2 为高压小流量泵，用以实现工作进给。当电磁换向阀 6 不通电时，泵 1 和泵 2 同时供油，油液进入液压缸无杆腔，有杆腔油液经换向阀 6 右位回到油箱，液压缸活塞杆实现快速进给。当电磁换向阀 6 通电时，有杆腔油液需经过节流阀 7 才能回到油箱，当系统压力升高达到或超过顺序阀 3 的调定压力时，顺序阀 3 与油箱接通，泵 1 经顺序阀 3 卸荷，单向阀 4 自动关闭，此时系统只有泵 2 单独供油，液压缸活塞杆慢速向右运动，泵 2 的最高工作压力由溢流阀 5 调定。顺序阀 3 的调定压力至少要比溢流阀 5 的调定压力低 10%～20%。

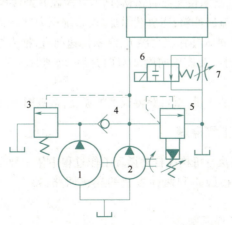

1—低压大流量泵；2—高压小流量泵；3—顺序阀；4—单向阀；5—溢流阀；6—二位二通电磁换向阀；7—节流阀。

图 3-39　双泵供油快速运动回路

这种回路功率利用合理,效率较高,缺点是回路较复杂,成本较高,常用在执行元件快进和工进速度相差较大的组合机床、注塑机等设备的液压系统中。

3. 采用蓄能器的快速运动回路的工作原理

图3-40所示为采用蓄能器的快速运动回路,采用蓄能器的目的是可以使用流量较小的液压泵。当电磁换向阀5中位工作时,液压泵1为蓄能器4蓄能,蓄能器4充满后,系统压力升高达到顺序阀2调定压力,则液压泵1经顺序阀2卸荷;当电磁换向阀左位或右位工作时,系统由液压泵1和蓄能器4同时供油,液压缸6快速动作。

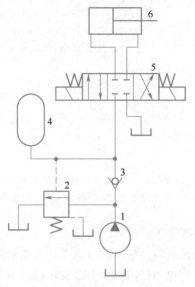

1—液压泵;2—顺序阀;3—单向阀;4—蓄能器;5—三位四通电磁换向阀;6—液压缸。

图3-40 采用蓄能器的快速运动回路

4. 采用增速缸的快速运动回路的工作原理

图3-41所示为采用增速缸的快速运动回路。当电磁换向阀1左位工作时,油液经换向阀1左位进入增速缸小腔A,推动活塞快速向右运动,增速缸大腔B经液控单向阀2从油箱吸油,增速缸右腔油液经换向阀1左位流回油箱;当负载增加时,系统压力升高,顺序阀3开启,液控单向阀2关闭,油液直接经顺序阀3进入增速缸大腔B,活塞慢速前进,推力增大。当电磁换向阀1右位工作时,油液进入活塞缸右腔,液控单向阀2双向开启,增速缸大腔B油液经液控单向阀2回油箱。

这种回路不需要增大泵的流量,就可获得很大的速度,常被用于液压机的系统中。

三、速度换接回路的工作原理

速度换接回路是使液压执行机构在自动循环工作过程中从一种运动速度变换到另一种运动速度,包含快速与慢速的换接回路和两种慢速的换接回路,要求回路具有较高的速度换接平稳性。

1. 快慢速换接回路的工作原理

图3-42所示为采用行程阀的快慢速切换回路。当手动换向阀2右位工作,液压油经阀2右位进入液压缸3左腔,缸3右腔油液经阀4下位再经阀2右位回到油箱,液压缸3活塞杆向右快

速移动;当缸3活塞杆压下阀4行程开关后,阀4换上位工作,此时进油过程不变,回油时缸3右腔液压油经调速阀6再经阀2右位回到油箱,缸3活塞杆向右慢速移动。阀4是回路实现快慢速换接的开关。

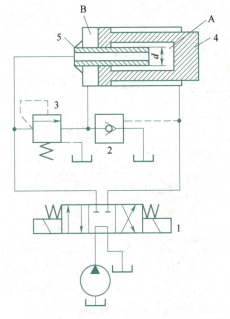

1—三位四通电磁换向阀;2—液控单向阀;3—顺序阀;
4—增速缸大活塞;5—增速缸小活塞;
A—增速缸小腔;B—增速缸大腔。

图3-41 采用增速缸的快速运动回路

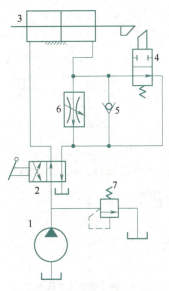

1—液压泵;2—二位四通手动换向阀;
3—液压缸;4—二位二通机动换向阀;
5—单向阀;6—调速阀;7—溢流阀。

图3-42 采用行程阀的快慢速切换回路

采用行程阀的快慢速换接过程比较平稳,换接点的位置比较准确。缺点是行程阀的安装位置不能任意布置,管路连接较为复杂。若将行程阀改为电磁阀,安装连接比较方便,但速度换接的平稳性、可靠性以及换向精度都较差。

2. 两种慢速换接回路的工作原理

图3-43所示为采用两个调速阀实现不同工进速度的换接回路。

图3-43(a)回路中两个调速阀串联,液压缸活塞杆向右进给时可实现快速、一次调速和二次调速三种运动速度。当1YA、3YA得电且4YA失电,电磁换向阀1左位工作,电磁换向阀2右位工作,电磁换向阀3右位工作,液压油经阀2右位进入液压缸左腔,实现快速运动;当1YA、4YA得电且3YA失电,阀1左位工作,阀2左位工作,阀3左位工作,液压油经调速阀A再经阀3左位进入液压缸左腔,实现一次调速运动;当1YA、3YA、4YA得电,阀1左位工作,阀2左位工作,阀3右位工作,液压油经调速阀A再经调速阀B进入液压缸左腔,实现二次调速运动。由于二次调速时,液压油要同时经过两个调速阀,因此调速阀B开口量必须小于调速阀A开口量,否则无法实现二次调速。这种回路在速度换接过程中比两调速阀并联方式更加平稳。

图3-43(b)回路中两调速阀并联,液压缸活塞杆向右进给时可实现快速、一次调速和二次调速三种运动速度。当1YA得电且4YA失电,电磁换向阀1左位工作,电磁换向阀2左位工作,液压油经阀2左位进入液压缸左腔,实现快速运动。一次调速和二次调速利用电磁换向阀3的电磁

通断电实现,3YA 失电,电磁换向阀 3 左位工作,调速阀 A 接入回路实现一次调速;3YA 得电,阀 3 右位工作,调速阀 B 接入回路实现二次调速。这种回路中液压缸易出现突然前冲现象,不适宜于工作过程中的速度切换。

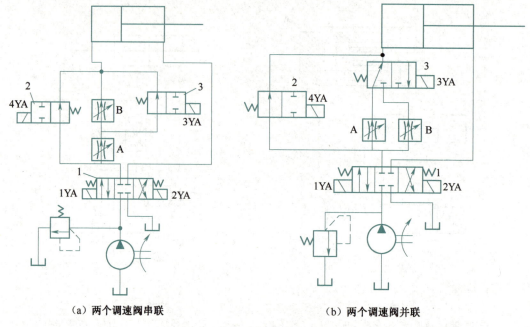

(a) 两个调速阀串联　　　　　　　　　　　(b) 两个调速阀并联

1—三位四通电磁换向阀;2—二位二通电磁换向阀;3—电磁换向阀;A、B—调速阀

图 3-43　采用两个调速阀的速度换接回路

实践操作

实践操作:速度控制回路的故障诊断与维修

(1) 节流阀前后压差小致使液压缸速度不稳定

图 3-44 所示为节流调速回路简图,换向阀采用电磁换向阀,溢流阀的调节压力比液压缸工作压力高 0.3 MPa,在工作过程中常开,起定压与溢流作用。液压缸推动负载运动时,运动速度达不到调定值。

故障原因:溢流阀调节压力较低。在进油路节流调速回路中,液压缸的运动是通过节流阀的流量决定的,通过节流阀的流量又取决于节流阀的过流断面的横截面积和节流阀前后压力差,这个压力差达 0.2~0.3 MPa,再调节节流阀就能使通过节流阀的流量稳定。在上述回路中,油液通过节流阀前后的压力差为 0.2 MPa,这样就造成节流阀前后压力差低于允许值,通过节流阀的流量就达不到设计要求的值,为保证液压缸的运动速度,需要提高溢流阀的调节压力到 0.5~0.8 MPa。

处理方法:在使用调速阀时,同样需要保证调速阀前后的压力差 0.5~0.8 MPa 范围内,若小于 0.5 MPa,调速阀的流量很可能会受外负载的影响,随外负载的变化而变化。

(2) 系统中进了空气,机床工作台爬行

图 3-45 所示为磨床工作台进给调速回路图,采用出口节流调速回路,在工作过程中当速度降

到一定值时,工作台速度会产生周期性变化,甚至时动时停,即工作台相对于床身导轨作黏着滑动交替的运动,也就是常说的"爬行",检查油箱内油液表面出现大量针状气泡,压力表显示系统存在小范围的压力波动。

故障原因:液压传动以液压油为工作介质,当空气进入液压系统后,一部分溶解于压力油中,另一部分形成气泡浮游在压力油里,由于工作台的液压缸位于所有液压元件的最高处,空气极易集聚在这里,因此直接影响到工作台的平稳性,产生爬行现象。

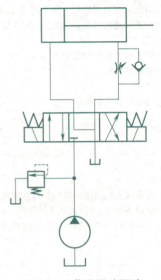

图 3-44　节流调速回路

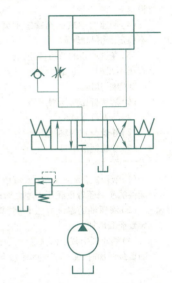

图 3-45　磨床工作台进给调速回路图

处理方法:当采用适当措施排除了系统中的空气后,液面的针状气泡消失,压力表波动减小,但全行程的爬行现象变成了不规则的间断爬行。引起这种现象的原因是:当工作台低速运动时,节流阀的通流面积极小,油中杂质及污物极易聚集在这里,液流速度高,引起发热,将油析出的沥青等杂物黏附在节流口处,致使通过节流阀的流量减小;同时,因节流口压力差增大,将杂质从节流口处冲走,使通过节流口的流量又增加,如此反复,致使工作台出现间歇性的跳跃,还应当指出的是,在同样速度要求下回油路节流调速回路中节流阀的通流面积要调得比进油路节流调速回路中节流阀的小,因此低速时前者的节流阀更容易堵塞,产生爬行现象。

素养提升

职业规范:端正工作态度,严守工作规范

在进行速度控制回路故障诊断与维修时,会发现节流阀安装在不同位置,会获得不同的工作性能。工作中不能有半点疏忽和侥幸心理,必须严守职业规范,才能确保安全、高效。每一个工作环节都对整个系统有着直接影响,都会直接影响工作效果。在操作中,必须端正工作态度,严谨认真,才能确保系统正常工作。

(3)速度控制回路其他常见故障诊断与维修
速度控制回路其他常见故障诊断与维修见表 3-4。

电子故事卡
职业规范:
端正工作态度,
严守工作规范

表 3-4　速度控制回路其他常见故障诊断与维修

故障现象	故障原因	维修方法
执行元件爬行	(1)液压系统中进了空气 (2)液压泵流量脉动大,溢流阀振动造成系统压力脉动,引起液压缸或液压马达速度变化 (3)节流阀或调速阀阀口堵塞,系统泄漏不稳定 (4)调速阀中减压阀阀芯不灵活造成流量不稳定而引起爬行 (5)在进油路的节流调速回路中,无背压或背压不足时,外负载变化时导致执行元件速度变化而引起爬行 (6)活塞杆密封压得过紧 (7)活塞杆弯曲 (8)导轨与缸的轴线不平行 (9)导轨润滑不良	(1)排净液压系统中的空气 (2)检修或更换液压泵或溢流阀 (3)清洗节流阀或调速阀阀口 (4)清洗或研磨调速阀中减压阀阀芯,使其运动灵活 (5)在进油路的节流调速回路中,要加背压阀,并使背压阀压力足够 (6)调整活塞杆密封压紧力 (7)校正活塞杆 (8)校正 (9)加强导轨的润滑
负载增加时速度显著下降	(1)液压缸(或液压泵)或液压系统中其他元件的泄漏随着负载压力增大而显著增大 (2)液压油的温度异常升高,其黏度下降,导致泄漏增加 (3)调速阀中减压阀阀芯卡死于打开位置,则负载增加时,通过节流的流量下降	(1)检修或更换液压系统相关元件的密封 (2)检修冷却器,加强液压系统散热 (3)清洗或研磨调速阀中减压阀阀芯,使其运动灵活
无法实现速度转换	(1)用行程阀控制的快慢速转换回路中单向阀故障 (2)用行程阀控制的快慢速转换回路中行程阀故障 (3)用调速阀控制的慢速转换回路中调速阀故障 (4)用调速阀控制的慢速转换回路中换向阀故障 (5)液压缸或液压马达卡死 (6)双泵供油的增速回路中大流量的液压泵故障,无法工作 (7)换向阀故障	(1)检修或更换单向阀 (2)检修或更换行程阀 (3)检修或更换调速阀 (4)检修或更换换向阀 (5)检修或更换液压缸或液压马达 (6)检修或更换大流量的液压泵 (7)检修或更换换向阀

自主测试

一、填空题

1. 速度控制回路是研究液压系统的速度_____和_____问题,常用的速度控制回路有调速回路、_____回路、_____回路等。

2. 速度控制回路的功用是使执行元件获得能满足工作需求的运动_____。它包括_____回路_____、回路、速度换接回路等。

3. 节流调速回路是用_____泵供油,通过调节流量阀的通流截面积大小来改变进入执行元件的_____,从而实现运动速度的调节。

4. 容积调速回路是通过改变回路中液压泵或液压马达的_____来实现调速的。

二、选择题

1. 系统功率不大,负载变化不大,采用的调速回路为(　　)。
   A. 进油节流　　B. 旁油节流　　C. 回油节流　　D. A 或 C
2. 回油节流调速回路(　　)。
   A. 调速特性与进油节流调速回路不同
   B. 经节流阀而发热的油液不容易散热
   C. 广泛应用于功率不大、负载变化较大或运动平衡性要求较高的液压系统
   D. 串联背压阀可提高运动的平稳性
3. 容积节流复合调速回路(　　)。
   A. 主要由定量泵和调速阀组成　　B. 工作稳定、效率较高
   C. 运动平稳性比节流调速回路差　　D. 在较低速度下工作时运动不够稳定

三、判断题

1. 进油节流调速回路比回油节流调速回路运动平稳性好。(　　)
2. 进油节流调速回路和回油节流调速回路损失的功率都较大,效率都较低。(　　)

四、简答题

1. 进油口调速与出油口调速各有什么特点?当液压缸固定并采用垂直安装方式安装时,应采用何种调速方式比较好?为什么?
2. 在回油节流调速回路中,在液压缸的回油路上,用减压阀在前、节流阀在后相互串联的方法,能否起到调速阀稳定速度的作用?如果将它们装在缸的进油路或旁油路上,液压缸运动速度能否稳定?

五、分析题

1. 如图 3-46 所示,液压系统可实现"快进→工进→快退→停止(卸荷)"的工作循环。
(1) 指出液压元件 1~4 的名称;
(2) 试列出电磁铁动作表(通电"+",失电"-")。

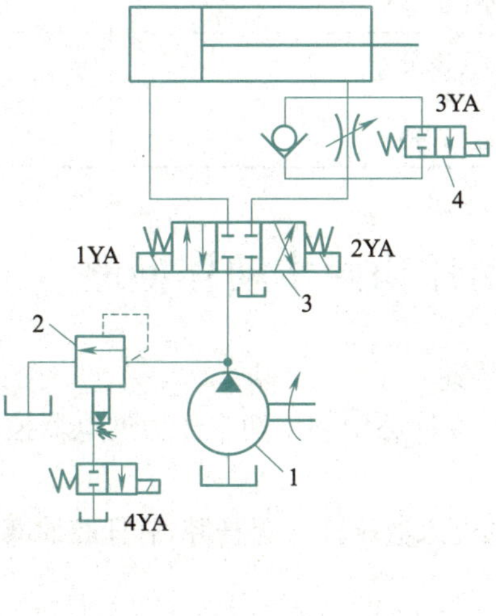

动作	电磁铁状态			
	1YA	2YA	3YA	4YA
快进				
工进				
快退				
停止				

图 3-46

2. 图 3-47 所示系统能实现"快进→1 工进→2 工进→快退→停止"的工作循环。试画出电磁铁动作顺序表,并分析系统特点。

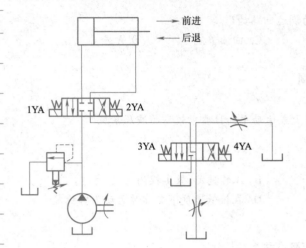

动作	电磁铁状态			
	1YA	2YA	3YA	4YA
快进				
1 工进				
2 工进				
快退				
停止				

图 3-47

综合评价

评价形式	评价内容	评价标准	得 分	总 分
自我评价(30 分)	(1)学习准备 (2)学习态度 (3)任务达成	(1)优秀(30 分) (2)良好(24 分) (3)一般(18 分)		
小组评价(30 分)	(1)团队协作 (2)交流沟通 (3)主动参与	(1)优秀(30 分) (2)良好(24 分) (3)一般(18 分)		
教师评价(40 分)	(1)学习态度 (2)任务达成 (3)沟通协作	(1)优秀(40 分) (2)良好(32 分) (3)一般(24 分)		
增值评价(+10 分)	(1)创新应用 (2)素养提升	(1)优秀(10 分) (2)良好(8 分) (3)一般(6 分)		

综合拓展 4:认识多缸顺序动作和同步动作回路

1.压力继电器控制的顺序动作回路的组成和工作原理

用压力继电器控制的顺序动作回路如图 3-48 所示,在回路中利用两个压力继电器控制液压缸 A、B 实现①、②、③、④顺序动作。

动作①:当 1YA 通电时,换向阀 3 左位工作,液压油进入液压缸 A 无杆腔,有杆腔油液流回油箱,活塞杆向外伸出。

动作②:当液压缸 A 活塞杆向外伸出至最右侧时,液压缸 A 无杆腔压力上升,达到压力继电器 5 的调定压力时,压力继电器发出信号,使换向阀 3 电磁铁 1YA 断电,换向阀 4 电磁铁 3YA 通电,换向阀 4 换左位工作。液压油进入液压缸 B 无杆腔,有杆腔油液流回油箱,活塞杆向外伸出。

动作③:当液压缸 B 活塞杆向外伸出至最右侧时,液压缸 B 无杆腔压力上升,达到压力继电器 7 的调定压力时,压力继电器发出信号,使换向阀 4 电磁铁 3YA 断电,换向阀 4 电磁铁 4YA 通电,换向阀 4 换右位工作。液压油进入液压缸 B 有杆腔,无杆腔油液流回油箱,活塞杆向内缩回。

动作④:当液压缸 B 活塞杆向内缩回至最左侧时,液压缸 B 有杆腔压力上升,达到压力继电器 8 的调定压力时,压力继电器发出信号,使换向阀 4 电磁铁 4YA 断电,换向阀 3 电磁铁 2YA 通电,换向阀 3 换右位工作。液压油进入液压缸 A 有杆腔,无杆腔油液流回油箱,活塞杆向内缩回。

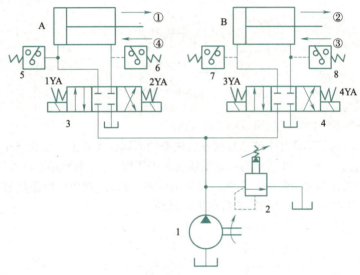

1—液压泵;2—溢流阀;3、4—三位四通电磁换向阀;5、6、7、8—压力继电器;A、B—液压缸。

图 3-48　压力继电器控制的顺序动作回路

当液压缸 A 活塞杆向内缩回至最左侧时,液压缸 A 有杆腔压力上升,达到压力继电器 6 的调定压力时,压力继电器发出信号,使换向阀 3 电磁铁 2YA 断电,换向阀 3 电磁铁 1YA 通电,换向阀 3 换左位工作。液压系统自动重复上述动作循环,直到按下停止按钮为止。

在这种顺序动作回路中,为了防止压力继电器在前一行程液压缸到达行程端点以前发送误动作,压力继电器的调定值应比前一行程液压缸的最大工作压力高 0.3~0.5 MPa,同时为了能使压力继电器可靠地发出信号,其压力调定值应比溢流阀的调定压力低 0.3~0.5 MPa。

2. 调速阀控制的同步回路的组成和工作原理

采用调速阀的单向同步回路的工作原理如图 3-49 所示,两个液压缸是并联的,在它们的进(回)油路上,分别串接一个调速阀,仔细调节两个调速阀的开口大小,便可控制或调节进入或自两个液压缸流出的流量,使两个液压缸在一个运动方向上实现同步,即单向同步。

这种同步回路结构简单,但两个调速阀的调节比较麻烦,而且还受油温、泄漏等的影响,同步精度不高,不宜用于偏载或负载变化频繁的场合。

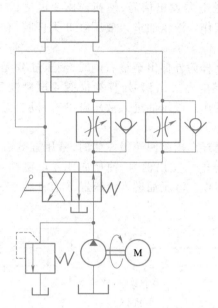

图 3-49 调速阀控制的同步回路

3. 双泵供油互不干扰回路的组成和工作原理

在液压系统中,为了防止几个液压缸因速度快慢的不同在动作上产生相互干扰的情况,通常会采用双泵供油方式。图 3-50 所示为双泵供油互不干扰回路,这个回路之所以能实现快慢运动互不干扰,是由于快速和慢速各由一个液压泵分别供油,再通过相应的电磁阀进行控制,液压缸 6、7 各自要完成"快进→工进→快退"的自动工作循环。

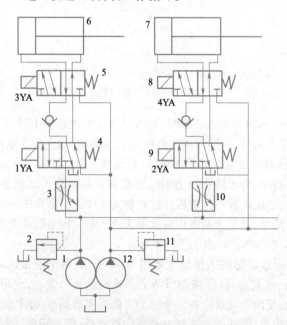

1—小流量泵;2、11—溢流阀;3、10—调速阀;4、5、8、9—二位五通电磁换向阀;6、7—液压缸;12—大流量泵。

图 3-50 双泵供油互不干扰回路

当 3YA+、4YA+且 1YA−、2YA−时,两个缸作差动连接,由大流量泵 12 供油使活塞快速向右运动。这时如某一液压缸(如液压缸 6)先完成了快进运动,通过挡块和行程开关实现了快慢速换接(1YA+和 3YA−),这个缸就改由小流量泵 1 来供油,经调速阀 3 获得慢速工进运动,不受液压缸 7 的影响。

当两缸都转成工进、都由泵 1 供油之后,若某一液压缸(如液压缸 6)先完成工进运动,通过挡块和行程开关实现了反向换接(1YA+和 3YA+),这个缸就改由大流量泵 12 来供油,使活塞快速向左返回;这时缸 7 仍由泵 1 供油继续进行工进,不受缸 6 运动的影响。当所有电磁铁都断电时,两缸才都停止运动。

项目四 液压传动系统常见故障诊断及处理

液压传动系统在工作中发生故障是难免的,但故障通常不是突然发生,在故障发生的过程中,总会伴有一些征兆,待发展到一定程度,才会形成故障。如果这些征兆能被及时发现并加以控制或处理,就可以相对减少故障发生率。因此,液压传动系统在发生故障前,进行早期预报,使液压设备随时处于良好状态,保证安全生产。

任务4.1 认识液压传动系统的故障原因和诊断方法

任务要求

- 素养要求:防微杜渐,从小事做起,培养安全生产的意识。
- 知识要求:理解液压传动系统发生故障的原因和诊断方法。
- 技能要求:会对液压传动系统常见故障进行诊断和处理。

一、液压传动系统发生故障的主要原因

液压传动系统发生故障,主要是构成回路的元件本身产生的动作不良和系统回路的相互干涉,以及某元件单体异常动作而产生的。在液压元件故障中,液压泵的故障率最高,约占液压元件故障率的30%左右,所以要引起足够的重视。另外,由于工作介质选用不当和管理不善而造成的液压系统故障也非常多。在液压系统的全部故障中有70%~80%是由液压油的污染物引起的,而在液压油引起的故障中约有90%是杂质造成的。杂质对液压系统十分有害,它能加剧元件磨损、泄漏增加、性能下降、寿命缩短,甚至导致元件损坏和系统失灵。

液压传动系统发生故障有些是渐发的,如设备年久失修、零件磨损、腐蚀和疲劳及密封件老化等;有些是突发性故障,如元件因异物突然卡死、动作失灵所引起的;也有些故障是综合因素所致,如元件规格选择、配置不合理等,因安装、调整及设定不当等;也有些是因机械、电气以及外界因素影响而引起的。以上这些因素都给液压系统故障诊断增加了难度。另外,由于系统中各个液压元件的动作是相互影响的,所以一个故障排除了,往往还会出现另一个故障,因此,在检查、分析、排除故障时,必须注意液压系统的密封性。

二、液压系统故障诊断步骤

液压系统故障诊断遵循"由外到内,先易后难"的顺序,对导致某一故障的可能原因逐一进行排查，主要步骤如下：

第一步，认真阅读随机使用维护说明书，对机器液压系统有一个基本认识。

第二步，阅读技术资料，掌握液压系统的主要参数，如压力、速度、功率等。

第三步，熟悉液压系统工作原理图，掌握系统中各元件符号的职能和相互关系，分析每个支回路的功用。

第四步，了解每个液压元件的结构和工作原理，对照机器了解每个液压元件所在的部位，以及它们之间的连接方式。

第五步，分析导致某一故障的可能原因，按照可能性高低进行排查。

第六步，逐一排查故障的可能原因，对发生故障的元件或辅件进行维修或更换。

素养提升

安全生产：防微杜渐，从小事做起

液压系统故障的出现通常不是突然发生，在出现故障前，总是会伴随着一些征兆（如温升、振动、噪声等），此时若能及时检查并处理，可能会避免一些故障的发生。发现这些故障前的征兆，要求操作者具有很好的安全生产意识，只有从微小之处发现问题，并及时寻求解决，才能保障设备在良好状态下运行，保证安全生产。

三、液压传动系统的故障诊断方法

液压系统故障的诊断方法很多，如感官诊断法、对换诊断法、仪表测量检查法、基于信号处理与建模分析法、基于人工智能的诊断方法等。

1. 感官诊断法

感官诊断法是直接通过维修人员的感觉器官去检查、识别和判断液压系统故障部位、现象和性质，然后依靠维修人员的经验作出判断和处理的一种方法。对于一些较为简单的故障，可以通过眼看、手摸、耳听和嗅闻等手段对零部件进行检查。

①视觉诊断法，是用眼睛来观察液压系统工作情况，观察液压系统各测压点的压力值、温度变化情况，检查油液是否清洁、油量是否充足。观察液压阀及管路接头处、液压缸端盖处、液压泵传动轴处等是否有漏油现象。观察从设备加工出的产品或所进行的性能试验，鉴别运动机构的工作状态、系统压力和流量的稳定性以及电磁阀的工作状态等。

②听觉诊断法，是用耳朵来判断液压系统或元件的工作是否正常等。听液压泵和液压系统噪声是否过大；听溢流阀等元件是否有异常声音；听工作台换向时冲击声是否过大；听活塞是否有冲撞液压缸底的声音等。

③触觉诊断法，是用手触摸运动部件的温度和工作状态，用手触摸液压泵外壳、油箱外壁和阀体外壳的温度。若手指触摸感觉较凉时，说明所触摸件温度为 5～10 ℃；若手指触摸感觉暖而不烫时，说明所触摸件温度为 20～30 ℃；若手指触摸感觉热而烫但能忍受时，说明所触摸件温度为 40～50 ℃；若手指触摸感觉烫并只能忍受 2～3 s 时，说明所触摸件温度为 50～60 ℃；若手指触摸感觉烫并急缩回时，说明所触摸件温度约为 70 ℃以上；如果超过 60 ℃以上就应查明原因。

④嗅觉诊断法，是用鼻子闻液压油是否有异味，若闻到液压油局部有焦臭味，说明液压泵等液压元件局部发热，导致液压油被烤焦冒烟，据此可判断其发热部位。闻液压油是否有恶臭味或刺鼻的辣味，若有说明液压油已严重污染，不能再继续使用。

2. 对换诊断法

在维修现场缺乏诊断仪器或被查元件比较精密不宜拆开时,应采用此方法。先将怀疑出现故障的元件拆下,换上新件或其他机器上工作正常、同型号的元件进行试验,看故障能否排除即可作出诊断。如某一液压系统工作压力不正常,根据经验怀疑是主安全阀出了故障,遂将现场同一型号的挖掘机上的主安全阀与该安全阀进行对换,试机时工作正常,证实怀疑正确。用对换诊断法检查故障,尽管受到结构、现场元件储备或拆卸不便等因素的限制,操作起来也可能比较麻烦,但对于如平衡阀、溢流阀、单向阀之类的体积小、易拆装的元件,采用此方法还是较方便的。对换诊断法可以避免因盲目拆卸而导致液压元件的性能降低。对上述故障如果不用对换法检查,而直接拆下可疑的主安全阀并对其进行拆解,若该元件无问题,装复后有可能会影响其性能。

3. 仪表测量检查法

仪表测量检查法就是借助对液压系统各部分液压油的压力、流量和油温的测量来判断该系统的故障点。在一般的现场检测中,由于液压系统的故障往往表现为压力不足,容易察觉;而流量的检测则比较困难,流量的大小只可通过执行元件动作的快慢作出粗略的判断。因此,在现场检测中,更多地采用检测系统压力的方法。

4. 基于信号处理与建模分析法

基于信号处理与建模分析的诊断法实质上是以传感器技术和动态测试技术为手段,以信号处理和建模为基础的诊断技术。它主要包括基于信号处理的方法、基于状态估计的方法、基于参数估计的方法等。

5. 基于人工智能的诊断方法

液压故障的多样性、突发性、成因的复杂性和进行故障诊断所需要的知识对领域专家实践经验和诊断策略的依赖,使研制智能化的液压故障诊断系统成为当前的趋势。智能诊断技术在知识层次上实现了辩证逻辑与数理逻辑的集成、符号逻辑与数值处理的统一、推理过程与算法过程的统一、知识库与数据库的交互等功能,为构建智能化的液压故障诊断系统提供了坚实的基础。目前,基于智能技术的故障诊断法主要有基于神经网络的诊断法、基于专家系统的诊断法、基于模糊逻辑的诊断法等。

基于神经网络的诊断法是利用神经网络具有非线性和自学习以及并行计算能力,使其在液压系统故障诊断方面具有很大的优势。其具体应用方式有:从模式识别角度应用神经网络作为分类器进行液压系统故障诊断;从故障预测角度应用神经网络作为动态模型进行液压系统故障预测;从检测故障的角度应用神经网络得到残差进行液压系统故障检测。

基于专家系统的诊断法是利用知识的永久性、共享性和易于编辑等特点,广泛应用于液压系统故障诊断之中。基于专家系统的诊断法,由于知识是显式地表达的,具有很好的解释能力,虽然在知识获取上遇到了发展的"瓶颈""窄台阶"等困难,但由于神经网络所具有的容错能力、学习功能、联想记忆功能、分布式并行信息处理较好地解决了这些困难。可见,把专家系统和神经网络互相结合是智能诊断的发展趋势之一。

基于模糊逻辑的诊断法是借助模糊数学中的模糊隶属关系提出的一种新的诊断方法。由于液压系统故障既有确定性的,也有模糊性的,而且这两种不同形式的故障相互交织、密切相连,通过探讨液压系统故障的模糊性,寻找与之相适应的诊断方法,有利于正确描述故障的真实状态,揭示其本质特征。

项目四 液压传动系统常见故障诊断及处理

实践操作

实践操作：液压传动系统的常见故障诊断与维修

液压传动系统常见故障诊断与维修方法见表4-1。

表4-1 液压传动系统常见故障诊断与维修方法

类型	故障现象	故障原因	维修方法
系统压力失控	设备在运行过程中，系统突然压力下降至零并无法调节	(1)溢流阀阻尼孔被堵住，密封端面上的异物或主阀阀芯在开启位置卡死 (2)卸荷换向阀的电磁铁烧坏，电线断掉或电信号未发出 (3)对于比例溢流阀还有可能是电控制信号中断	(1)清洗或更换溢流阀 (2)检修或更换卸荷换向阀 (3)检修或更换比例溢流阀
	设备在停开一段时间后，重新启动，压力为零	(1)溢流阀在开启位置锈结 (2)液压泵电动机反转 (3)液压泵因滤油器阻塞或吸油管漏气吸不上来油	(1)装紧或检修液压泵 (2)正确安装换向阀阀芯 (3)清洗或更换滤油器
	设备经检修元件装拆更换后出现压力为零现象	(1)液压泵未装紧，不能形成工作容积，或液压泵内未装油，不能形成密封油膜 (2)换向阀阀芯装反，如果系统中装有M型中位的换向阀，一旦装反，便使系统泄压	(1)装紧或检修液压泵 (2)正确安装换向阀阀芯
	系统压力升不高，且调节无效	(1)液压泵磨损，形成间隙，系统压力调不上去，同时也使输出流量下降 (2)溢流阀主阀阀芯与配合面磨损，使溢流阀的控制压力下降，引起系统下降 (3)液压缸或液压马达磨损或密封损坏，使系统下降或保持不住原来的压力，如果系统中存在多个执行元件，某一执行元件动作压力不正常，其他执行元件压力正常，则表明此执行元件有问题 (4)系统中有关阀、阀板存在缝隙，会形成泄漏，也会使系统压力下降	(1)检修或更换液压泵 (2)检修或更换溢流阀 (3)检修或更换液压缸或液压马达 (4)检修或更换有关阀、阀板
	系统压力居高不下，且调节无效	溢流阀失灵	清洗、检修或更换溢流阀
	系统压力波动	(1)液压油内混入了空气，系统压力较高时气泡破裂，引起系统压力波动 (2)液压泵磨损，引起系统压力波动 (3)导轨安装及润滑不良，引起负载不均，进而引起压力波动 (4)溢流阀磨损，内泄漏严重 (5)溢流阀内混入异物，其内部状态不确定，引起压力不稳定	(1)排净系统中的空气 (2)检修或更换液压泵 (3)重新安装导轨，加强润滑 (4)检修或更换溢流阀 (5)检修或更换溢流阀

续表

类型	故障现象	故障原因	维修方法
系统压力失控	卸荷压力不为零	溢流阀主弹簧预压缩量太大,弹簧过长或主阀芯卡滞等都会造成卸荷不彻底	检修或更换溢流阀
速度失控	爬行	(1)油内混入了空气,引起执行元件动作迟缓,反应滞后 (2)压力调得过低或调不高或漂移下降时,同时负载加上各种阻力的总和与液压力大致相当,执行元件表现为似动非动 (3)系统内压力与流量过大的波动引起执行元件运动不均 (4)液压系统磨损严重,工作压力增高则引起内泄漏显著增大,执行元件在未带负载时运动速度正常,一旦带负载,速度立即下降 (5)导轨与液压缸运动方向不平行,或导轨拉毛,润滑条件差,阻力大,使液压缸运动困难且不稳定 (6)电路失常也会引起执行元件运动状态不良	(1)排除液压油中的空气 (2)将系统压力调合适的值 (3)使系统内压力与流量过大的波动在合理范围 (4)检修或更换过度磨损的元件 (5)检修导轨和液压缸 (6)检修相关电路
	速度不可调	节流阀或调速阀故障	检修或更换节流阀或调速阀
	速度不稳定	(1)液压系统混入空气后,在高压下气体受压缩,当负载解除之后系统压力下降,压缩气体急速膨胀,使液压执行元件速度剧增 (2)节流阀的节流口有一个低速稳定性的问题,这与节流口结构形式、液压油污染等相关 (3)温度的变化,引起泄漏量的变化,致使供给负载的流量变化,这与温度变化引起系统压力变化的情形相似	(1)排净系统中的空气 (2)更换合适的节流阀 (3)加强系统散热
	速度慢	(1)液压泵磨损,容积效率下降 (2)换向阀磨损,产生内泄漏 (3)溢流阀调节压力过低,使大量的油经溢流阀流回油箱 (4)执行元件磨损,产生内泄漏 (5)系统中存在未发现的泄漏口 (6)串联在回路中的节流阀或调速阀未充分打开 (7)油路不畅通 (8)系统的负载过大,难以推动	(1)检修或更换液压泵 (2)检修或更换换向阀 (3)将溢流阀压力调到合适的值 (4)检修或更换磨损过度的执行元件 (5)要堵住泄漏口 (6)要充分打开串联在回路中的节流阀或调速阀 (7)畅通油路 (8)将系统的负载减到合理的范围

续表

类型	故障现象	故障原因	维修方法
动作失控	不能按设定的秩序起始动作	(1)换向阀阀芯卡死 (2)换向阀顶杆弯曲 (3)换向阀电磁铁烧坏 (4)电线松脱 (5)控制继电器失灵,使电信号不能正常传递,以及电路方面的其他原因使电信号中断 (6)操作不当,有的开关与按钮没有处在正确的位置,便会切断控制信号 (7)串联在回路中的节流阀、调速阀卡死,无法实现正常动作,油液通道中任何一处出现意外堵塞,便不能正常启动 (8)由于其他原因,液压动力源不能由泄卸状态转入工作状态,也不能正常推动执行元件运动 (9)当负载部分出现故障,无法推动的情况也是偶有出现的	(1)检修或更换换向阀 (2)检修或更换换向阀顶杆 (3)检修或更换换向阀电磁铁 (4)重新连接好松脱的电线 (5)检修或更换有问题的继电器 (6)正确操作系统中的开关与按钮 (7)检修或更换节流阀或调速阀 (8)查明原因,使液压动力源正常由泄卸状态转入工作状态 (9)查明原因,排除负载部分出现的故障
	不能按设定的秩序结束动作	(1)换向阀阀芯卡死,不能复位 (2)换向阀弹簧折断,阀芯不能复位 (3)换向阀的电信号没有及时消失	(1)检修换向阀的阀芯 (2)更换换向阀弹簧 (3)检修换向阀电磁铁
	出现意外动作	(1)换向阀阀芯装反 (2)换向阀严重磨损 (3)换向阀的电信号错误	(1)按正确方向重装阀芯 (2)更换换向阀 (3)检修换向阀电路
温度异常升高	设计不当引起的温度异常升高	(1)油箱容量太小,散热面积不够 (2)系统中没有卸荷回路,在停止工作时液压泵仍然在高压溢流 (3)油管太细太长,弯曲过多 (4)或者液压元件选择不当,使压力损失太大	(1)油箱容量要足够,散热面积合理 (2)系统中要设卸荷回路,液压泵在停止工作时卸荷 (3)油管直径要合理,弯曲不能太多 (4)液压元件选择要合适
	制造上的问题引起的温度异常升高	元件加工装配精度不高,相对运动件间摩擦发热过多;或者泄漏严重,容积损失过大	重新装配液压元件,使精度达到要求
	使用不良引起的温度异常升高	(1)液压系统混入了异物引起堵塞,也会引起油温升高 (2)环境温度高,冷却条件差,油的黏度太高或太低,调节的功率太高 (3)液压泵内油污染等原因吸不上油引起摩擦,会使泵内产生高温,并传递到液压泵的表面 (4)电磁阀没有吸到位,使电流增大,引起电磁铁发热严重,并烧坏电磁铁	(1)清洗系统,清除异物 (2)降低环境温度,加强散热,选择黏度合适的液压油 (3)清洗液压泵 (4)检修或更换电磁阀

续表

类型	故障现象	故障原因	维修方法
温度异常升高	液压元件磨损或系统存在泄漏口引起的温度异常升高	(1) 当液压泵磨损,有大量的泄漏油从排油腔流回吸油腔,引起节流发热,其他元件的情形与此相似 (2) 液压系统中存在意外泄漏口,造成节流发热也会使油温急剧升高	(1) 检修或更换液压泵等过度磨损的元件 (2) 堵住液压系统中的意外泄漏口
液压系统异常振动与噪声	液压系统异常振动与噪声	(1) 液压系统中的振动与噪声常以液压泵、液压马达、液压缸、压力阀为甚,方向阀次之,流量阀更次之,有时表现在泵、阀及管道之间的共振上,有关液压元件产生的振动与噪声可参阅本书相关内容 (2) 液压缸内存在空气产生活塞的振动 (3) 油的流动噪声,回油管的振动 (4) 油箱的共鸣声 (5) 双泵供油回路,在两泵出油口汇流区产生的振动与噪声 (6) 阀换向引起压力急剧变化和产生管道的冲击振动与噪声 (7) 在使用蓄能器的保压压力继电器发信的卸荷回路中,系统中的压力继电器、溢流阀、单向阀等会因压力的频繁变化而引起振动和噪声 (8) 液控单向阀的出口有背压时,往往产生锤击声 (9) 电机振动,轴承磨损引起振动 (10) 液压泵与电机联轴器安装不同心 (11) 液压设备外界振源的影响,包括负载产生的振动 (12) 油箱强度刚度不好,如油箱顶盖板也常是安装"电机-液压泵"装置的底板,其厚度太薄,刚性不好,运转时产生振动 (13) 两个或两个以上的阀(如溢流阀与溢流阀、溢流阀与顺序阀等)的弹簧产生共振 (14) 阀弹簧与配管管路的共振:如溢流阀弹簧与先导遥控管(过长)路的共振,压力表内的波登管与其他油管的共振 (15) 阀的弹簧与空气的共振:如溢流阀弹簧与该阀遥控口(主阀弹簧腔)内滞留空气的共振,单向阀与阀内空气的共振等	(1) 检修或更换有关液压元件 (2) 排除液压缸内的空气 (3) 更换成合适的回油管 (4) 加厚油箱顶板,补焊加强筋;"电机-液压泵"装置底座下填补一层硬橡胶板,或者将"电机-液压泵"装置与油箱分离 (5) 两泵出油口汇流处,多为紊流,可使汇流处稍微拉开一段距离,汇流时不要两泵出油流向成对向汇流,而是一小于90°的夹角 (6) 选用带阻尼的电液换向阀,并调节换向阀的换向速度 (7) 在使用蓄能器的保压压力继电器发信的卸荷回路中,采用压力继电器与继电器互锁联动电路 (8) 对于液控单向阀出现振动可采用增高液控压力、减少出油口背压以及采用外泄式液控单向阀等措施 (9) 采用平衡电机转子、电机底座下安防振橡皮垫、更换电机轴承等方法进行维修 (10) 安装液压泵与电机联轴器时要确保同心度 (11) 与外界振源隔离或消除外界振源,增强与外负载的连接件刚度 (12) 加厚油箱顶板,补焊加强筋;或者将"电机-液压泵"装置与油箱分离 (13) 改变两个共振阀中一个阀的弹簧刚度或使其调节压力适当改变 (14) 采用管夹和适当改变管路长度与粗细等方法,或者在管路中加入一段阻尼 (15) 采用消振器

续表

类型	故障现象	故障原因	维修方法
系统泄漏	系统泄漏	(1)密封件质量不好、装配不正确而破损、使用日久老化变质、与工作介质不相容等原因造成密封失效 (2)相对运动副磨损使间隙增大、内泄漏增大，或者配合面拉伤而产生内外泄漏 (3)油温太高 (4)系统使用压力过高 (5)密封部位尺寸设计不正确、加工精度不良、装配不好产生内外泄漏	(1)更换质量好的密封件 (2)调整相对运动副间隙，使它们的配合间隙在正常值 (3)加强冷却，使油温维持在合适的温度 (4)调节系统压力至正常压力 (5)重新设计、制造和装配密封件

自主测试

一、填空题

1. 在液压系统的全部故障中有_____是由液压油的污染物引起的，而在液压油引起的故障中有_____是杂质造成的。

2. 在液压元件故障中，_____的故障率最高，约占液压元件故障率的30%，所以要引起足够的重视。

3. 液压系统故障的诊断方法很多，如_____、_____、_____、_____、_____的诊断方法等。

二、简答题

1. 简述常用液压系统故障诊断的步骤。
2. 简述液压传动系统故障诊断方法及特点。

任务4.2　分析典型液压系统及故障诊断

阅读一个较复杂的液压系统图，大致可按以下步骤进行：

①了解机械设备工况对液压系统的要求，了解在工作循环中的各个工步对力、速度和方向这三个参数的质与量的要求。

②初读液压系统图，了解系统中包含哪些元件，且以执行元件为中心，将系统分解为若干个工作单元。

③先单独分析每一个子系统，了解其执行元件与相应的阀、泵之间的关系和存在哪些基本回路。参照电磁铁动作表和执行元件的动作要求，理清其液流路线。

④根据系统中对各执行元件间的互锁、同步、防干扰等要求，分析各子系统之间的联系以及如何实现这些要求。

⑤在全面读懂液压系统图的基础上，根据系统所使用的基本回路的性能，对系统作综合分析，归纳总结整个液压系统的特点，以加深对液压系统的理解。

任务要求

- 素养要求：规范操作，注重日常维护，培养严谨细致的工作习惯。

- 知识要求：理解典型液压系统的组成和工作原理。
- 技能要求：会对典型液压系统进行分析、故障诊断及处理。

知识准备

一、机械手液压系统的组成和工作原理

在自动化生产线中，机械手得到了越来越广泛的应用，而且机械手还能用于易燃、易爆、高温、高压等危险环境。机械手的移动、夹持等功能大都采用液压系统来实现。图4-1所示为一种机械手，该机械手有三个直线运动：水平方向臂部的左右运动、竖直方向臂部的上下移动和松开夹紧物件的爪部张合。

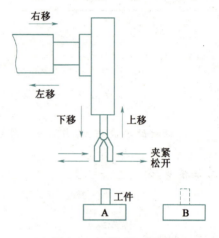

图4-1 机械手示意图

1. 工作原理

在机械手液压系统中，机械手的左移和右移、上移与下移、夹紧与松开分别由执行元件液压缸5、6、7实现；各液压缸的动作和换向由换向阀2、3、4来实现，如图4-2所示。

（1）左移和右移

当电磁铁5YA通电，电磁换向阀4左位工作，液压油经阀4左位再经单向节流阀10进入液压缸7无杆腔，缸7有杆腔回油，活塞杆向右移动；当电磁铁6YA通电，阀4右位工作，液压油经阀4右位再经阀11进入缸7有杆腔，缸7无杆腔回油，活塞杆向左移动。

（2）上移与下移

当电磁铁3YA通电，电磁换向阀3左位工作，液压油经阀3左位再经单向节流阀8进入液压缸6无杆腔，缸6有杆腔回油，活塞杆向上移动；当电磁铁4YA通电，阀3右位工作，液压油经阀3右位再经阀9进入缸6有杆腔，缸6无杆腔回油，活塞杆向下移动。

（3）夹紧与松开

当电磁铁1YA通电，电磁换向阀2左位工作，阀2左位进入无杠液压缸5下腔，工件夹紧；当电磁铁2YA通电，阀2右位工作，液压油经阀2右位进入缸5上腔，工件松开。

通常机械手的工作循环为：

下移→夹紧→上移→右移→下移→松开→上移→左移，具体见表4-2。

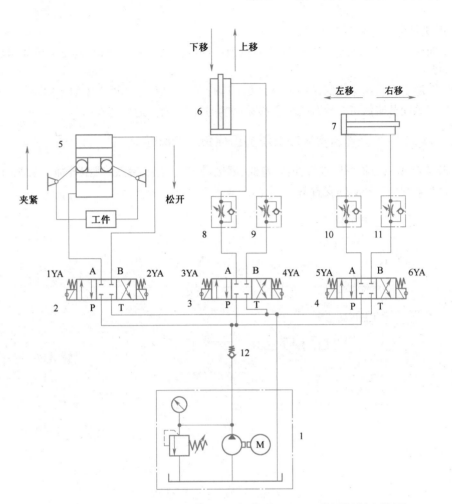

1—液压源;2、3、4—三位四通电磁换向阀;5—无杆液压缸;6、7—双作用单活塞杆液压缸;
8、9、10、11—单向节流阀;12—单向阀。

图 4-2　机械手液压系统

表 4-2　机械手动作循环表

动作顺序	电磁铁状态					
	1YA	2YA	3YA	4YA	5YA	6YA
下移	−	−	−	+	−	−
夹紧	+	−	−	−	−	−
上移	+	−	+	−	−	−
右移	+	−	−	−	+	−
下移	+	−	−	+	−	−
松开	−	+	−	−	−	−
上移	−	−	+	−	−	−
左移	−	−	−	−	−	+

2. 系统特点

①单向阀 12 可防止电动机停止工作时的液压油倒流回油箱的问题,避免了可能出现的运动不平稳问题。

②液压源 1 中利用溢流阀保持系统的安全运行,并起到稳定油液压力的作用。

③采用单向节流阀可实现对机械手移动速度的调节,增大适用范围。

二、YB32-200 型液压机液压系统的组成和工作原理

YB32-200 型液压机可以进行冲剪、弯曲、翻边、拉深、装配、冷挤、成型等加工工艺,这种液压机在它的四个圆柱导柱之间安置着上、下两个液压缸,如图 4-3 所示。

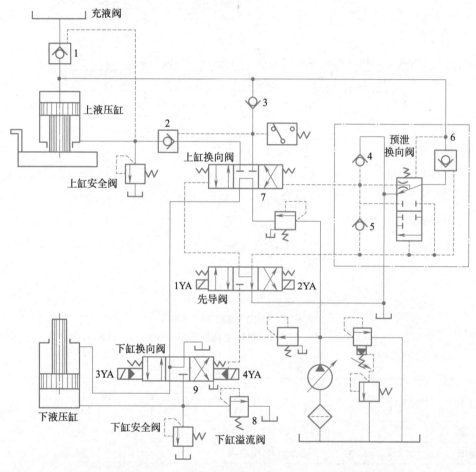

1、2、6—液控单向阀;3、4、5—单向阀;7—上缸换向阀(三位四通液控换向阀);
8—溢流阀;9—下缸换向阀(三位四通电磁换向阀)。

图 4-3 YB32-200 型液压机液压系统

上液压缸驱动上滑块,实现"快速下行→慢速加压→保压延时→泄压快速返回→原位停止"的动作循环;下液压缸驱动下滑块,实现"向上顶出→向下退回→原位停止"的动作循环。

1. 工作原理

(1) 上缸活塞快速下行

启动按钮,电磁铁 1YA 通电,先导阀和上缸换向阀左位接入系统,主油路经液压泵→顺序阀→上缸换向阀→单向阀 3→上缸上腔;回油路经上缸下腔→液控单向阀 2→上缸换向阀→下缸换向阀→油箱。

这时上缸活塞连同上滑块在自重作用下快速下行,尽管泵已输出最大流量,但上缸上腔仍因油液不足而形成负压,吸开充液阀 1,充液筒内的油便补入上缸上腔。

(2) 上缸活塞慢速加压

上滑块快速下行接触工件后,上缸上腔压力升高,充液阀 1 关闭,变量泵通过压力反馈,输出流量自动减小,此时上滑块转入慢速加压。

(3) 上缸保压延时

当系统压力升高到压力继电器的调定值时,压力继电器发出信号使 1YA 断电,先导阀和上缸换向阀恢复到中位。此时液压泵通过换向阀中位卸荷,上缸上腔的高压油被活塞密封环和单向阀所封闭,处于保压状态。接受电信号后的时间继电器开始延时,保压延时的时间可在 0~24 min 内调整。

(4) 上缸泄压后快速返回

保压结束后,时间继电器使电磁铁 2YA 通电,先导阀右位接入系统,控制油路中的压力油打开液控单向阀 6,使上缸上腔的油液开始泄压。压力降低后预泄换向阀下位接入系统,控制油路使上缸换向阀处于右位工作,实现上滑块的快速返回。其进油路经液压泵→顺序阀→上缸换向阀→液控单向阀 2→上缸下腔。回油路经上缸上腔→充液阀 1→充液筒。

充液筒内液面超过预定位置时,多余油液由溢流管流回油箱。单向阀 4 用于上缸换向阀由左位回到中位时补油;单向阀 5 用于上缸换向阀由右位回到中位时排油至油箱。

(5) 上缸活塞原位停止

上滑块回程至挡块压下行程开关,电磁铁 2YA 断电,先导阀和上缸换向阀都处于中位,这时上滑块停止不动,液压泵在较低压力下卸荷。

(6) 下缸活塞向上下

电磁铁 4YA 通电时,下缸换向阀右位接入系统。其进油路经液压泵 → 顺序阀 → 上缸换向阀 → 下缸换向阀 → 下缸;回油路经下缸上腔 → 下缸换向阀 → 油箱。

(7) 下缸活塞向下退回和原位停止

电磁铁 4YA 断电、3YA 通电时油路换向,下缸活塞向下退回。当挡块压下原位开关时,电磁铁 3YA 断电,下缸换向阀处于中位,下缸活塞原位停止。

(8) 下缸活塞浮动压边

薄板拉伸压边时,下缸既要保持一定压力,又能随着上缸上滑块一起下降。电磁铁 4YA 先通电、再断电,下缸下腔的油液被下缸换向阀封住。当上缸上滑块下压时,下缸活塞被迫随之下行,下缸下腔回油经下缸溢流阀流回油箱,从而得到所需的压边力。

2. 系统特点

①系统采用高压、大流量恒功率变量泵供油和利用上滑块自重加速、充液阀 1 补油的快速运动回路,功率利用合理。

②液压机是典型的以压力控制为主的液压系统。本机具有远程调压阀控制的调压回路、使控制油路获得稳定低压 2 MPa 的减压回路、高压泵的低压(约 2.5 MPa)卸荷回路、利用管道和油

液的弹性变形及靠阀、缸密封的保压回路、采用液控单向阀的平衡回路。

③采用电液换向阀,适合高压大流量液压系统的要求。

④系统中的两个液压缸各有一个安全阀进行过载保护;两缸换向阀采用串联接法,这也是一种安全措施。

实践操作

实践操作1:YB32-200型液压机液压系统故障诊断与维修

YB32-200型液压机液压系统常见故障诊断与维修见表4-3。

表4-3 YB32-200型液压机液压系统常见故障诊断与维修

故障现象	故障原因	维修方法
上缸活塞(滑块)不下行	(1)系统压力上不去 (2)换向阀7故障 (3)液控单向阀2故障 (4)上缸故障	(1)排除引起系统压力上不去的液压泵等故障 (2)检修换向阀7 (3)检修液控单向阀2 (4)检修上缸
上缸活塞(滑块)能下行,但无快速	(1)上缸因安装不好别劲 (2)液控单向阀2阀芯卡死在微小开度位置 (3)液控单向阀1阀芯卡死在关闭位置 (4)上缸密封破损,造成缸上下腔串腔,进入上缸上腔的压力油有一部分漏往下腔,使得上缸活塞(滑块)不能快速下行	(1)重新安装上缸活塞和活塞杆,消除别劲情况 (2)检修液控单向阀2 (3)检修液控单向阀1 (4)更换上缸密封装置
上缸活塞(滑块)无慢速加压行程	(1)行程开关未压下 (2)液控单向阀1未能关闭 (3)液压泵流量调得过小 (4)换向阀7的主阀芯卡死在压力油与回油口各连通的位置上,加压行程时压力上不去,下行也很慢 (5)上缸密封破损,造成上缸上腔压力油泄漏至油箱	(1)检修或更换行程开关 (2)检修或更换液控单向阀1 (3)检修或调节液压泵流量 (4)检修或更换换向阀7 (5)更换上缸密封装置
保压时压力降低,不保压,保压时间短	(1)换向阀7内泄漏量大,或主阀芯未换向到位,卡死在压力油与回油口各连通的位置上,上缸上腔会慢慢卸压而不能保压 (2)液控单向阀1关闭不严,存在内泄漏 (3)上缸密封破损,造成上缸上下腔串腔,进入上缸上腔的压力油有一部分漏往下腔,使得上缸活塞(滑块)不能快速下行 (4)各管路接头处存在外泄漏	(1)检修或更换换向阀7 (2)检修或更换液控单向阀1 (3)更换上缸密封装置 (4)排除各管路接头处存在外泄漏故障
下缸顶出无力,或不能顶出	(1)溢流阀调节压力过低或主阀芯卡死在开启位置 (2)下液压缸换向阀9的电磁铁未通电 (3)下缸活塞密封破损或安装别劲	(1)调节溢流阀8压力或检修溢流阀8 (2)检修下液压换向阀9 (3)更换下缸活塞密封装置

实践操作2：液压起复设备液压系统分析及故障处理

在发生机车车辆脱轨事故的本线上开通线路主要有拉复、顶复、吊复等救援方法。顶复法是指用特制液压千斤顶和辅助设备从脱轨机车车辆下部的一端中部或一端两侧顶起脱轨车，当转向架轮对的轮缘高于轨面时，平面移动事故车至线路上方的正确位置后落下，使其复轨的方法，主要包含顶升—横移—落位三步。顶复作业分为单点顶复、双点顶复两种方式。图4-4所示为单点顶复，适用于大部分的主型机车车辆和线路条件，优点是机具部件少，准备时间短，操作简单方便。

（1）液压起复设备液压回路分析

图4-5所示为液压起复设备液压回路图。顶升液压缸4和横移液压缸6的动作分别由两个手动换向阀控制。由两个液控单向阀组成的双向液压锁3，可以使顶升液压缸4保持在相应位置不发生移动，确保顶升过程中的安全。

视频

液压起复机具液压系统的故障诊断及处理

图4-4　液压起复设备工作状态图

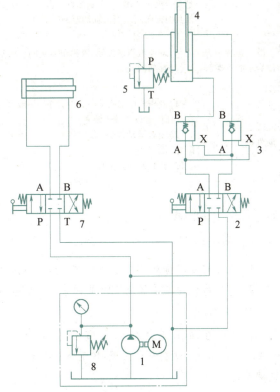

1—液压泵；2,7—三位四通手动换向阀；3—双向液压锁；
4—伸缩式液压缸；5—安全阀；6—双作用单活塞杆液压缸；
8—溢流阀。

图4-5　液压起复设备液压回路图

顶升过程：液压泵1工作，系统供油，手动换向阀2左位工作，液压油经双向液压锁3进入伸缩式液压缸4下腔，实施顶升动作，顶升完成后，手动换向阀2换中位工作，伸缩式液压缸4锁紧保持不动。

横移过程：手动换向阀7左位工作，液压油进入液压缸6无杆腔，活塞杆伸出，实现横移动作。

落位过程:手动换向阀2右位工作,液压油经双向液压锁3进入伸缩式液压缸4上腔,实施落位动作。

(2)液压起复设备液压系统常见故障处理

机车车辆液压起复设备的常见故障有液压系统工作压力不足或无压力、液压缸上升到位后不能下落、液压缸爬行等。液压起复设备液压系统常见故障诊断与维修见表4-4。

表4-4 液压起复设备液压系统常见故障诊断与维修

故障现象	故障原因	维修方法
液压系统工作压力不足或无压力	(1)液压泵转向不对,电动机反转 (2)液压泵过度发热 (3)液压泵转速过低或动力功率低,可能是皮带打滑、联轴器或原动机有故障 (4)液压油从高压侧到回油侧有漏损,可能是安全阀未关闭,存在脏东西或零件磨损,或是其他换向阀或液压缸活塞磨损泄漏	(1)改正液压泵旋转方向 (2)更换液压泵或使用推荐黏度的液压油 (3)调整皮带轮,更换联轴器或原动机 (4)应清洗或更换泄漏元件
液压缸上升到位后不能下落	(1)双向液压锁失效,液控单向阀阀口堵塞 (2)换向阀失灵	(1)检查阀口情况,液压油清洁,更换液控单向阀 (2)检查换向阀阀芯是否卡死,阀口是否堵塞,更换换向阀
液压缸爬行,液压缸运动时出现跳跃式时停时走的运动状态	(1)液压油中混有空气产生爬行,一般可在高处部件上设置排气装置 (2)相对运动部件间摩擦阻力太大或摩擦阻力不断变化 (3)密封件密封不良	(1)排出空气 (2)进行液压元件和液压油的清洁检查 (3)更换密封件,检查连接处是否可靠

自主测试

一、简答题

1. 通常对液压传动系统需进行哪些维护保养工作?
2. 液压系统速度不稳定有哪些因素?如何排除?

二、分析题

1. 图4-6所示为自动钻床液压系统能实现"A进给(送料)-A退回-B进给(夹紧)-C快进-C工进(钻削)-C快退-B退回(松开)-停止"的过程,试填写表4-5中工作循环的电磁铁状态。

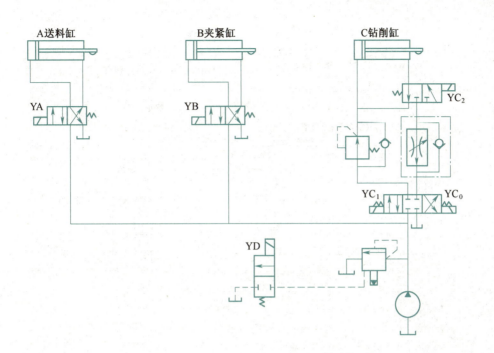

图 4-6

表 4-5 分析题 1 工作循环的电磁铁状态

工作过程	电磁铁状态					
	YA	YB	YC_0	YC_1	YC_2	YD
A 进给（送料）						
A 退回						
B 进给（夹紧）						
C 快进						
C 工进（钻削）						
C 快退						
B 退回（松开）						
停止						

注：电磁铁通电时填写"＋"，失电时填写"－"。

2. 图 4-7 所示为液压系统，液压缸能实现"快进-中速进给-慢速进给-快退-停止"的动作循环，试填写表 4-6 中元件名称及油路过程，完成表 4-7 中电磁铁状态填写（阀 6 开口大于阀 7）。

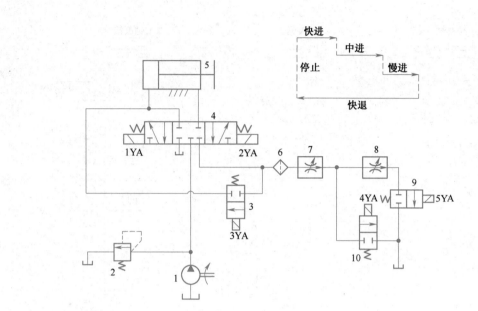

图 4-7

表 4-6　元件名称及油路过程

元件标号	元件名称	元件标号	元件名称
1		2	
3		4	
6		9	

液压缸 9 动作	油路过程	
	进油过程	回油过程
活塞杆快进		
活塞杆中速进给		
活塞杆慢速进给		
活塞杆快退		

表 4-7　工作循环的电磁铁状态

工作过程	电磁铁状态				
	1YA	2YA	3YA	4YA	5YA
快进					
中速进给					
慢速进给					
快退					
停止					

注：电磁铁通电时填写"＋"，失电时填写"－"。

3. 图 4-8 所示为液压系统,按动作循环表规定的动作顺序进行系统分析,填写完成表 4-8 液压系统工作循环的阀件状态。

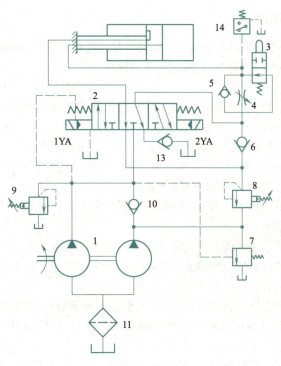

图 4-8

表 4-8　工作循环的阀件状态

动作名称	电磁铁工作状态		液压元件工作状态			
	1YA	2YA	压力继电器 14	行程阀 3	节流阀 4	顺序阀 7
快进						
工进						
快退						
停止						

注:电气元件通电为"+",断电为"-";压力继电器、行程阀、节流阀和顺序阀工作为"+",非工作为"-"。

任务 4.3　安装、调试、使用及维护液压传动系统

正确地维护和保养液压传动系统是延长液压传动系统正常使用寿命的重要措施。

任务要求

- 素养要求:一丝不苟,细致认真,培养爱岗敬业的职业精神。
- 知识要求:理解液压传动系统安装、调试、使用和维护方法。
- 技能要求:会对液压传动系统进行安装、调试、使用和维护。

知识准备

一、液压系统的安装

液压设备除了应按普通机械设备那样进行安装并注意有关事项(如固定设备的地基、水平校正等)外,由于液压设备有其特殊性,还应注意下列事项。

1. 一般注意事项

①液压系统的安装应按液压系统工作原理图,系统管道连接图,有关的泵、阀、辅助元件使用说明书的要求进行。安装前应对上述资料进行仔细分析,了解工作原理,元件、部件、辅件的结构和安装使用方法等,按图样准备好所需的液压元件、部件、辅件。并要进行认真检查,看元件是否完好、灵活,仪器仪表是否灵敏、准确、可靠。检查密封件型号是否合乎图样要求和完好。管件应符合要求,有缺陷应及时更换,油管应清洗、干燥。

②安装前,要准备好适用的工具,严禁用起子、扳手等工具代替榔头,任意敲打等不符合操作规程的不文明的装配现象。

③安装装配前,对装入主机的液压元件和辅件必须进行严格清洗,先除去有害于液压油中的污物,液压元件和管道各油口所有的堵头、塑料塞子、管堵等随着工程的进展不要先卸掉,防止污物从油口进入液压元件内部。

④在油箱上或近油箱处,应提供说明油品类型及系统容量的铭牌,必须保证油箱的内外表面、主机的各配合表面及其他可见组成元件是清洁的。油箱盖、管口和空气滤清器必须充分密封,以保证未被过滤的空气不进入液压系统。

⑤将设备指定的工作液过滤到要求的清洁度,然后方可注入系统油箱。与工作液接触的元件外露部分(如活塞杆)应予以保护,以防止污物进入。

⑥液压装置与工作机构连接在一起,才能完成预定的动作,因此要注意两者之间的连接装配质量(如同心度、相对位置、受力状况、固定方式及密封效果等)。

2. 液压泵和液压马达的安装

①液压泵和液压马达支架或底座应有足够的强度和刚度,以防止振动。

②泵的吸油高度应不超过使用说明书的规定(一般为 500 mm),安装时尽量靠近油箱油面。

③泵的吸油管不得漏气,以免空气进入系统,产生振动和噪声。

④液压泵输入轴与电动机驱动轴的同轴度应控制在 $\phi 0.1$ mm 以内。安装好后用手转动时,应轻松无卡滞现象。

⑤液压泵的旋转方向要正确,液压泵和液压马达的进出油口不得接反,以免造成故障与事故。

3. 液压缸的安装

①液压缸在安装时,先要检查活塞杆是否弯曲,特别对长行程液压缸。活塞杆弯曲会造成缸盖密封损坏,导致泄漏、爬行和动作失灵,并且加剧活塞杆的偏磨损。

②液压缸的轴心线应与导轨平行,特别注意活塞杆全部伸出时的情况,若两者不平行,会产生较大的侧向力,造成液压缸别劲、换向不良、爬行和液压缸密封破损失效等故障,一般可以导轨为基准,用百分表调整液压缸,使伸出时的活塞杆的侧母线与 V 形导轨平行,上母线与平导轨平行,允许为 $0.04 \sim 0.08$ mm/m。

③活塞杆轴心线对两端支座的安装基面,其平行度误差不得大于 0.05 mm。

④对于行程长的液压缸,活塞杆与工作台的连接应保持浮动,以补偿安装误差产生的别劲和补偿热膨胀的影响。

4. 阀类元件的安装

①阀类元件安装前后应检查各控制阀移动或转动是否灵活,若出现呆滞现象,应查明是否由于脏物、锈斑、平直度不好或紧固螺钉扭紧力不均衡使阀体变形等引起,应通过清洗、研磨、调整加以消除,如不符合要求应及时更换。

②对自行设计制造的专用阀应按有关标准进行性能试验、耐压试验等。

③板式阀类元件安装时,要检查各油口的密封圈是否漏装或脱落,是否突出安装平面而有一定压缩余量,各种规格同一平面上的密封圈凸出量是否一致,安装 O 形圈各油口的沟槽是否拉伤,安装面上是否碰伤等,作出处置后再进行装配,O 形圈涂上少许黄油或防止脱落。

5. 液压管道的安装

管道安装应注意以下几方面。

①管道的布置要整齐,油路走向应平直、距离短,直角转弯应尽量少,同时应便于拆装、检修。各平行与交叉的油管间距离应大于 10 mm,长管道应用支架固定。各油管接头要固紧可靠,密封良好,不得出现泄漏。

②吸油管与液压泵吸油口处应涂以密封胶,保证良好的密封;液压泵的吸油高度一般不大于 500 mm;吸油管路上应设置过滤器,过滤精度为 0.1~0.2 mm,要有足够的通油能力。

③回油管应插入油面以下有足够的深度,以防飞溅形成气泡,伸入油中的一端管口应切成 45°,且斜口向箱壁一侧,使回油平稳,便于散热;凡外部有泄油口的阀(如减压阀、顺序阀等),其泄油路不应有背压,应单独设置泄油管通油箱。

④溢流阀的回油管口与液压泵的吸油管不能靠得太近,以免吸入温度较高的油液。

二、液压传动系统的调试

1. 调试前的准备

①要熟悉说明书等有关技术资料,力求全面了解系统的原理、结构、性能和操作方法。

②了解液压元件在设备上的实际位置,需要调整的元件的操作方法及调节旋钮的旋向。

③准备好调试工具和仪器、仪表等。

2. 调试前的检查

①检查各手柄位置,确认"停止""后退""卸荷"等位置,各行程挡块紧固在合适位置。另外,溢流阀的调压手柄基本上全松,流量阀的手柄接近全开,比例阀的控制压力流量的电流设定值应小于电流值等。

②试机前对裸露在外表的液压元件和管路等再用海绵擦洗一次。

③检查液压泵旋向、液压缸、液压马达及液压泵的进出油管是否接正确。

④要按要求给导轨、各加油口及其他运动副加润滑油。

⑤检查各液压元件、管路等连接是否正确可靠。

⑥旋松溢流阀手柄,适当拧紧安全阀手柄,使溢流阀调至最低工作压力,流量阀调至最小。

⑦检查电机电源是否与标牌规定一致,电磁阀上的电磁铁电流形式和电压是否正确,电气元件有无特殊的启动规定等,全弄清楚后才能合上电源。

3. 空载调试

空载调试的目的是全面检查液压系统各回路、各液压元件工作是否正常,工作循环或各种动

作的自动转换是否符合要求。其步骤为:

①启动液压泵,检查泵在卸荷状态下的运转。正常后,即可使其在工作状态下运转。

②调整系统压力,在调整溢流阀压力时,从压力为零开始,逐步提高压力使之达到规定压力值。

③调整流量控制阀,先逐步关小流量阀,检查执行元件能否达到规定的最低速度及平稳性,然后按其工作要求的速度来调整。

④将排气装置打开,使运动部件速度由低到高,行程由小至大运行,然后运动部件全程快速往复运动,以排出系统中的空气,空气排尽后应将排气装置关闭。

⑤调整自动工作循环和顺序动作,检查各动作的协调性和顺序动作的正确性。

⑥各工作部件在空载条件下,按预定的工作循环或工作顺序连续运转2~4 h后,应检查油温及液压系统所要求的精度(如换向、定位、停留等),一切正常后,方可进入负载调试。

4. 负载调试

负载调试是使液压系统在规定的负载条件下运转,进一步检查系统的运行质量和存在的问题,检查机器的工作情况,安全保护装置的工作效果,有无噪声、振动和外泄漏等现象,系统的功率损耗和油液温升等。

负载调试时,一般应先在低于最大负载和速度的情况下试车,如果轻载试车一切正常,才逐渐将压力阀和流量阀调节到规定值,以进行最大负载和速度试车,以免试车时损坏设备。若系统工作正常,即可投入使用。

三、液压传动系统的维护保养

液压传动系统的维护保养包括日常检查、定期检查和综合检查三个阶段。

1. 日常检查

日常检查又称点检,是减少液压系统故障最重要的环节,主要是操作者在使用中经常通过目视、耳听及手触等比较简单的方法,在泵启动前、启动后和停止运转前检查油量、油温、油质、压力、泄漏、噪声、振动等情况。出现不正常现象应停机检查原因,及时排除。

2. 定期检查

定期检查又称定检,为保证液压系统正常工作提高其寿命与可靠性,必须进行定期检查,以便早日发现潜在的故障,及时进行修复和排除。定期检查的内容包括,调整日常检查中发现而又未及时排除的异常现象,潜在的故障预兆,并查明原因给予排除。对规定必须定期维修的基础部件,应认真检查加以保养,对需要维修的部位,必要时分解检修。定期检查的时间一般与滤油器检修间隔时间相同,约3个月。

3. 综合检查

综合检查大约每年一次,其主要内容是检查液压装置的各元件和部件,判断其性能和寿命,并对产生的故障进行检修或更换元件。

实践操作

实践操作:汽车起重机支腿液压控制回路的搭建与调试

汽车起重机是一种将起重作业部分安装在汽车通用或专用底盘上,具有汽车行驶性能的轮式起重机。汽车起重机主要用于物料的起重、运输、装卸等,移动方便,操作灵活。由于汽车轮胎支承能力有限,且为弹性变形体,故在起重作业前必须放下前后支腿,使汽车轮胎架空,用

视频
汽车起重机支腿液压回路的搭建与调试

支腿承重。在行驶时又必须将支腿收起，轮胎着地。汽车起重机的起升、变幅、回转、吊臂伸缩及支腿伸缩均采用液压传动实现，本实训中主要讨论的是 H 形支腿伸缩液压控制回路，如图 4-9 所示。为确保安全，在使用支腿承重时要求支腿伸出后不能发生移动，能承受一定压力，安全可靠。

图 4-9　汽车起重机外观图

1. 汽车起重机支腿液压控制回路的工作原理

汽车起重机支腿液压控制回路用于驱动支腿，支撑整台起重机及物料。H 形支腿外伸后呈 H 形，每个支腿由一个水平液压缸和一个垂直液压缸完成收放动作。H 形支腿的特点是支腿跨距大，对地面适应性较好，且垂直支腿液压缸可实现独立控制（见图 4-10）。

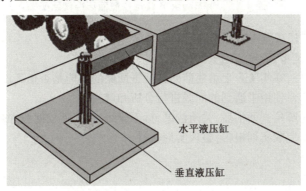

图 4-10　汽车起重机支腿液压缸示意图

为了使支腿在伸出时保持稳定不发生窜动，采用两个液控单向阀组成双向液压锁来实现；若要垂直支腿液压缸实现独立控制，则应采用单独液压泵供油方式来实现。

汽车起重机 H 形支腿由四个一样的独立回路并联而成，图 4-11 所示为其中一条支腿的液压回路，其余三条支腿与之相同。支腿液压控制回路由水平液压缸支路和垂直液压缸支路组成，两条支路采用独立液压泵单独供油，垂直液压缸采用双向液压锁实现行程的任何位置锁紧，其锁紧精度只受液压缸内少量的内泄漏影响，锁紧精度较高。使用时，先操作水平液压缸，使其带动垂直液压缸水平向外伸出，然后再操作垂直液压缸垂直伸出支撑在地面上。

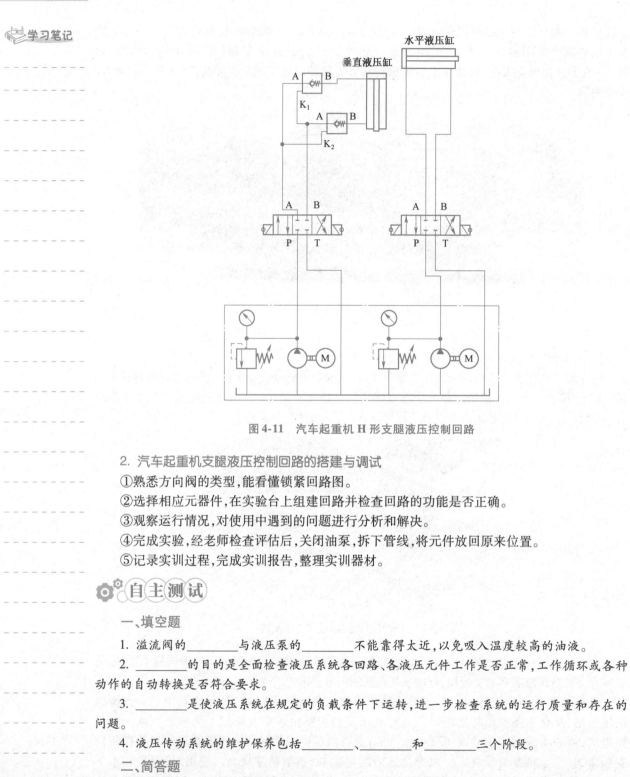

图 4-11　汽车起重机 H 形支腿液压控制回路

2. 汽车起重机支腿液压控制回路的搭建与调试

①熟悉方向阀的类型,能看懂锁紧回路图。
②选择相应元器件,在实验台上组建回路并检查回路的功能是否正确。
③观察运行情况,对使用中遇到的问题进行分析和解决。
④完成实验,经老师检查评估后,关闭油泵,拆下管线,将元件放回原来位置。
⑤记录实训过程,完成实训报告,整理实训器材。

自主测试

一、填空题

1. 溢流阀的_____与液压泵的_____不能靠得太近,以免吸入温度较高的油液。
2. _____的目的是全面检查液压系统各回路、各液压元件工作是否正常,工作循环或各种动作的自动转换是否符合要求。
3. _____是使液压系统在规定的负载条件下运转,进一步检查系统的运行质量和存在的问题。
4. 液压传动系统的维护保养包括_____、_____和_____三个阶段。

二、简答题

1. 安装液压系统时,有哪些注意事项?
2. 安装液压缸时,要先做哪些检查?

3. 阀类元件安装时,有哪些注意事项?
4. 液压控制系统空载调试的目的是什么?
5. 比较日常检查、定期检查和综合检查的不同之处。

综合评价

评价形式	评价内容	评价标准	得 分	总 分
自我评价(30 分)	(1)学习准备 (2)学习态度 (3)任务达成	(1)优秀(30 分) (2)良好(24 分) (3)一般(18 分)		
小组评价(30 分)	(1)团队协作 (2)交流沟通 (3)主动参与	(1)优秀(30 分) (2)良好(24 分) (3)一般(18 分)		
教师评价(40 分)	(1)学习态度 (2)任务达成 (3)沟通协作	(1)优秀(40 分) (2)良好(32 分) (3)一般(24 分)		
增值评价(+10 分)	(1)创新应用 (2)素养提升	(1)优秀(10 分) (2)良好(8 分) (3)一般(6 分)		

综合拓展 5:油压减振器的使用与维护

油压减振器是车辆转向架的重要部件之一,也是列车减振的关键部件,通常与弹簧构成车辆减振系统,如图 4-12 所示。在振动系统中弹簧吸收振动能量并立即释放能量,起到缓冲振动的作用,油压减振器则将吸收的振动能量转化为热能并释放到大气中,起到减少振动能量的作用从而提高车辆在运行中的安全性、可靠性、平稳性和舒适性。

图 4-12 油压减振器

1. 油压减振器的工作原理

油压减振器在工作过程中的基本动作是拉伸和压缩。按照液压油的流动方向,油压减振器分为单循环式(闭式系统)和往复循环式(开式系统)两种,如图 4-13(a)、(b)所示。

在单循环式减振器[见图4-13(a)]中,当减振器活塞杆受到拉力作用,缸1中液压油受压,缸内油压升高,单向阀b在压力作用下关闭,油液在压力作用下经阻尼节流阀a进入缸3中,又因缸2内油液压力下降,单向阀c打开,缸3中的低压油经阀c进入缸2,使缸2内始终充满液压油。当减振器活塞杆受到压力作用时,缸2内油压升高,阀c关闭,阀b打开,缸2中的高压油经阀b流入缸1中,在缸1、缸2高压油的作用下,阀a打开,油液进入缸3。减振器在工作过程中,不管受到拉力还是压力,液压油始终朝一个方向流动。

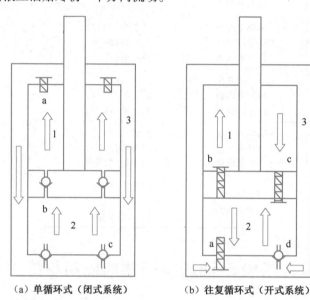

(a) 单循环式(闭式系统)　　(b) 往复循环式(开式系统)

图4-13　油压减振器结构原理图

在往复循环式油压减振器[见图4-12(b)]中,当减振器活塞杆受到拉力作用,缸1中液压油受压,缸内油压升高,阀a、阀b关闭,阀c打开,缸1中的高压油经阀c进入缸2,同时因活塞杆受到拉力作用,缸3中的液压油经阀d被吸入缸2,使缸2中始终充满液压油。当减振器活塞杆受到压力作用,阀c、阀d关闭,缸2中液压油受到压力作用,阀a、阀b打开,缸2中液压油经阀a、阀b分别流入缸1和缸3中。因此,往复式油压减振器在受拉和受压过程中,液压油在缸1、缸2、缸3中往复循环流动。

2. 油压减振器的常见故障及处理

油压减振器的结构和工作特点也使得油压减振器在使用过程中极易出现漏油、连接故障、阻尼力过大或过小等故障,如不能及时发现并排除故障会带来严重安全隐患。

(1) 漏油

漏油是油压减振器失效的主要原因。当储油缸外表面出现有大量油液且油液湿度大,擦拭后仍出现油迹即可判定为漏油现象。在维修中可以综合考虑内外部原因处理漏油问题,即在减振器内部采用双重密封方式,增加密封唇,采用性能较好的密封件,改善润滑条件,降低摩擦阻力,延长材料使用寿命;同时在减振器缸体外加装橡胶防尘罩,防止灰尘、杂物进入,消除杂质影响。若油压减振器使用时间远小于正常使用寿命时,应对油压减振器使用环境进行检查,排除在安装过程中产生的误差影响,以及油液温度过高的问题,然后再检查油压减振器密封装置磨耗情况,并采取相应措施处理故障问题。

(2)连接故障

油压减振器端部连接直接影响着减振效果。目前常用的连接方式有杆接和球铰接,杆接方式容易出现端部螺纹脱扣、断裂、变形破损等情况,球铰接方式容易出现接头弹性节点脱开的情况。油压减振器连接部分出现故障后,主要采用维修或更换方式解决。针对分解、组装操作不当引起的问题,可对操作规程进行细化和修订,并详细检查连接部位的结构和力学性能,避免类似问题继续出现。对于因材料本身不能满足使用要求的情况,则需要采用性能更佳的材料进行替代。

(3)阻尼力过大或过小

油压减振器中都设有多个阻尼节流阀,在使用中,经常出现阻尼节流阀的阻尼力超出标准值,影响油压减振器的正常工作。油压减振器出现阻尼力超出标准值的情况时,应先试着调整阻尼节流阀使其恢复阻力,即可以对阻尼节流阀进行旋转,使油压减振器阻力增加或减小,以抵消油压减振器出现的阻尼力超出的影响。

(4)磨损加剧、橡胶老化等故障

在沙漠地区、低温地区、潮湿地区等环境中,油压减振器因暴露在环境中,会产生磨损加剧、橡胶件老化、腐蚀破损、零件损坏等问题,导致油压减振器失效。因此,需要对油压减振器增加防尘罩或干燥装置来延长油压减振器的使用寿命。

3. 油压减振器的拆装及检查

①根据项目要求分析油压减振器工作原理。

②拆解油压减振器:用手锤轻击套筒和外罩,使其松动,或将减振器倒置,夹持内鞲鞴杆顶部方头,再用管钳卡住套筒或外罩顶部来回转动,即可卸下,应避免把内鞲鞴杆弄弯或损伤杆表面,禁用扁铲、手锤在罩顶部猛击。

③分解密封装置:用专用扳手卸下螺盖,依次拆下密封盖、密封圈、托垫,取下密封弹簧和油封圈,注意分解前应做外观检查,用细砂纸除去鞲鞴杆外伸部分的表面锈蚀,用细锉除去毛刺。

④分解鞲鞴杆:依次取出缸端、导向套、阀座、套阀、芯阀弹簧、芯阀、调整垫。

⑤分解缸筒和下阀体,依次取出阀体内各附件。

⑥检查油压减振器上、下连接部分及防尘外罩、鞲鞴部分、进油阀部分、缸筒及储油缸、缸端密封部分的情况,进行维修或更换。

⑦用清洗剂清洗外体及上下连接部螺母,销轴等,用汽油清洗内筒及内部部件,禁用棉丝擦拭,宜用白布擦拭,清洁度符合有关标准。

⑧组装鞲鞴:将鞲鞴杆夹在虎钳上,依次将芯阀、弹簧及套阀放进鞲鞴上槽孔内,然后拧上阀座,注意应根据各件磨损加垫调节节流孔大小。

⑨组装进油阀体:将进油阀体平放,放进阀瓣(光面向下)、弹簧,将锁环套入槽内,完毕后检查阀瓣动作是否灵活。

⑩组装进油阀体与缸筒:将缸筒置于垫木上,放上进油阀体,用手锤轻击,使阀体进入缸筒内,禁用手锤直接敲击组件。

⑪将已组装好的鞲鞴装入组装好的缸筒内,并撬动胀圈进入筒内,然后连同缸体及进油阀部分整体套入储油缸内。

⑫将经滤清的油液注入缸筒,使鞲鞴贴于底部,先将缸筒内注满,再将缸筒外部注到离端面20~30 mm处即可,然后提动鞲鞴杆上下移动数次。

⑬依次用专用套筒压入缸端(含导向套),套入油封圈,并放入密封弹簧、托垫、圈、盖,拧上密封盖。套密封圈时,应在内孔面涂润滑脂,用锥套套入鞲鞴杆。

⑭总组装完毕后,应检测密封盖与储油缸端是否平齐,否则重新调整组件。

⑮记录实训过程,完成实训报告,整理实训器材。

气动模块

项目五 气动元件的认识及故障诊断

气压传动工作原理与液压传动工作原理相似,气压传动系统由气源装置、气动执行元件、气动控制元件、气动辅助元件和工作介质(压缩空气)组成。

任务 5.1 认识气源装置及故障诊断

任务要求

- 素养要求:树立环保意识,端正工作态度,养成良好的工作习惯。
- 知识要求:认识气源装置的组成,理解空气压缩机及其他气源装置组成件的工作原理。
- 技能要求:会进行空气压缩机及其他气源装置组成件的拆卸和安装,能对气源装置的常见故障进行诊断及排除。

知识准备

一、气压传动技术的发展及应用

1. 气压传动技术的发展及应用

气压传动早在公元前,埃及人就开始采用风箱产生压缩空气助燃,从 18 世纪的产业革命开始逐渐应用于各类行业中。

1829 年出现了多级空气压缩机,为气压传动的发展创造了条件,1871 年开始在采矿业使用风镐,1868 年美国人 G. 威斯汀豪斯发明了气动制动装置,并于 1872 年用于铁路车辆的制动上,显示了气压传动简单、快速、安全和可靠的优点,开创了气压传动早期的应用局面。第二次世界大战后,随着各国生产的迅速发展,气压传动以它的低成本优势,广泛用于工业自动化产品和生产流水线上。

目前气压传动在下述方面有普遍的应用:

①机械制造业。其中包括机械加工生产线上工件的装夹及搬送,铸造生产线上的造型、捣固、合箱等。在汽车制造中,汽车自动化生产线、车体部件自动搬运与固定、自动焊接等。

②电子IC及电器行业。如用于硅片的搬运,元器件的插装与锡焊,家用电器的组装等。

③石油、化工业。用管道输送介质的自动化流程绝大多数采用气动控制,如石油提炼加工、气体加工、化肥生产等。

④轻工食品包装业。其中包括各种半自动或全自动包装生产线,例如:酒类、油类、煤气罐装,各种食品的包装等。

⑤机器人。例如装配机器人,喷漆机器人,搬运机器人以及爬墙、焊接机器人等。

⑥其他。如车辆制动装置,车门开闭装置,颗粒物质的筛选装置,鱼雷导弹自动控制装置等。目前各种气动工具的广泛使用,也是气动技术应用的一个组成部分。

未来气动产品的发展趋势是:

①小型化、集成化。在有限的空间要求气动元件外形尺寸尽量小,小型化是主要发展趋势。

②组合化、智能化。最常见的组合是带阀、带开关气缸。在物料搬运中,还使用了气缸、摆动气缸、气动夹头和真空吸盘的组合体,同时配有电磁阀、程控器,结构紧凑,占用空间小,行程可调。

③精密化。目前开发了非圆活塞气缸、带导杆气缸等以减小普通气缸活塞杆工作时的摆转;为了使气缸精确定位开发了制动气缸等。为了使气缸的定位更精确,使用了传感器、比例阀等实现反馈控制,定位精度达 0.01 mm。在精密气缸方面已开发了 0.3 mm/s 低速气缸和 0.01 N 微小载荷气缸。在气源处理中,过滤精度为 0.01 mm,过滤效率为 99.999 9% 的过滤器和灵敏度 0.001 MPa 的减压阀业已开发出来。

④高速化。目前气缸的活塞速度范围为 50～750 mm/s。为了提高生产率,自动化的节拍正在加快。今后要求气缸的活塞速度提高到 5～10 m/s。与此相应,阀的响应速度也将加快,要求由现在的 1/100 秒级提高到 1/1 000 秒级。

⑤无油、无味、无菌化。由于人类对环境的要求越来越高,不希望气动元件排放的废气污染环境,因此无油润滑的气动元件将会普及。还有些特殊行业,如食品、饮料、制药、电子等,对空气的要求更为严格,除无油外,还要求无味、无菌等,这类特殊要求的过滤器将被不断开发出来。

⑥高寿命、高可靠性和智能诊断功能。气动元件大多用于自动化生产中,元件的故障往往会影响设备的运行,使生产线停止工作,造成严重的经济损失,因此,对气动元件的工程可靠性提出了更高的要求。

⑦节能、低功耗。气动元件低功耗能够节约能源,并能更好地与微电子技术相结合。功耗≤0.5 W 的电磁阀已开发和商品化,可由计算机直接控制。

⑧机电一体化。为了精确达到预定的控制目标,应采用闭路反馈控制方式。为了实现这种控制方式要解决计算机的数字信号,传感器反馈模拟信号和气动控制气压或气流量三者之间的相互转换问题。

⑨应用新技术、新工艺、新材料。在气动元件制造中,型材挤压、铸件浸渗和模块拼装等技术已在国内广泛应用;压铸新技术(液压抽芯、真空压铸等)目前已在国内逐步推广;压电技术、总线技术,新型软磁材料、透析滤膜等正在被应用。

素养提升

职业习惯:保护环境,从细节做起

气压传动的工作介质是压缩空气,来源方便,成本低,对环境不会造成污染,可以直接取自空气并排入空气。

电子故事卡

职业习惯:
保护环境,
从细节做起

在工作中,不仅要考虑工程本身、社会、人类,同时也要考虑自然环境,所有工作都不能以危害环境为代价,保护环境需要每个人从细节做起,养成良好的职业习惯。

2. 气压传动技术的特点及应用

(1) 气压传动技术的优点

①使用方便。空气作为工作介质,来源方便,用过以后直接排入大气,不会污染环境,可少设置或不必设置回气管道。

②系统组装方便。使用快速接头可以非常简单地进行配管,因此系统的组装、维修以及元件的更换比较简单。

③快速性好。动作迅速反应快,可在较短的时间内达到所需的压力和速度。在一定的超载运行下也能保证系统安全工作,并且不易发生过热现象。

④安全可靠。压缩空气不会爆炸或着火,在易燃、易爆场所使用不需要昂贵的防爆设施。可安全可靠地应用于易燃、易爆、多尘埃、辐射、强磁、振动、冲击等恶劣的环境中。

⑤储存方便。气压具有较高的自保持能力,压缩空气可储存在储气罐内,随时取用。即使压缩机停止运行,气阀关闭,气动系统仍可维持稳定的压力。故不需要压缩机的连续运转。

⑥可远距离传输。由于空气的黏度小,流动阻力小,管道中空气流动的沿程压力损失小,有利于介质集中供应和远距离输送。空气不论距离远近,极易由管道输送。

⑦能过载保护。气动机构与工作部件,可以超载而停止不动,因此无过载危险。

⑧清洁。基本无污染,对于要求高净化、无污染的场合,如食品、印刷、木材和纺织工业等是极为重要的,气动具有独特的适应能力,优于液压、电子、电气控制。

(2) 气压传动技术的缺点

①速度稳定性差。由于空气可压缩性大,气缸的运动速度易随负载的变化而变化,稳定性较差,给位置控制和速度控制精度带来较大影响。

②需要净化和润滑。压缩空气必须经过良好的处理,去除含有的灰尘和水分。空气本身没有润滑性,系统中必须采取措施对元件进行给油润滑,如加油雾器等装置进行供油润滑。

③输出力小。工作压力低(一般低于 0.8 MPa),因而气动系统输出力小,在相同输出力的情况下,气动装置比液压装置尺寸大,输出力限制在 20~30 kN。

④噪声大。排放空气的声音很大,现在这个问题已因吸音材料和消声器的使用而得到很大程度的缓解,需要加装消声器。

⑤难以实现精确定位。

气压传动与其他传动的性能比较见表 5-1。

表 5-1 气压传动与其他传动的性能比较

类型		操作力	动作快慢	环境要求	构造	负载变化影响	操作距离	无级调速	工作寿命	维护	价格
气压传动		中等	较快	适应性好	简单	较大	中距离	较好	长	一般	便宜
液压传动		最大	较慢	不怕振动	复杂	有一些	短距离	良好	一般	要求高	稍贵
电传动	电气	中等	快	要求高	稍复杂	几乎没有	远距离	良好	较短	要求较高	稍贵
	电子	最小	最快	要求特高	最复杂	没有	远距离	良好	短	要求更高	最贵
机械传动		较大	一般	一般	一般	没有	短距离	较困难	一般	简单	一般

二、气压传动系统的组成和工作原理

气压传动简称气动,是以压缩空气为工作介质进行能量传递和控制的一种传动形式。气压传动技术与液压、机械、电气和计算机技术互相补充,已经发展为实现生产过程自动化的重要手段,广泛应用于机械、交通运输、航空航天、食品等行业。

气压传动系统由五部分组成:

①气源装置是气压传动系统的动力部分,是压缩空气的发生装置以及压缩空气的存储、净化的辅助装置,系统提供合乎质量要求的压缩空气,主要由空气压缩机构成,还配有储气罐、气源净化装置等附属设备。

②气动执行元件是将气体压力能转换成机械能并完成做功动作的元件,主要有输出直线往复式机械能的气缸,输出回转摆动式机械能的摆动气缸和输出旋转式机械能的气动马达。

③气动控制元件是控制气体压力、流量及运动方向的元件,能完成一定逻辑功能的气动逻辑元件,以及感测、转换、处理气动信号的元器件。

④气动辅助元件是气动系统中的辅助元件,如消声器、管道、接头等。

⑤气压传动系统的工作介质是经过处理的压缩空气。

图5-1所示为气动剪切机的气压传动系统原理图,图示位置为剪切前的情况。空气压缩机1产生的压缩空气经后冷却器2、分水排水器3、储气罐4、分水滤气器5、减压阀6、油雾器7、气控换向阀9,部分气体经节流通路进入换向阀9的下腔,使上腔弹簧压缩,换向阀9阀芯位于上端;大部分压缩空气经阀9后进入气缸10的上腔,而气缸的下腔经换向阀与大气相通,故气缸活塞处于最下端位置。当上料装置把工料11送入剪切机并到达规定位置时,工料压下行程阀8,此时阀9阀芯下腔压缩空气经阀8排入大气,在弹簧的推动下,阀9阀芯向下运动至下端;压缩空气则经阀9后进入气缸的下腔,上腔经阀9与大气相通,气缸活塞向上运动,带动剪刀上行剪断工料。工料剪下后,即与阀8脱开。阀8阀芯在弹簧作用下复位、出路堵死。阀9阀芯上移。气缸活塞向下运动,又恢复到剪断前的状态。

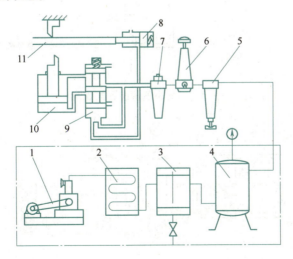

1—空气压缩机;2—后冷却器;3—分水排水器;4—储气罐;5—分水滤气器;
6—减压阀;7—油雾器;8—行程阀;9—气控换向阀;10—气缸;11—工料。

图5-1 气动剪切机的气压传动系统原理图

三、气源装置的结构和工作原理

压缩空气是由大气压缩而成,经压缩后空气温度高达 140～170 ℃,这时压缩机气缸里的润滑油也有一部分成为气态。这些油分、水分及灰尘便形成混合的胶体微雾及杂质,混合在压缩空气中一同排出,这些杂质若进入气动系统,会造成管路堵塞和锈蚀,加速元件磨损,泄漏量增加、缩短使用寿命。水汽和油气还会使气动元件的膜片和橡胶密封件老化、失效。因此供气动系统使用的压缩空气必须进行处理,气动系统对压缩空气的主要要求有:具有一定压力和流量,并具有一定的净化程度。

气源装置包括压缩空气的发生装置以及压缩空气的存储、净化等辅助装置。它为气动系统提供符合质量要求的压缩空气,是气动系统的一个重要组成部分。气源装置一般由空气压缩机、压缩空气净化储存设备组成,图 5-2 所示为典型气源装置配置图,图 5-3 所示为气源装置示意图,图 5-4 所示为气源装置图形符号图及气源简化图形符号。

如图 5-3 所示,空气压缩机 1 产生压缩空气,先通过后冷却器 2 进行降温冷却处理,再通入油水分离器 3 进行除油除水处理,随后通入储气罐 4 可供一般工业设备使用;若供仪表、精密机械使用,则还需要继续通入干燥器 5 和过滤器 6 进行进一步的干燥、净化处理才能满足使用要求。

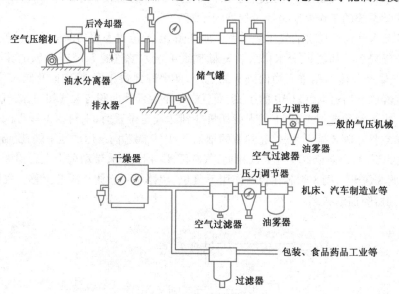

图 5-2 典型气源装置配置图

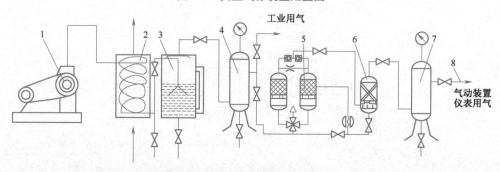

1—空气压缩机;2—后冷却器;3—油水分离器;4、7—储气罐;5—干燥器;6—过滤器;8—输气管道。

图 5-3 气源装置示意图

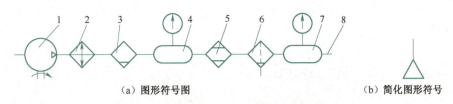

(a) 图形符号图　　　　　　　　　(b) 简化图形符号

1—空气压缩机;2—后冷却器;3—油水分离器;4、7—储气罐;5—干燥器;6—过滤器;8—输气管道。

图 5-4　气源装置图形符号图和气源简化图形符号

1. 空气压缩机的工作原理

活塞式空气压缩机是使用最广泛的空气压缩机,图 5-5 所示为活塞式空气压缩机的工作原理和图形符号图。电动机带动曲柄 7 旋转,连杆 6 运动带动滑块 5 左右移动,并通过活塞杆 4 带动活塞 3 左右移动。吸气过程:活塞 3 向右移动,密封腔容积增大,压力下降,当密封腔压力低于大气压力时,吸气阀 8 被打开,气体进入密封腔内;压缩过程:活塞 3 向左移动,密封腔容积变小,压力增大,阀 8 关闭,密封腔内气体被压缩,压力升高;排气过程:当密封腔压力高于排气管压力时,排气阀 1 被顶开,压缩空气被排入排气管内。随着电动机的连续旋转,活塞 3 做往复运动,空气压缩机就能连续输出高压气体。

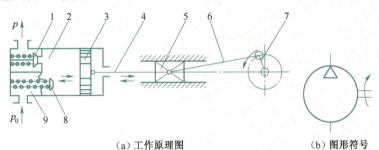

(a) 工作原理图　　　　　　　　　(b) 图形符号

1—排气阀;2—气缸;3—活塞;4—活塞杆;5—滑块;6—连杆;7—曲柄;8—吸气阀;9—阀门弹簧。

图 5-5　活塞式空气压缩机的工作原理和图形符号图

若空气压力超过 0.6 MPa,单级活塞式空气压缩机易出现温度过高现象,这将大大降低压缩机的效率。因此,工业中使用的活塞式空气压缩机通常是两级,图 7-6 所示为两级活塞式空气压缩机的工作原理图。若最终压力为 0.7 MPa,则第一级气缸通常将气体压缩到 0.3 MPa,然后通过中间冷却器冷却,再进入第二级气缸。压缩空气经冷却后,温度大幅度下降,相对单级压缩机提高了效率。

2. 后冷却器的结构和工作原理

后冷却器安装在空气压缩机出口管道上,将高温高压空气冷却至 40~50 ℃,将压缩空气中含有的油气和水气冷凝成液态水滴和油滴,以便于油水分离器将它们排出。后冷却器有风冷式和水冷式两种。

(1) 风冷式后冷却器

风冷式后冷却器是依靠风扇产生的冷空气吹向带散热片的热气管道来降低压缩空气的温度的,图 5-7 所示为风冷式后冷却器的工作原理图和图形符号。风冷式后冷却器不需要冷却水设备,不用担心断水或水冻结。风冷式后冷却器占地面积小,质量轻且结构紧凑,运转成本低,易维修,但只适用于进口空气温度低于 100 ℃,且处理空气量较小的场合。

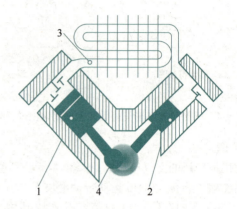

1—1级活塞；2—2级活塞；3—中间冷却器；4—曲柄。

图 5-6　两级活塞式空气压缩机的工作原理图

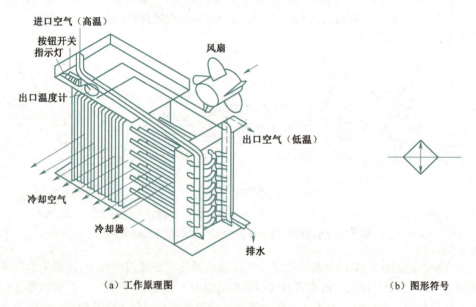

（a）工作原理图　　　　　　　　　　　　（b）图形符号

图 5-7　风冷式后冷却器的工作原理图和图形符号

（2）水冷式后冷却器

水冷式后冷却器是靠冷却水与压缩空气的热交换来降低压缩空气的温度的，图 5-8 所示为水冷式后冷却器的工作原理图。热的压缩空气由管内流过，冷却水在管外的水套中沿热空气的反方向流动，通过管壁进行热交换，使压缩空气获得冷却。为了提高降温效果，使用时要特别注意冷却水与压缩空气的流动方向。后冷却器最低处应设置自动或手动排水器，以排除冷凝水。水冷式后冷却器散热面积大、热交换均匀，适用于进口空气温度大于 100 ℃ 且空气量较大的场合。在使用过程中，要定期检查压缩空气的出口温度，发现冷却性能降低时，应及时找出原因予以排除。同时，要定期排放冷凝水，特别是冬季要防止水冻结。

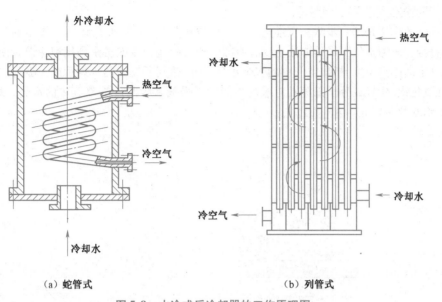

(a) 蛇管式　　　　　　　　　(b) 列管式

图 5-8　水冷式后冷却器的工作原理图

3. 油水分离器的结构和工作原理

油水分离器安装在后冷却器之后的管道上,分离并排除压缩空气中所含的水分、油分和灰尘等杂质,使压缩空气得到初步净化。图 5-9(a)所示为撞击折回式油水分离器的工作原理图,当压缩空气自入口进入分离器后,气流受隔板的阻挡被撞击而折回向下,继而又回升向上,产生环形回转,最后从输出管排出。在此过程中,压缩空气中的水滴、油滴和杂质受惯性力作用而分离析出,沉降于壳体底部,由放水阀定期排出。图 5-9(b)所示为旋转离心式油水分离器的工作原理图,当压缩空气进入分离器后即产生涡流,由于空气的回旋使压缩空气中的水滴、油滴和杂质因离心力作用被分离出来并附着在分离器的内壁而滴下,再由放水阀定期排出。图 5-9(c)所示为油水分离器图形符号。

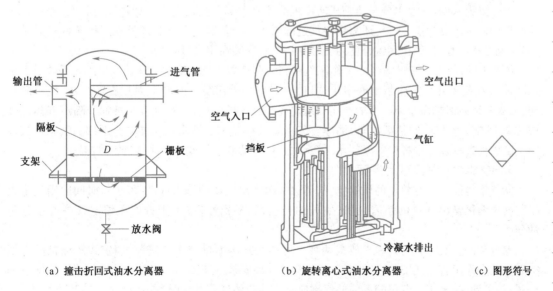

(a) 撞击折回式油水分离器　　　(b) 旋转离心式油水分离器　　　(c) 图形符号

图 5-9　油水分离器的工作原理图和图形符号

4. 干燥器的结构和工作原理

干燥器的作用是进一步除去压缩空气中含有的水蒸气,图 5-10 所示为干燥器的工作原理图和图形符号。压缩空气干燥的方法主要有冷冻法和吸附法。冷冻法是利用制冷设备使压缩空气冷却到一定的露点温度,析出空气中的多余水分,从而达到所需要的干燥程度。吸附法是利用硅胶、活性氧化铝、焦炭或分子筛等具有吸附性能的干燥剂来吸附压缩空气中的水分,以达到干燥的目的,除水效果较好。

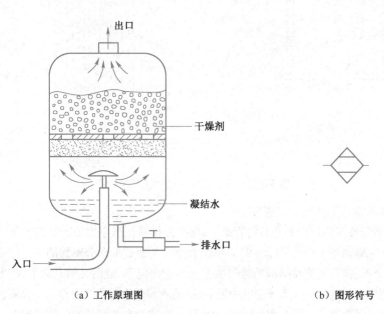

(a) 工作原理图　　　　　　(b) 图形符号

图 5-10　干燥器的工作原理图和图形符号

5. 空气过滤器的结构和工作原理

由外界吸入的灰尘、水分和压缩机所产生的油渣大部分已在进入干燥器以前除去,留存在压缩空气中的少部分尘埃、水分,还需用空气过滤器进一步清除。空气过滤器视工作条件可以单独安装,也可和油雾器、调压阀组合使用,使用时,一般安装在用气设备的附近。

图 5-11 所示为空气过滤器的工作原理图和图形符号。当压缩空气从输入口进入后被引进旋风叶片 1,在旋风叶片上冲制出许多小缺口,迫使空气沿切线方向产生强烈旋转,在空气中的水滴、油滴和杂质微粒由于离心力的作用被甩向存水杯 3 的内壁,沉积在存水杯底。随后气体通过滤芯 2,微粒灰尘被滤网拦截滤除,洁净空气从输出口流出。挡水板 4 能防止下部的液态水被卷回气流中。聚积在存水杯中的冷凝水,需及时通过手动放水阀或自动排水器 5 排出。

6. 储气罐的结构和工作原理

储气罐能储存一定数量的压缩空气,消除气源输出气体的压力脉动,解决短时间内用气量大于空气压缩机输出气量的矛盾,保证供气的连续性、平稳性,进一步分离压缩空气中的水分和油分。

储气罐的安装有直立式和平放式两种。可移动式压缩机应水平安装;固定式压缩机因占用空间较大多采用直立式安装。图 5-12 所示为储气罐安装示意图和图形符号。储气罐上应配置安全阀、压力计、排水阀。容积较大的储气罐应有入孔或清洗孔,以便检查和清洗。

项目五 气动元件的认识及故障诊断

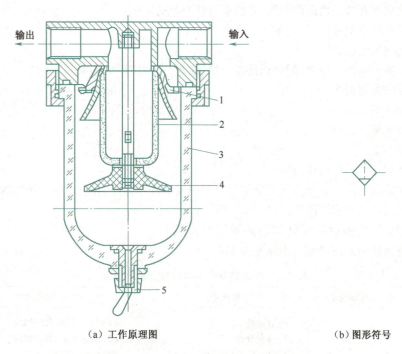

（a）工作原理图　　　　　（b）图形符号

1—旋风叶片；2—滤芯；3—存水杯；4—挡水板；5—自动排水器。

图 5-11　空气过滤器的工作原理图和图形符号

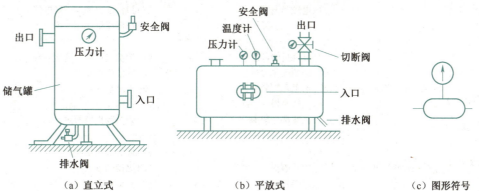

（a）直立式　　　　　（b）平放式　　　　　（c）图形符号

图 5-12　储气罐安装示意图和图形符号

实践操作

实践操作 1：气源装置组件的拆装

1. 活塞式空气压缩机的拆装

①准备好内六角扳手一套、耐油橡胶板一块、油盘一个、钳工工具一套。
②按先外后内的顺序拆下压缩各零件，并将零件标号按顺序摆好。
③观察主要零件的作用和结构。
④按拆卸的反向顺序装配压缩机。装配前清洗各零部件，将活塞与气缸筒内壁之间、气阀与

气阀导向套之间等配合表面涂润滑液,并注意各处密封的装配。

⑤将压缩机外表面擦拭干净,整理工作台。

2. 空气过滤器的拆装

①准备好内六角扳手一套、耐油橡胶板一块、油盘一个、钳工工具一套。

②卸下手动排水阀5。

③卸下存水杯3。

④卸下挡水板。

⑤卸下滤芯2。

⑥观察主要零件的作用和结构。

⑦按拆卸的反向顺序装配空气过滤器。装配前清洗各零部件,并注意各处密封的装配。

⑧将空气过滤器外表面擦拭干净,整理工作台。

实践操作2:气源装置组件的故障诊断与维修

气源装置组件的故障诊断与维修见表5-2。

表5-2 气源装置组件的故障诊断与维修

类型	故障现象	故障原因	维修方法
空气压缩机	启动不良	(1)电压低 (2)熔丝熔断 (3)电动机单相运转 (4)排气单向阀泄漏 (5)卸流动作失灵 (6)压力开关失灵 (7)电磁继电器故障 (8)排气阀损坏	(1)与供电部门联系解决 (2)测量电阻,更换熔丝 (3)检修或更换电动机 (4)检修或更换排气单向阀 (5)拆修 (6)检修或更换压力开关 (7)检修或更换电磁继电器 (8)检修或更换排气阀
	压缩不足	(1)吸气过滤器阻塞 (2)阀的动作失灵 (3)活塞环咬紧缸筒 (4)气缸磨损 (5)夹紧部分泄漏	(1)清洗或更换过滤器 (2)检修或更换阀 (3)更换活塞环 (4)检修或更换气缸 (5)固紧或更换密封
	运转声音异常	(1)阀损坏 (2)轴承磨损 (3)皮带打滑	(1)检修或更换阀 (2)更换轴承 (3)调整张力
	压缩机过热	(1)冷却水不足、断水 (2)压缩机工作场地温度过高	(1)保证冷却水量 (2)注意通风换气
	润滑油消耗过量	(1)曲柄室漏油 (2)气缸磨损 (3)压缩机倾斜	(1)更换密封件 (2)检修或更换气缸 (3)修正压缩机位置
空气干燥器	干燥器不启动	(1)电源断电或熔丝断开 (2)控制开关失效 (3)电源电压过低 (4)风扇电机故障 (5)压缩机卡住或电动机烧毁	(1)检查电源有无短路,更换熔丝 (2)检修或更换开关 (3)检查排除电源故障 (4)更换风扇电机 (5)检修压缩机或更换电动机

项目五　气动元件的认识及故障诊断

续表

类型	故障现象	故障原因	维修方法
空气干燥器	干燥器运转，但不制冷	(1)制冷剂严重不足或过量 (2)蒸发器冻结 (3)蒸发器、冷凝器积灰太多 (4)风扇轴或传动带打滑 (5)风冷却器积灰太多	(1)检查制冷剂有无泄漏，测高、低压力，按规定充灌制冷剂，如果制冷剂过多则放出 (2)检查低压压力，若低于0.2 MPa会结冻 (3)清除积灰 (4)更换轴或传动带 (5)清除积灰
空气干燥器	干燥器运转，但制冷不足，干燥效果不好	(1)电源电压不足 (2)制冷剂不足、泄漏 (3)蒸发器冻结、制冷系统内混入其他气体 (4)干燥器空气流量不匹配，进气温度过高，放置位置不当	(1)检查电源 (2)补足制冷剂 (3)检查低压压力，重充制冷剂 (4)正确选择干燥器空气实际流量，降低进气温度，合理选址
空气干燥器	噪声大	机件安装不紧或风扇松脱	坚固机件或风扇
空气过滤器	压力过大	(1)使用过细的滤芯 (2)滤清器的流量范围太小 (3)流量超过滤清器的容量 (4)滤清器滤芯网眼堵塞	(1)更换适当的滤芯 (2)换流量范围大的滤清器 (3)换大容量的滤清器 (4)用净化液清洗（必要时更换）滤芯
空气过滤器	从输出端逸出冷凝水	(1)未及时排出冷凝水 (2)自动排水器发生故障 (3)超过滤清器的流量范围	(1)养成定期排水习惯或安装自动排水器 (2)修理（必要时更换） (3)在适当流量范围内使用或者更换大容量的滤清器
空气过滤器	输出端出现异物	(1)滤清器滤芯破损 (2)滤芯密封不严 (3)用有机溶剂清洗塑料件	(1)更换机芯 (2)更换机芯的密封，紧固滤芯 (3)用清洁的热水或煤油清洗
空气过滤器	塑料水杯破损	(1)在有机溶剂的环境中使用 (2)空气压缩机输出某种焦油 (3)压缩机从空气中吸入对塑料有害的物质	(1)使用不受有机溶剂侵蚀的材料（如使用金属杯） (2)更换空气压缩机的润滑油，使用无油压缩机 (3)使用金属杯
空气过滤器	漏气	(1)密封不良 (2)因物理（冲击）、化学原因使塑料杯产生裂痕 (3)泄水阀，自动排水器失灵	(1)更换密封件 (2)参看塑料水杯破损栏 (3)检修或更换泄水阀

自主测试

一、填空题

1. 气动系统对压缩空气的主要要求有：具有一定_____和_____，并具有一定的_____程度。
2. 气源装置一般由气压_____装置、_____及_____压缩空气的装置和设备、传输压缩空气的管道系统和_____四部分组成。
3. 空气压缩机简称_____，是气源装置的核心，用以将原动机输出的机械能转化为气体的压力能。
4. 空气压缩机的种类很多，但按工作原理主要可分为_____和_____(叶片式)两类。
5. 气压传动系统中，动力元件是_____，执行元件是_____，控制元件是_____。

二、选择题

1. 以下不是储气罐的作用是( )。
   A. 减少气源输出气流脉动　　　　　　B. 进一步分离压缩空气中的水分和油分
   C. 冷却压缩空气　　　　　　　　　　D. 产生压缩空气
2. 气源装置的核心元件是( )。
   A. 气动马达　　B. 空气压缩机　　C. 油水分离器　　D. 气动三联件
3. 低压空压机的输出压力为( )
   A. 小于0.2 MPa　　B. 0.2～1 MPa　　C. 1～10 MPa　　D. 大于10 MPa
4. 油水分离器安装在( )后的管道上。
   A. 后冷却器　　B. 干燥器　　C. 储气罐　　D. 油雾器
5. 压缩空气站是气压系统的( )。
   A. 辅助装置　　B. 执行装置　　C. 控制装置　　D. 动力源装置

三、判断题

1. 气源管道的管径大小是根据压缩空气的最大流量和允许的最大压力损失决定的。( )
2. 气压传动系统中所使用的压缩空气直接由空气压缩机供给。( )

四、简答题

1. 一个典型的气动系统由哪几部分组成？
2. 气动系统对压缩空气有哪些质量要求，主要依靠哪些设备保证气动系统的压缩空气质量，并简述这些设备的工作原理。
3. 空气压缩机分类方法有哪些？在设计气动系统中如何选用空压机？

任务5.2　认识气动执行元件及故障诊断

执行元件是气动系统的末端机构，是将气体压力能转换为机械能的装置，包括气缸和气动马达。

任务要求

- 素养要求：崇尚劳动、热爱劳动、辛勤劳动、诚实劳动，领会新时代劳动精神。
- 知识要求：理解气缸、气动马达的工作原理。
- 技能要求：会对气缸、气动马达进行故障诊断及处理。

知识准备

一、气缸的结构和工作原理

气缸是气动系统的执行元件之一，是将压缩空气的压力能转换为机械能并驱动工作机构做往复直线运动或摆动的装置。与液压缸相比较，它具有结构简单、制造容易、工作压力低、动作迅速等优点，故应用十分广泛。

1. 普通气缸的结构和工作原理

常用的普通气缸主要有单作用活塞式气缸和双作用活塞式气缸。

(1) 单作用活塞式气缸

单作用活塞式气缸是指压缩空气在气缸的一端进气推动活塞运动,而活塞的返回则借助其他外力,如重力、弹簧等,图5-13(a)所示为结构图。单活塞式气缸有弹簧压回型和弹簧压出型,分别如图5-13(b)、(c)所示。压回型:A口进气,气压力驱动活塞克服弹簧力和摩擦力使活塞杆伸出;A口排气,弹簧力使活塞杆收回。压出型:A口进气,活塞杆收回;A口排气,弹簧使活塞伸出。

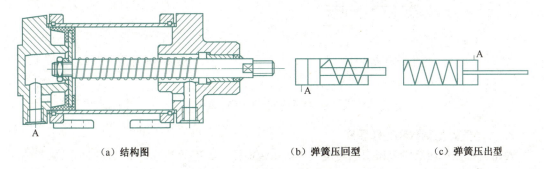

(a) 结构图　　　　　　(b) 弹簧压回型　　　　　(c) 弹簧压出型

图5-13　单作用活塞式气缸结构图和图形符号

单作用活塞式气缸的特点有:由于单边进气,故结构简单,耗气量小;缸内安装了弹簧,缩短了活塞的有效行程;弹簧的弹力随其变形大小而发生变化,故活塞杆推力和运动速度在行程中有变化;弹簧具有吸收动能的能力,因而减小了活塞杆的输出推力。

单作用气缸一般用于行程短且对输出力和运动速度要求不高的场合,如定位和夹紧装置等。

(2) 双作用活塞式气缸

双作用活塞式气缸是使用最广泛的一种最普通的气缸,如图5-14(a)、(b)为双作用单活塞杆式气缸结构图和图形符号。双作用活塞式气缸工作原理及参数计算与双作用活塞式液压缸类似。一般用于包装机械、食品机械和加工机械等设备中。

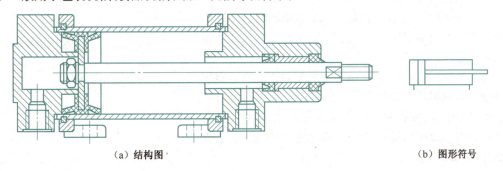

(a) 结构图　　　　　　　　　　　　(b) 图形符号

图5-14　双作用单活塞杆式气缸结构图和图形符号

2. 薄膜式气缸的结构和工作原理

薄膜式气缸是一种利用膜片在压缩空气作用下产生变形来推动活塞杆做直线运动的气缸。图5-15(a)、(b)为单作用式和双作用式薄膜式气缸结构简图。

与活塞式气缸相比较,薄膜式气缸结构紧凑、成本低、维修方便、寿命长、效率高。但因膜片的变形量有限,其行程较短,一般不超过40~50 mm,且气缸活塞上的输出力随行程的增大而减小,因此其应用范围受到一定限制,适用于气动夹具、自动调节阀及短行程工作场合。

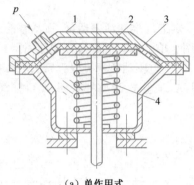 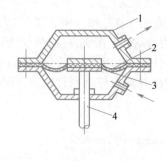

（a）单作用式　　　　　　（b）双作用式

1—缸体；2—膜片；3—膜盘；4—活塞杆。

图 5-15　薄膜式气缸结构简图

3. 冲击气缸的结构和工作原理

冲击气缸是把压缩空气压力能转换为活塞和活塞杆的高速运动，产生较大的冲击力，打击工件做功的一种气缸，图 5-16 所示为冲击气缸结构图。

冲击气缸结构简单、成本低，耗气功率小，且能产生相当大的冲击力，应用十分广泛，可完成下料、冲孔、弯曲、打印、铆接、模锻和破碎等多种作业。为了有效地应用冲击气缸，应正确选择工具，并确定冲击气缸尺寸，选用合适的控制回路。

二、气动马达的结构和工作原理

气动马达是将压缩空气的压力能转换成旋转的机械能的气动执行元件。早期，气动马达一般被用在矿坑、化学工厂、船舶等易发生爆炸的场所以取代电动马达。近年来由于低速高扭矩型气动马达的问世，气动马达在其他领域的需求也在不断增长。

气动马达因结构不同，可分为容积型和速度型。容积型气动马达利用压力空气的压力能量，用于一般机械，主要分为叶片式、活塞式和齿轮式气动马达；速度型气动马达利用压力和速度的能量，用于超高速回转装置上，主要是涡轮式气动马达。

1. 叶片式气动马达的结构和工作原理

图 5-17 所示为叶片式气动马达结构示意图及图形符号，叶片式气动马达的旋转转子的中心和外壳中心有一个偏心量，转子上有槽孔，叶片(3～10 片)插入转子圆周的槽孔内。叶片在径向方向滑动并与内壳表面密封，利用流入叶片和叶片之间的空气使转子旋转。槽孔底部装有弹簧或加预紧力以使叶片在马达启动之前得以与内壳表面接触，施加适当的离心力可得到较好的气密性。叶片式气动马达构造简单，价格低廉，适用于中容量高速的场合。

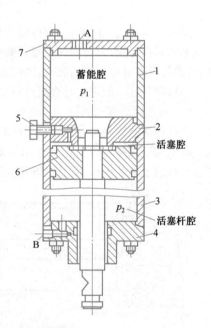

1—缸体；2—中盖；3—缸体；4—端盖；
5—排气塞；6—活塞；7—端盖。

图 5-16　冲击气缸结构图

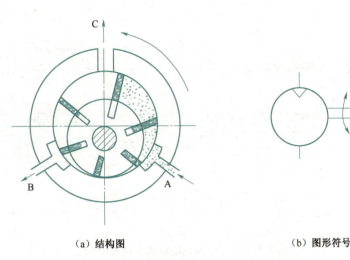

(a) 结构图　　　　　　　(b) 图形符号

图 5-17　叶片式气动马达结构示意图及图形符号

2. 活塞式气动马达的结构和工作原理

图 5-18 所示为径向活塞式气动马达的结构示意图，活塞式气动马达是利用压缩空气作用在活塞端面上，借助连杆、曲轴等构件将活塞的直线运动转变为马达轴的回转运动，其输出功率的大小与输入空气压力、活塞的数目、活塞面积、行程长度、活塞速度等因素有关。活塞式气动马达一般用在中、大容量及需要低速回转的地方，启动扭矩较好。按构造不同可分为轴向活塞式和径向活塞式两种。

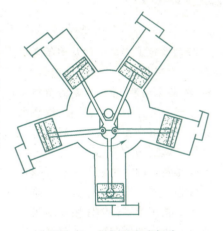

图 5-18　径向活塞式气动马达结构示意图

实践操作

实践操作 1：气动执行元件的拆装

1. 气缸的拆装

图 5-19 所示为普通型单活塞杆式双作用气缸结构和工作原理图，以这种液压缸为例说明液压缸的拆装步骤和方法。

①准备好内六角扳手一套、耐油橡胶板一块、油盘一个、钳工工具一套。
②卸下后缸盖 1。
③卸下前缸盖 11。
④卸下活塞杆 7 卡簧 11 和活塞 5 组件。
⑤卸下活塞密封圈 4。
⑥观察主要零件的作用和结构。
⑦按拆卸的反向顺序装配气缸。装配前清洗各零部件，将活塞与气缸筒内壁之间配合表面涂润滑液，并注意各处密封的装配。
⑧将气缸外表面擦拭干净，整理工作台。

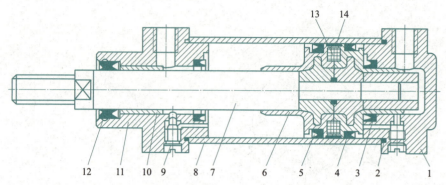

1—后缸盖；2—密封圈；3—缓冲密封圈；4—活塞密封圈；5—活塞；
6—缓冲柱塞；7—活塞杆；8—缸筒；9—缓冲节流阀；10—导向套；
11—前缸盖；12—防尘密封圈；13—磁铁；14—导向环。

图 5-19　普通型单活塞杆式双作用气缸

素养提升

劳动精神：崇尚劳动、热爱劳动、辛勤劳动、诚实劳动

劳动精神是中华民族几千年来优秀传统文化的结晶，是中华民族勤劳、踏实、孜孜以求的民族特色，是中华民族的精神风貌和行为品质的体现。它不仅仅是劳动者的职业精神，更是一种向上向善、勇于创新、追求卓越的精神风貌。

在气动元件的拆装、检查、维修中，要秉承劳动精神，不怕脏、不怕累，才能对气动元件的结构和故障情况有全面深入的了解，才能在工作中不断提高。

劳动精神：崇尚劳动、热爱劳动、辛勤劳动、诚实劳动

2. 气动马达的拆装

①准备好内六角扳手一套、耐油橡胶板一块、油盘一个、钳工工具一套。
②按先外后内的顺序拆下压缩各零件，并将零件标号按顺序摆好。
③观察主要零件的作用和结构。
④按拆卸的反向顺序装配气动马达。装配前清洗各零部件，将配合表面涂润滑液，并注意各处密封的装配。
⑤将气动马达外表面擦拭干净，整理工作台。

实践操作 2：气动执行元件的故障诊断与维修

气动执行元件的故障诊断与维修见表 5-3。

表 5-3　气动执行元件的故障诊断与维修

类型	故障现象	故障原因	维修方法
气缸	输出力不足	(1)压力不足 (2)活塞密封件磨损	(1)检查压力是否正常 (2)更换密封件
	动作不稳定	(1)活塞杆被咬住 (2)缸筒生锈、划伤 (3)混入冷凝液、异物 (4)产生爬行现象	(1)检查安装情况，去掉横向载荷 (2)检修，伤痕过大则更换 (3)拆卸、清扫、加设过滤器 (4)速度低于 50 mm/s 时，使用气-液缸或气-液转换器

续表

类型	故障现象	故障原因	维修方法
气缸	速度过慢	(1)排气通路受阻 (2)负载与气缸实际输出力相比过大 (3)活塞杆弯曲	(1)检查单向节流阀、换向阀、配管的尺寸 (2)提高使用压力 (3)更换活塞杆
气缸	活塞杆和衬套之间泄漏	(1)活塞杆密封件磨损 (2)混入了异物 (3)活塞杆被划伤	(1)更换密封件 (2)清除异物,加装防尘罩 (3)修补或更换活塞杆
气缸	活塞两端窜气	(1)活塞密封圈损坏 (2)润滑不良 (3)活塞被卡住 (4)密封面混入了杂质	(1)更换密封圈 (2)检查油雾器是否失灵 (3)重新安装调整使活塞杆不受偏心和横向载荷 (4)清洗除去杂志,加装过滤器
气缸	缓冲效果不良	(1)缓冲密封圈磨损 (2)调节螺钉损坏 (3)气缸速度太快	(1)更换密封圈 (2)更换调节螺钉 (3)注意缓冲机构是否合适
叶片式气动马达	叶片严重磨损	(1)空气中混入了杂质 (2)长期使用造成严重磨损 (3)断油或供油不足	(1)清除杂质 (2)更换叶片 (3)检查供油器,保证润滑
叶片式气动马达	前后气缸盖磨损严重	(1)轴承磨损,转子轴向窜动 (2)衬套选择不当	(1)更换轴承 (2)更换衬套
叶片式气动马达	定子内孔有纵向波浪槽	(1)长期使用 (2)杂质混入了配合面	(1)更换定子 (2)清除杂质或更换定子
叶片式气动马达	叶片折断	转子叶片槽喇叭口太大	更换转子
叶片式气动马达	叶片卡死	叶片槽间隙不当或变形	更换叶片
活塞式气动马达	运行中突然不转	(1)润滑不良 (2)气阀卡死、烧伤 (3)曲轴、连杆和轴承磨损 (4)气缸螺钉松动 (5)配气阀堵塞、脱焊	(1)加强润滑 (2)更换气阀 (3)更换磨损的零件 (4)拧紧气缸螺钉 (5)清洗配气阀,重焊
活塞式气动马达	功率转速显著下降	(1)气压低 (2)配气阀装反 (3)活塞环磨损	(1)调整压力 (2)重装 (3)更换活塞环
活塞式气动马达	耗气量太大	(1)缸、活塞环、阀套磨损 (2)管路系统漏气	(1)更换磨损的零件 (2)检修气路

自主测试

一、填空题

1. 气动执行元件是将压缩空气压力能转换为机械能的装置,包括_____和_____。
2. 气缸实现的是_____运动,气动马达实现的是_____运动。

二、选择题

1. 利用压缩空气使膜片变形,从而推动活塞杆作直线运动的气缸是( )。
   A. 气-液阻尼缸　　B. 冲击气缸　　C. 薄膜式气缸　　D. 双作用气缸
2. 在要求双向行程时间相同的场合,应采用哪种气缸( )。
   A. 多位气缸　　B. 膜片式气缸　　C. 伸缩套筒气缸　　D. 双出杆活塞缸

三、判断题

1. 气动马达的突出特点是具有防爆、高速、输出功率大、耗气量小等优点,但也有噪声大和易产生振动等缺点。　　( )
2. 气动马达是将压缩空气的压力能转换成直线运动的机械能的装置。　　( )

四、简答题

1. 简述冲击气缸的工作过程及工作原理。
2. 简述叶片式气动马达的工作过程及工作原理。

任务 5.3　认识气动方向控制元件及故障诊断

气动控制元件按其功能和作用分为方向控制阀、压力控制阀和流量控制阀三大类,主要用于控制调节压缩空气的方向、压力和流量。此外,还有通过控制气流方向和通断实现各种逻辑功能的气动逻辑元件等。

任务要求

- 素养要求:坚定职业信仰,坚持职业追求,培养精益求精的工匠精神。
- 知识要求:理解气动方向控制元件的工作原理。
- 技能要求:会对气动方向控制元件进行故障诊断及处理。

知识准备

气动方向控制阀和液压方向控制阀相似,利用阀芯和阀体的相对移动,控制各气口的接通或断开,以改变气体的流动方向,实现改变执行元件的运动方向的作用。按其作用特点可分为单向型和换向型两种,其阀芯结构主要有截止式和滑阀式。

一、单向型控制阀的结构和工作原理

单向型控制阀包括单向阀、或门型梭阀、与门型梭阀和快速排气阀。

1. 单向阀的结构和工作原理

单向阀只允许压缩空气单方向流动而不允许其逆向流动,气动单向阀与液压单向阀工作原理相同,图 5-20 所示为单向阀的工作原理图和图形符号。当气体正向流动时,进口气压作用于球塞的推力大于作用于球塞上的弹簧力,阀芯被推开,单向阀打开;当压缩空气由输出口进入时,气体压力与弹簧力使球塞压紧在阀座上封闭了通道,单向阀关闭。

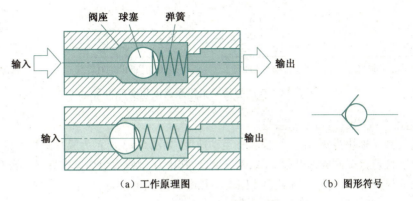

图 5-20 单向阀的工作原理图和图形符号

> **素养提升**
>
> ### 工匠精神：坚定职业信仰，坚持职业追求
>
> 工匠精神是指在制作或工作中追求精益求精的态度与品质，是职业道德、职业能力、职业品质的体现，是从业者的一种职业价值取向和行为表现。在学习和工作中，做一件事情容易，坚持一直做一件事情、做好一件事情不容易，这需要有坚定的职业信仰，坚持追求自己的职业目标，才能不断进步。

2. 或门型梭阀的结构和工作原理

在气压传动系统中，当两个通路 P_1 和 P_2 均与另一通路 A 相通，而不允许 P_1 与 P_2 相通，此时可使用或门型梭阀，如图 5-21 为或门型梭阀工作原理图和图形符号。如图 5-21(a)所示，当 P_1 进气时，阀芯推向右边，通路 P_2 被关闭，气流从 P_1 进入通路 A；如图 5-21(b)所示，当 P_2 进气时，气流则从 P_2 进入通路 A。若 P_1 与 P_2 同时进气，则哪端压力高，通路 A 就与哪端相通，另一端自动关闭。图 5-21(c)所示为或门型梭阀的图形符号。

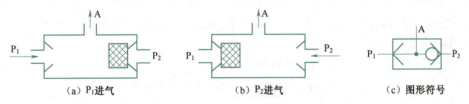

图 5-21 或门型梭阀工作原理图和图形符号

3. 与门型梭阀（双压阀）的结构和工作原理

与门型梭阀又称双压阀，只有当两个输入口 P_1、P_2 同时进气时，A 口才能输出，图 5-22 所示为与门型梭阀工作原理图和图形符号。如图 5-22(a)、(b)所示，当压缩空气单独由 P_1 或 P_2 输入时，其入口压力使阀芯移动，封住与输出口接通的通道，使 A 口无气体输出。若 P_1 口先输入压缩空气，P_2 口随后也有压缩空气输入，则 P_2 口的气体由 A 口输出；若压缩空气先由 P_2 口进入，则情况相似。当 P_1 和 P_2 口输入的压力不等时，压力高的一侧被封锁，而低压侧的气体将通过 A 口输出。图 5-22(c)所示，双压阀只有当两个输入口 P_1 和 P_2 同时进气时，A 口才能输出。

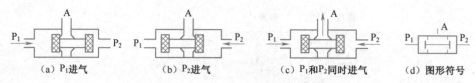

(a) P_1进气　　(b) P_2进气　　(c) P_1和P_2同时进气　　(d) 图形符号

图 5-22　与门型梭阀工作原理图和图形符号

4. 快速排气阀的结构和工作原理

快速排气阀又称快排阀,用于加快气缸运动速度,如图 5-23 所示为膜片式快速排气阀结构图和图形符号。快速排气阀阀体开设 P、A、O 三个口,其中 O 口最大为快速排气口。当 P 口进气时,膜片 1 被压下封住排气口 O,气流经膜片四周小孔由 A 口流出;当 A 口进气时,A 口气压将膜片顶起封住 P 口,A 口气体经 O 口快速排入大气。

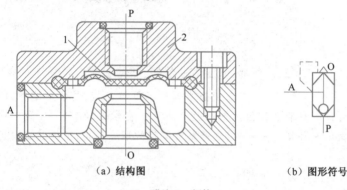

(a) 结构图　　(b) 图形符号

1—膜片;2—阀体。

图 5-23　快速排气阀结构图和图形符号

二、换向型控制阀的结构和工作原理

气动换向阀与液压换向阀的工作原理、操作方式、图形符号基本相同。换向型控制阀按阀的工作位置数分为二位、三位、四位;按阀的通路数分为二通、三通、四通、五通;按阀芯的结构分为滑阀式、截止式、旋塞式;按阀的控制方式分为手动控制、机械控制、气压控制、电磁控制等。

1. 气动换向阀的控制方式

气动换向阀控制方式与图形符号见表 5-4。

表 5-4　气动换向阀控制方式与图形符号

控制方式	手动控制	机械控制	电磁控制	弹簧复位	气压控制	气压先导	电磁-气压先导
图形符号							

2. 气动换向阀的"位"和"通"

"位"是阀芯的工作位置。在图形符号中,方格表示工作位置,两个方格表示二位,三个方格表示三位。方格内箭头表示阀内压缩空气的流动方向(但不严格代表流动方向);方格内"⊥"表示空气流动通道被阻塞;方格上"△"表示与大气相通,排入大气。

"通"表示阀体上与外部的通口数,有几个通口,即为几通。通常用 P 表示进口,O 或 T 表示出口。换向阀的阀芯处于不同的工作位置时,各通口之间的通断状态是不同的。

换向阀在无控制信号时,所在的工作位置称为"常态位",其他工作位置称为"工作位"。在"常态位"时,若进气口P(和气源相通)与工作口A或B(与执行元件相通)直接连通,则称为"常通式",反之称为"常闭式"。

三位换向阀有三个工作位置,其中间位置称为"中位"。若中位各通口呈封闭状态,称为中位封闭式阀;若出口与排气口相通,称为中位泄压式阀;若出口与进口相通,称为中位加压式阀;若在中位泄压式阀的两个出口内装上单向阀,称为中位止回式阀。

常见的二位和三位换向阀图形符号见表5-5。

表 5-5 二位和三位换向阀图形符号

	二位	三位			
		中位封闭式	中位泄压式	中位加压式	中位止回式
二通	▯				
三通	▯	▯	▯		
四通	▯	▯	▯	▯	
五通	▯	▯	▯	▯	▯

3. 气动换向阀的工作原理

以二位三通按钮换向阀为例说明换向阀的工作原理,如图5-24所示为二位三通按钮换向阀的工作原理图和图形符号。在常态下,P口不通,A、T两口相通,为常闭阀;当按下按钮时,P、A两口相通,T口不通。

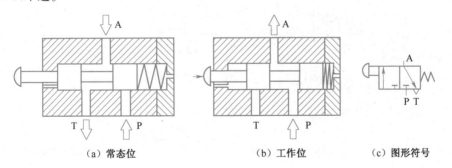

(a)常态位　　　(b)工作位　　　(c)图形符号

图 5-24　二位三通按钮换向阀的工作原理图和图形符号

实践操作

实践操作1:气动方向控制元件的拆装

1. 单向阀的拆装

图 5-25 所示为普通单向阀的结构和工作原理图,以这种阀为例说明单向型方向阀的拆装步骤和方法。

①准备好内六角扳手一套、耐油橡胶板一块、油盘一个、钳工工具一套。
②卸下 P 口和 A 口的密封圈。
③卸下弹簧座,取下弹簧 3、阀芯 2、密封件 4 等。
④观察主要零件的结构和作用。
⑤按拆卸的相反顺序装配,即后拆的零件先装配,先拆的零件后装配。装配时应注意:
- 装配前应认真清洗各零件,并将配合零件表面涂润滑油。
- 检查各零件的油孔、油路是否畅通、是否有尘屑,若有重新清洗。
- 阀芯装入阀体后,应运动自如。

⑥将阀外表面擦拭干净,整理工作台。

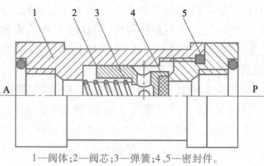

1—阀体;2—阀芯;3—弹簧;4、5—密封件。

图 5-25 普通单向阀结构图

2. 二位三通电磁换向阀的拆装

图 5-26 所示为二位三通直动式电磁换向阀的结构、工作原理和图形符号图,以这种阀为例说明换向型方向阀的拆装步骤和方法。

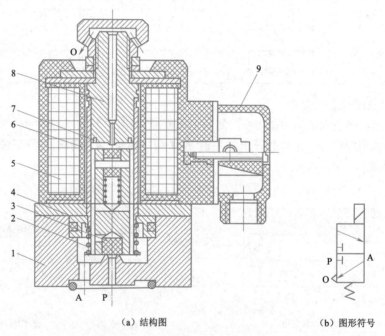

（a）结构图　　（b）图形符号

1—阀体;2—复位弹簧;3—动铁芯;4—连接板;5—线圈;6—隔磁套管;
7—分磁环;8—静铁芯;9—接线盒。

图 5-26 二位三通电磁换向阀的结构和图形符号

①准备好内六角扳手一套、耐油橡胶板一块、油盘一个、钳工工具一套。
②卸下接线盒 9。
③卸下电磁铁。
④卸下动铁芯 3。

⑤卸下 P 口密封圈。
⑥卸下复位弹簧 2。
⑦观察主要零件的结构和作用。
⑧按拆卸的相反顺序装配,即后拆的零件先装配,先拆的零件后装配。装配时应注意:
- 装配前应认真清洗各零件,并将配合零件表面涂润滑油。
- 检查各零件的油孔、油路是否畅通、是否有尘屑,若有重新清洗。
- 阀芯装入阀体后,应运动自如。

⑨将阀外表面擦拭干净,整理工作台。

实践操作 2:气动方向控制元件的故障诊断与维修

气动方向控制元件的故障诊断与维修见表 5-6。

表 5-6　气动方向控制元件的故障诊断与维修

类型	故障现象	故障原因	维修方法
气动换向阀	不能换向	(1)阀的滑动阻力大,润滑不良 (2)O 型密封圈变形 (3)粉尘卡住滑动部分 (4)弹簧损坏 (5)阀操纵力小 (6)活塞密封圈磨损 (7)膜片破裂	(1)加强润滑 (2)更换密封圈 (3)清除粉尘 (4)更换弹簧 (5)检查阀操纵部分 (6)更换密封圈 (7)更换膜片
	阀产生振动	(1)空气压力低(对于先导型电磁换向阀) (2)电源电压低(对于直动式电磁阀)	(1)提高操纵压力,采用直动式电磁阀 (2)提高电源电压,使用低电压线圈
	交流电磁铁有蜂鸣声	(1)活动铁芯的铆钉脱落、铁芯叠层分开不能吸合 (2)粉尘进入铁芯的滑动部分,使活动铁芯不能密切接触 (3)短路环损坏 (4)电源电压低 (5)外部导线拉得太紧	(1)更换铁芯组件 (2)清除粉尘,必要时更换铁芯组件 (3)更换固定铁芯 (4)提高电源电压 (5)引线应宽裕
	电磁铁动作时间偏差大,或有时不能动作	(1)活动铁芯锈蚀,不能移动 (2)在湿度高的环境中使用气动元件时,由于密封不完善而向磁铁部分泄漏空气 (3)电源电压低 (4)粉尘等进入活动铁芯的滑动部分,使运动恶化	(1)铁芯除锈 (2)修理好对外部的密封,更换坏的密封件 (3)提高电源电压或使用符合电压的线圈 (4)清除粉尘
	线圈烧毁	(1)环境温度高 (2)换向过于频繁 (3)因为吸引时电流大,单位时间耗电多,温度升高,使绝缘损坏而短路 (4)粉尘夹在阀和铁芯之间,不能吸引活动铁芯 (5)线圈上残余电压	(1)按产品规定温度范围使用 (2)使用高频电磁阀 (3)使用气动逻辑回路 (4)清除粉尘 (5)使用正常电源电压,使用符合电压的线圈
	切断电源,活动铁芯不能复位	粉尘夹入活动铁芯滑动部分	清除粉尘

自主测试

一、填空题

1. 气动控制元件按其功能和作用分为＿＿＿＿控制阀、＿＿＿＿控制阀和＿＿＿＿控制阀三大类。
2. 气动单向型控制阀包括＿＿＿＿、＿＿＿＿、＿＿＿＿和快速排气阀。

二、选择题

1. 气压传动中方向控制阀用于（　　）。
   A. 调节压力　　　　　　　　　　B. 截止或导通气流
   C. 调节流量　　　　　　　　　　D. 快速排气
2. 以下不属于气动方向控制元件的是（　　）。
   A. 或门型梭阀　　B. 快速排气阀　　C. 节流阀　　D. 单向阀

三、判断题

1. 在气动系统中，双压阀的逻辑功能相当于"或"元件。　　　　　　　　　（　　）
2. 快速排气阀是使执行元件的运动速度达到最快而使排气时间最短，因此需要将快排阀安装在方向控制阀的排气口。　　　　　　　　　　　　　　　　　　　　　　（　　）

四、简答题

1. 气动换向阀的控制方式有哪些？
2. 什么是气动换向阀的"位"和"通"？

任务5.4　认识气动压力控制元件及故障诊断

气动压力控制阀是控制气压传动系统的压力或利用压力的变化实现某种动作的阀，主要有溢流阀、减压阀和顺序阀。

任务要求

- 素养要求：自我调节压力，保持良好工作状态，培养良好的职业素养。
- 知识要求：理解气动压力控制元件的工作原理。
- 技能要求：会对气动压力控制元件进行故障诊断及处理。

知识准备

一、溢流阀的结构和工作原理

溢流阀通常作为安全阀使用，用以防止系统内压力超过最大允许压力以保护回路或气压设备的安全。图5-27(a)、(b)所示为溢流阀工作原理图和图形符号，控制系统的管道或容器直接与溢流阀的P口接通，当系统内压力升高到弹簧调定值时，气体推开阀芯，经过阀口从O口排至大气，使系统压力下降。当压力低于调定值时，在弹簧作用下阀口关闭，使系统压力维持在安全阀调定压力值之下,从而保证系统不会因压力过高而发生事故。调整弹簧的压缩量,即可调节溢流阀的开启压力。

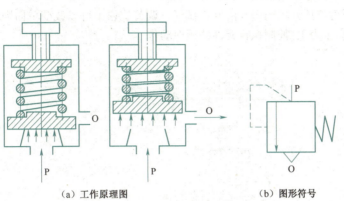

(a) 工作原理图　　　　　(b) 图形符号

图 5-27　溢流阀工作原理图和图形符号

二、减压阀的结构和工作原理

空气压缩机产生的压缩空气通常储存在储气罐内,再由管路输送到系统各处,储气罐的压力通常比实际使用的压力要高,使用时必须根据实际使用条件而减压。在各种气压控制中,都可能出现压力波动,若压力太高,将造成能量损失;若压力太低,则出力不足,造成低效率。此外,压缩机开启和关闭所造成的压力波动对系统也有不良的影响,因此必须使用减压阀或调压阀。减压阀和调压阀虽然功能不同,但实际结构却无差异。

图 5-28(a)、(b) 所示为减压阀工作原理图和图形符号,当阀处于工作状态时,调节手柄 1、压缩调压弹簧 2、3 及膜片 5,通过阀杆 6 使阀芯 8 下移,进气阀口被打开,高压气流从左端输入,经阀口节流减压后从右端输出,输出气流的一部分由阻尼孔 7 进入膜片气室,在膜片 5 的下方产生一个向上的推力,这个推力总是要把阀口开度关小,使其输出压力下降。当作用于膜片上的推力与弹簧力相平衡后,减压阀的输出压力便保持一定。当输入压力发生波动时,如输入压力瞬时升高,输出压力也随之升高,作用于膜片 5 上的气体推力也随之增大,破坏了原来的力的平衡,使膜片 5 向上移动,有少量气体经溢流口 4、排气孔 11 排出。在膜片上移的同时,因复位弹簧 10 的作用,使输出压力下降,直到新的平衡为止。重新平衡后的输出压力又基本上恢复至原值。反之,输出压力瞬时下降,膜片下移,进气口开度增大,节流作用减小,输出压力又基本回升至原值。调节手柄 1 使调压弹簧 2、3 恢复自由状态,输出压力降至零,阀芯 8 在复位弹簧 10 作用下,关闭进气阀口,这样减压阀便处于截止状态,无气流输出。

三、顺序阀的结构和工作原理

顺序阀是依靠气路中压力的变化来控制各执行元件按顺序动作的压力控制阀。图 5-29 所示为顺序阀的工作原理图和图形符号,调节弹簧的压缩量可控制顺序阀的开启压力。当输入压力达到顺序阀的调整压力时,阀口打开,压缩空气从 P 到 A 有输出;反之,则 A 无输出。

顺序阀一般很少单独使用,常与单向阀组合在一起构成单向顺序阀。图 5-30 为单向顺序阀的工作原理图和图形符号。如图 5-30(a) 所示,当压缩空气进入气腔 4 后,作用在活塞 3 上的气压超过压缩弹簧2上的力,将活塞顶起,压缩空气从P口经气腔4和5到A口输出,此时单向阀6在压差力及弹簧力的作用下处于关闭状态。如图5-30(b)所示,当反向流动时,输入侧P口变成排气口,输出侧压力将顶开单向阀6由P口排气。调节旋钮1可以改变单向顺序阀的开启压力,以便在不同的开启压力下,控制执行元件的顺序动作。

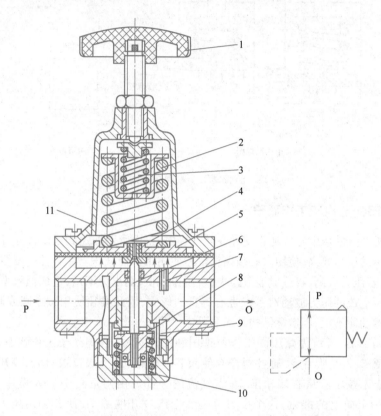

(a) 工作原理图　　　　　　(b) 图形符号

1—手柄;2、3—调压弹簧;4—溢流口;5—膜片;6—阀杆;7—阻尼孔;8—阀芯;
9—阀座;10—复位弹簧;11—排气孔。

图 5-28　减压阀的工作原理图和图形符号

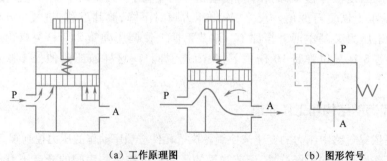

(a) 工作原理图　　　　　　(b) 图形符号

图 5-29　顺序阀的工作原理图和图形符号

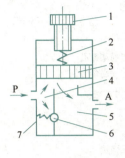 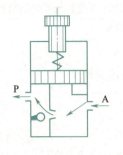 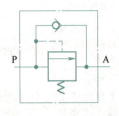

(a) 开启状态　　　　　　　(b) 关闭状态　　　　　　(c) 图形符号

1—调节旋钮;2—压缩弹簧;3—活塞;4,5—气腔;6—单向阀。

图 5-30　单向顺序阀工作原理图和图形符号

素养提升

职业素养:自我调节压力,保持良好状态

工作中,难免会遇到压力,要积极看待工作压力,不断学习,提高自身的能力,同时要学会调节情绪,可以通过运动方式释放压力,同时可以从家人、朋友那里得到支持和帮助,保持良好的工作状态。

职业素养:
自我调节压力,
保持良好状态

实践操作

实践操作1:减压阀的拆装

图 5-27 所示为 QTY 型直动式减压阀的结构、工作原理和图形符号图,以这种阀为例说明减压阀的拆装步骤和方法。

①准备好内六角扳手一套、耐油橡胶板一块、油盘一个、钳工工具一套。
②将调压手柄1完全松开,再卸下手柄1及推杆。
③卸下减压阀上体和下体上的连接螺钉,将它们分开。
④卸下调压弹簧2、3。
⑤卸下膜片5。
⑥卸下阀芯下的螺母,取出复位弹簧10、阀杆6及阀芯8。
⑦观察主要零件的结构和作用。
⑧按拆卸的相反顺序装配,装配时应注意:
- 装配前应认真清洗各零件,并将配合零件表面涂润滑油。
- 检查各零件的油孔、油路是否畅通、是否有尘屑,若有重新清洗。
- 装配中注意两根弹簧及溢流阀阀座之间的装配关系。
- 阀芯、阀杆装入阀体后,应运动自如。
- 阀体上体和下体平面应完全贴合后,才能用螺钉连接,螺钉要分两次拧紧,并按对角线顺序进行。

⑨将阀外表面擦拭干净,整理工作台。

实践操作2:气动压力控制元件的故障诊断与维修

气动压力控制元件的故障诊断与维修见表5-7。

表 5-7 气动压力控制元件的故障诊断与维修

类型	故障现象	故障原因	维修方法
溢流阀	压力虽超过调定值,但不溢流	(1)阀内部的孔堵塞 (2)阀的导向部分进入了异物	(1)清洗或疏通堵塞孔 (2)清洗阀的导向部分
	压力虽没有超过调定值,但在出口却溢流空气	(1)阀内进入异物 (2)阀座损坏 (3)调压弹簧失灵	(1)清洗 (2)更换阀座 (3)更换调压弹簧
	溢流时发生振动(主要发生在膜片式阀上),其启闭压力差较小	(1)压力上升速度很慢,溢流阀放出流量多,引起阀振动 (2)因从气源到溢流阀之间被节流,溢流阀进口压力上升慢而引起振动	(1)出口侧安装针阀微调溢流量,使其与压力上升量匹配 (2)增大气源到溢流阀的管道口径,以消除节流
	从阀体或阀盖向外漏气	(1)膜片破裂 (2)密封件损坏	(1)更换膜片 (2)更换密封件
减压阀	输出压力升高	(1)阀内弹簧损坏 (2)阀座有伤痕,或阀座橡胶剥离损坏 (3)阀体中央进入灰尘,阀导向部分黏附异物 (4)阀芯导向部分和阀体的 O 型密封圈收缩、膨胀	(1)更换阀内弹簧 (2)更换阀体 (3)清洗、检查滤清器 (4)更换 O 型密封圈
	压力降过大	(1)阀口径偏小 (2)阀底部积存冷凝水;阀内混入异物	(1)更换口径大的减压阀 (2)清洗、检查滤清器
	外部总是漏气	(1)溢流阀座有伤痕 (2)膜片破裂 (3)由出口处进入背压空气 (4)密封垫片损坏 (5)手轮止动弹簧螺母松动	(1)更换溢流阀座 (2)更换膜片 (3)检查出口处的装置 (4)更换密封垫片 (5)拧紧手轮止动弹簧螺母
	异常震动	(1)弹簧的弹力减弱,弹簧错位 (2)阀体的中心,阀杆的中心错位 (3)因空气消耗量周期变化使阀不断开启、关闭,与减压阀引起共振	(1)把弹簧调整到正常位置,更换弹力减弱的弹簧 (2)检查并调整位置偏差 (3)和制造厂协商或更换
	拧动手轮但不能减压	(1)溢流阀溢流孔堵塞 (2)使用了非溢流式减压阀	(1)清扫、检查过滤器 (2)更换溢流式减压阀

自主测试

一、填空题

1. 气动压力控制阀主要有_____、_____和_____。

2. _____ 通常作为安全阀使用,用以防止系统内压力超过最大允许压力以保护回路或气压设备的安全。

二、判断题

1. 每台气动装置的供气压力都需要用减压阀来减压,并保证供气压力的稳定。（　　）
2. 气压控制换向阀是利用气体压力来使主阀芯运动而使气体改变方向的。（　　）
3. 气动压力控制阀都是利用作用于阀芯上的流体(空气)压力和弹簧力相平衡的原理进行工作的。（　　）

三、简答题

1. 气动系统中常用的压力控制阀有哪些?
2. 简述减压阀的工作原理。

任务5.5　认识气动流量控制元件及故障诊断

气动流量控制阀主要有节流阀、单向节流阀和排气节流阀等,都是通过改变控制阀的通流面积实现流量控制的元件。

任务要求

- 素养要求:严谨细致,一丝不苟,培养精益求精的工匠精神。
- 知识要求:理解气动流量控制元件的工作原理。
- 技能要求:会对气动流量控制元件进行故障诊断及处理。

知识准备

一、节流阀的结构和工作原理

节流阀通过改变阀的通流截面改变压缩空气的流量。图5-31所示为节流阀的工作原理图和图形符号,阀体上有调整螺钉,可以调整流通口面积的大小。节流阀主要用来调节气缸活塞的速度并对系统中气体流动速度进行控制。节流阀两个方向均有节流作用,使用节流阀时通流面积不宜太小,因为空气中的冷凝水、尘埃等塞满阻流口通路时,会引起节流量的变化。

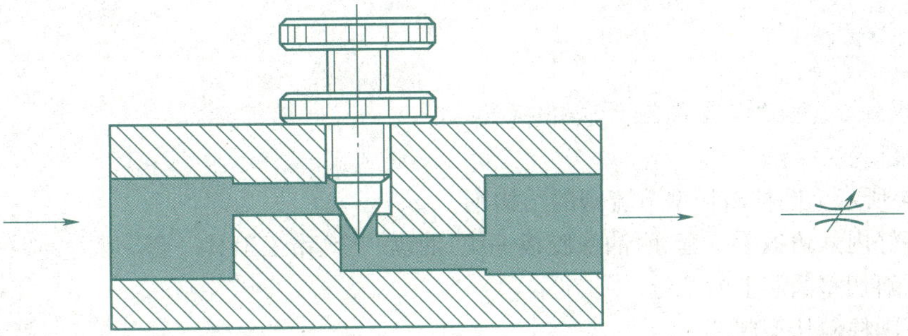

（a）工作原理图　　　　　　　　　　　　（b）图形符号

图5-31　节流阀的工作原理图和图形符号

二、单向节流阀的结构和工作原理

单向节流阀是由单向阀和节流阀并联而成的流量控制阀。图 5-32 所示为单向节流阀的工作原理图和图形符号,当气体由左边进入时(P_2 口进气),膜片被顶开,流量不受节流阀限制。当气体由右边进入时(P_1 口进气),膜片被顶住,气体只能由节流间隙通过,流量被节流阀阻流口的大小所限制。单向节流阀通常用于单方向速度控制的气缸或系统中进行单向流量的控制。

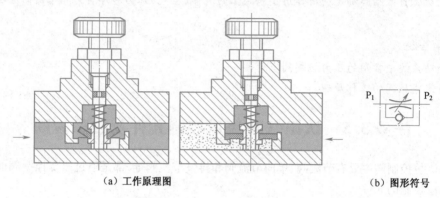

(a) 工作原理图　　　　　　　　　　　　(b) 图形符号

图 5-32　单向节流阀的工作原理图和图形符号

三、排气节流阀的结构和工作原理

排气节流阀的工作原理与节流阀相似,图 5-33 所示为排气节流阀工作原理图和图形符号,通过调节节流口的通流面积来调节排入大气的流量,以改变气缸的运动速度。排气节流阀常带有消声器,通常安装在执行元件的排气口处。

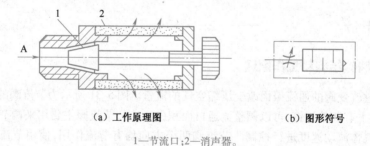

(a) 工作原理图　　　　　　　　　　(b) 图形符号

1—节流口;2—消声器。

图 5-33　排气节流阀的工作原理图和图形符号

实践操作

实践操作 1:气动流量控制元件的拆装

1. 节流阀的拆装

图 5-34 所示为圆柱斜切型节流阀的结构图。
① 准备好内六角扳手一套、耐油橡胶板一块、油盘一个、钳工工具一套。
② 卸下斜切型阀芯上的螺母。
③ 卸下圆柱斜切型阀芯。
④ 观察主要零件的结构和作用。
⑤ 按拆卸的相反顺序装配,即后拆的零件先装配,先拆的零件后装配。装配时应注意:

- 装配前应认真清洗各零件,并将配合零件表面涂润滑油。
- 检查各零件的油孔、油路是否畅通、是否有尘屑,若有重新清洗。

⑥阀外表面擦拭干净,整理工作台。

2. 单向节流阀的拆装

①准备好内六角扳手一套、耐油橡胶板一块、油盘一个、钳工工具一套。
②卸下单向阀的弹簧座,取出单向阀弹簧、钢球等。
③卸下节流阀阀芯。
④观察主要零件的结构和作用。
⑤按拆卸的相反顺序装配,即后拆的零件先装配,先拆的零件后装配。装配时应注意:

- 装配前应认真清洗各零件,并将配合零件表面涂润滑油。
- 检查各零件的油孔、油路是否畅通、是否有尘屑,若有重新清洗。

⑥将阀外表面擦拭干净,整理工作台。

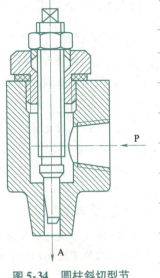

图 5-34 圆柱斜切型节流阀的结构图

3. 排气节流阀的拆装

①准备好内六角扳手一套、耐油橡胶板一块、油盘一个、钳工工具一套。
②卸下手轮。
③卸下左端盖。
④卸下节流阀阀芯和推杆。
⑤卸下消声器2。
⑥观察主要零件的结构和作用。
⑦按拆卸的相反顺序装配,即后拆的零件先装配,先拆的零件后装配。装配时应注意:

- 装配前应认真清洗各零件,并将配合零件表面涂润滑油。
- 检查各零件的油孔、油路是否畅通、是否有尘屑,若有重新清洗。

⑧将阀外表面擦拭干净,整理工作台。

实践操作2:气动流量控制元件的故障诊断与维修

气动流量控制元件的故障诊断与维修见表5-8。

表5-8 气动流量控制元件的故障诊断与维修

类型	故障现象	故障原因	维修方法
单向节流阀	气缸虽然能动,但运动不圆滑	(1)单向节流阀的安装方向不正确 (2)气缸运动途中负载有变动 (3)气缸用于超过低速极限	(1)按规定方向重安装 (2)减少气缸的负载率 (3)低速极限为50 mm/s,超过此极限宜用气液缸或气液转换器
	气缸运动速度慢	和元件、配管比,单向节流阀的有效截流面积过小	更换合适的单向节流阀
	微调困难	(1)节流阀口有尘埃进入 (2)选择了比规定大得多的单向节流阀	(1)拆卸通路并清洗 (2)按规定选用单向节流阀
	产生振动	单向节流阀中单向阀的开启压力接近气源压力,导致单向阀振动	改变单向阀的开启压力

自主测试

一、填空题

1. 气动流量控制阀主要有_____、_____、_____等。
2. 气动系统因使用的功率都不大,所以主要的调速方法是_____。

二、选择题

1. 下列气动元件是流量控制元件的是(　　)
   A. 气动马达　　　B. 顺序阀　　　C. 节流阀　　　D. 气缸
2. 气压传动中流量控制阀用于(　　)。
   A. 调节压力　　　B. 截止或导通气流　　　C. 调节流量　　　D. 快速排气

三、简答题

1. 简述节流阀的工作原理。
2. 比较节流阀、单向节流阀和排气节流阀的不同。

任务5.6　认识气动辅助元件及故障诊断

气动辅助元件是气动系统不可缺少的组成部分,主要包含气动三联件、管道系统、消声器等。

任务要求

- **素养要求**:团结协作,相互配合,培养精诚合作的职业精神。
- **知识要求**:理解气动辅助元件的工作原理。
- **技能要求**:会对气动辅助元件进行故障诊断及处理。

知识准备

一、气动三联件的结构和工作原理

空气过滤器、减压阀和油雾器一起称为气动三联件(又称气动三大件),三联件依进气方向为空气过滤器、减压阀和油雾器顺序排列,组装在一起。气动三联件是多数气动设备必不可少的气源装置,安装在用气设备的近处,是压缩空气质量的保证。

气动系统中气动三联件的安装次序及图形符号如图5-35所示。目前新结构的三联件插装在同一支架上,形成无管化连接,如图5-36所示,其结构紧凑、装拆及更换元件方便,应用普遍。

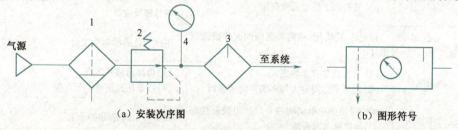

(a) 安装次序图　　　　　　　　　　　(b) 图形符号

1—空气过滤器;2—减压阀;3—油雾器;4—压力表。

图5-35　气动三联件安装次序图及图形符号

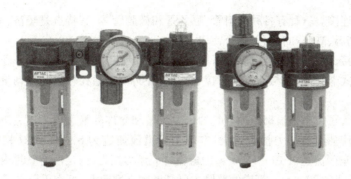

图 5-36　气动三联件实物图

①空气过滤器又称分水滤气器、空气滤清器,作用是滤除压缩空气中的水分、油滴及杂质,以达到气动系统所要求的净化程度,如图 5-11 所示。

②气动三联件中所用的减压阀,起减压和稳压的作用,如图 5-27 所示。

③气动元件内部有许多相对滑动的部分,因此必须保证良好的润滑效果。油雾器是一种特殊的注油装置,它将润滑油雾化并注入空气流中,随着压缩空气流入需要润滑的部位,以达到润滑的目的。图 5-37 所示为油雾器的结构图和图形符号,压缩空气由输入口进入后,一部分进入油杯下腔,使杯内的油面受压,润滑油经吸油管上升到顶部小孔,润滑油滴进入主通道高速气流中,被雾化后从输出口输出。"视油窗"上部的调节旋钮(节流阀)用以调整滴油量。油雾器的选择主要根据气压系统所需额定流量和油雾粒度大小来确定油雾器的型式和通径,所需油雾粒度在 50 μm 左右选用普通型油雾器。

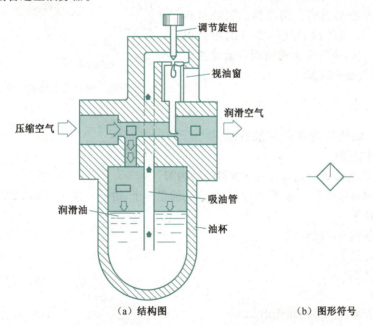

图 5-37　油雾器的结构图和图形符号

二、管道和管结构的结构和选择

气动系统中常用的管道有硬管和软管。硬管以钢管和紫铜管为主,常用于高温、高压和固定不动的部件之间连接。软管有各种塑料管、尼龙管和橡胶管等,其特点是经济、拆装方便、密封性好,但应避免在高温、高压和有辐射场合使用。

管接头是连接、固定管道所必需的辅件,分为硬管接头和软管接头两类。硬管接头有螺纹连接及薄壁管扩口式卡套连接,与液压用管接头基本相同,对于通径较大的气动设备、元件、管道等可采用法兰连接。

气源管道的管径大小是根据压缩空气的最大流量和允许的最大压力损失决定的。为免除压缩空气在管道内流动时的压力损失过大,空气主管道流速应为 6~10 m/s(相应压力损失小于 0.03 MPa),用气车间流速可 10~15 m/s,为避免过大压力损失,限定所有管道内空气流速不大于 25 m/s,最大不得超过 30 m/s。管道的壁厚主要是考虑强度问题,可查手册选用。

三、消声器的结构和工作原理

气压传动系统一般不设置排气管道。当压缩空气急速由阀口排入大气时,常产生频率极高、极刺耳的噪声。排气的速度和功率越大,噪声越大,一般可达 100~120 dB。这种噪声会造成操作者工作效率的降低,影响人体的健康,所以必须在换向阀的排气口安装消声器来降低排气噪声。

消声器通过阻尼和增大排气面积来降低排气的速度和压力以降低噪声。图 5-38 所示为消声器的结构图和图形符号。消声器的阻尼材料由烧结塑胶制成,当排放的气体进入消声器内时,经由阻尼材料构成的曲折通道而降低流速和排气压力,使排气噪声减弱。

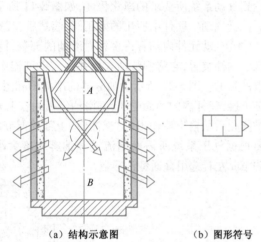

(a)结构示意图　　(b)图形符号

图 5-38　消声器的结构图和图形符号

实践操作

实践操作 1:气动辅助元件的拆装

1. 油雾器的拆装

图 5-39 所示为固定节流式普通油雾器的结构图。

①准备好内六角扳手一套、耐油橡胶板一块、油盘一个、钳工工具一套等器具。

②卸下油杯 3。

③卸下油量调节针阀 6。

④卸下视油器 7。

⑤卸下油塞 8。

⑥卸下立杆 1。

⑦观察主要零件的结构和作用。

⑧按拆卸的相反顺序装配,即后拆的零件先装配,先拆的零件后装配。装配时应注意:

- 装配前应认真清洗各零件,并将配合零件表面涂润滑油。
- 检查各零件的油孔、油路是否畅通、是否有尘屑,若有重新清洗。

⑨将油雾器外表面擦拭干净,整理工作台。

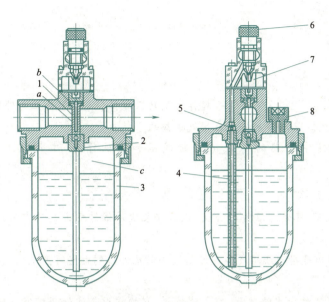

1—立杆；2—截止阀；3—油杯；4—吸油管；5—单向阀；6—测量调节针阀；7—视油器；8—油塞。

图 5-39　固定节流式普通油雾器的结构图

2. 消声器的拆装

①准备好内六角扳手一套、耐油橡胶板一块、油盘一个、钳工工具一套。
②卸下消声罩。
③观察主要零件的结构和作用。
④按拆卸的相反顺序装配，即后拆的零件先装配，先拆的零件后装配。
⑤将消声器外表面擦拭干净，整理工作台。

实践操作 2：气动辅助元件的故障诊断与维修

气动辅助元件的故障诊断与维修见表5-9。

表 5-9　气动辅助元件的故障诊断与维修

类型	故障现象	故障原因	维修方法
油雾器	油不能滴下	(1)使用油的种类不正确 (2)油雾器反向安装 (3)油道堵塞 (4)油面未加压 (5)因油质劣化流动性差 (6)油量调节螺钉不良	(1)更换正确的油品 (2)改变安装方向 (3)拆卸并清洗油道 (4)因通往油杯的空气通道堵塞，需拆卸修理 (5)清洗后换新的合适的油 (6)拆卸并清洗油量调节螺钉
	油杯未加压	(1)通往油杯的空气通道堵塞 (2)油杯大、油雾器使用频繁	(1)拆卸修理 (2)加大通往油杯空气通孔，使用快速循环式油雾器
	油滴数不能减少	油量调整螺丝失效	检修油量调整螺丝
	空气向外泄漏	(1)合成树脂罩壳龟裂 (2)密封不良 (3)滴油玻璃视窗破损	(1)更换罩壳 (2)更换密封圈 (3)更换视窗
	油杯破损	(1)用有机溶剂清洗 (2)周围存在有机溶剂	(1)更换油杯，使用金属杯或耐有机溶剂油杯 (2)与有机溶剂隔离

自主测试

一、填空题

1. _____、_____、_____一起称为气动三联件(又称气动三大件),是多数气动设备必不可少的气源装置。三联件应安装在用气设备的_____。

2. 气动三联件中所用的_____,起减压和稳压作用,工作原理与液压系统减压阀_____。

二、判断题

1. 大多数情况下,气动三联件组合使用,其安装次序依进气方向为空气过滤器、后冷却器和油雾器。( )

2. 消声器的作用是排除压缩气体高速通过气动元件排到大气时产生的刺耳噪声污染。( )

3. 空气过滤器又称分水滤气器、空气滤清器,它的作用是滤除压缩空气中的水分、油滴及杂质,以达到气动系统所要求的净化程度,它属于二次过滤器。( )

4. 在气动元件上使用的消声器,可按气动元件排气口的通径选择相应的型号,但应注意消声器的排气阻力不宜过大,应以不影响控制阀的切换速度为宜。( )

三、简答题

1. 什么是气动三联件?
2. 气动三联件的连接次序如何?
3. 常用的气动辅助元件有哪些?如何选择?

综合评价

评价形式	评价内容	评价标准	得分	总分
自我评价(30分)	(1)学习准备 (2)学习态度 (3)任务达成	(1)优秀(30分) (2)良好(24分) (3)一般(18分)		
小组评价(30分)	(1)团队协作 (2)交流沟通 (3)主动参与	(1)优秀(30分) (2)良好(24分) (3)一般(18分)		
教师评价(40分)	(1)学习态度 (2)任务达成 (3)沟通协作	(1)优秀(40分) (2)良好(32分) (3)一般(24分)		
增值评价(+10分)	(1)创新应用 (2)素养提升	(1)优秀(10分) (2)良好(8分) (3)一般(6分)		

综合拓展 6：认识新型气动阀

1. 气动比例阀简介

气动比例阀能通过控制输入的信号（电压或电流），实现对输出信号（压力或流量）连续、按比例控制。可分为气动比例压力阀和气动比例流量阀。图 5-40 所示为电控喷嘴挡板式气动比例压力阀的结构图。电控喷嘴挡板式气动比例压力阀由比例电磁铁、喷嘴挡板放大器、气控比例压力阀组成。比例电磁铁由永久磁铁 10、线圈 9 和片簧 8 组成。当电流输入时，线圈 9 带动挡板 7 产生微量位移，改变其与喷嘴 6 之间的距离，使喷嘴 6 的背压改变。膜片组 4 为比例压力阀的信号膜片及输出压力反馈膜片。背压的变化通过膜片组 4 控制阀芯 2 的位置，从而控制输出压力。喷嘴 6 的压缩空气由气源节流阀 5 供给。

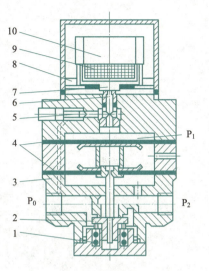

1—弹簧；2—阀芯；3—溢流口；4—膜片组；
5—节流阀；6—喷嘴；7—挡板；8—片簧；
9—线圈；10—永久磁铁。

图 5-40　电控喷嘴挡板式气动比例压力阀的结构图

2. 气动数字阀简介

脉宽调制气动伺服控制是数字式伺服控制，采用的控制阀大多数为开关式气动电磁阀，称为脉宽调制气动伺服阀，又称气动数字阀，脉宽调制气动伺服阀在气动伺服系统中实现信号的转换和放大作用。图 5-41 所示为滑阀式脉宽调制气动伺服阀的结构图，滑阀两端各有一个电磁铁，脉冲信号电磁轮流加在两个电磁铁上，控制阀芯按脉冲信号的频率做往复运动。

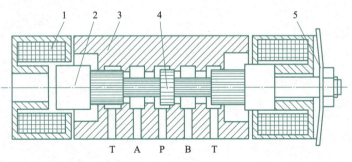

1—电磁铁；2—衔铁；3—阀体；4—阀芯；5—反馈弹簧。

图 5-41　滑阀式脉宽调制气动伺服阀的结构图

3. 阀岛简介

"阀岛"一词来自德语，德国 FESTO 公司发明并最先应用。阀岛是由多个电控气动阀构成，它集成了信号输入/输出及信号的控制，犹如一个控制岛屿。

阀岛是新一代气电一体化控制元器件，已从最初带多针接口的阀岛发展为带现场总线的阀岛，继而出现可编程阀岛及模块式阀岛，图 5-42 所示为带现场总线的阀岛系统结构图。阀岛技术和现场总线技术相结合，不仅确保了电控阀容易布线，而且大大地简化了复杂系统的调试、性能

211

的检测和诊断及维护工作。借助现场总线高水平一体化的信息系统,使两者的优势得到充分发挥,具有广泛的应用前景。

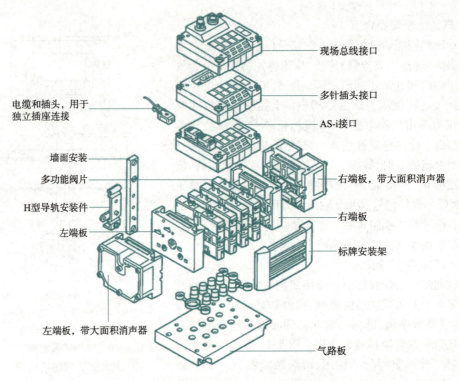

图 5-42　带现场总线的阀岛系统结构图

项目六 气动回路的分析及故障处理

气动基本回路按其功能分为方向控制回路、压力控制回路、速度控制回路和其他常用基本回路。

任务 6.1　分析气动基本回路及故障处理

任务要求

- 素养要求:爱岗敬业、争创一流,弘扬劳模精神。
- 知识要求:理解气动基本回路的工作原理。
- 技能要求:会进行气动基本回路的分析、搭建、常见故障诊断及处理。

知识准备

一、方向控制回路的组成和工作原理

常用的方向控制回路有单作用气缸换向回路和双作用气缸换向回路。

1. 单作用气缸换向回路的组成和工作原理

如图 6-1 所示为二位三通电磁换向阀控制单作用单活塞杆气缸的换向回路,电磁阀 1 通电时,气缸 2 活塞杆伸出;断电时,气缸 2 的活塞杆在弹簧力作用下缩回。

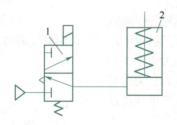

1—二位三通电磁换向阀;2—单作用单活塞杆气缸。

图 6-1　单作用气缸换向回路

2. 双作用气缸换向回路的组成和工作原理

如图 6-2(a)所示为小通径的二位三通手动换向阀控制二位五通气动换向阀操纵气缸换向;图 6-2(b)所示为二位五通双电磁换向阀控制气缸换向;图 6-2(c)所示为两个小通径的二位三通

手动换向阀控制二位五通双气控换向阀操纵气缸换向;图 6-2(d)所示为三位五通双电磁换向阀控制气缸换向,该回路有中停功能,但定位精度不高。

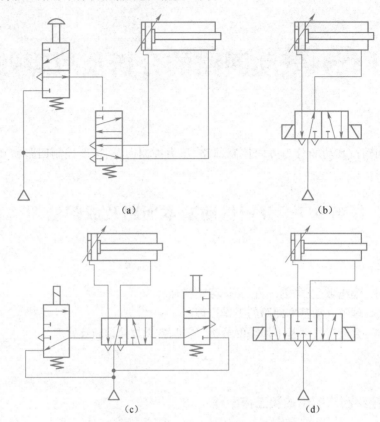

图 6-2 双作用气缸换向回路

二、压力控制回路的组成和工作原理

压力控制回路是使系统保持在某一规定的压力范围内。常用的有一次压力控制回路、二次压力控制回路和高低压转换回路。

1. 一次压力控制回路的组成和工作原理

图 6-3 所示为一次压力控制回路,此回路用于控制储气罐的压力,使其不超过规定的压力值。常用外控溢流阀 1 或用电接点压力表 2 来控制空气压缩机的转、停,使储气罐内压力保持在规定范围内,常用于对小型空气压缩机的控制。

2. 二次压力控制回路的组成和工作原理

图 6-4 所示为二次压力控制回路,其输出压力由减压阀调整。若回路中需要多种不同的工作压力,可采用图 6-5 所示的压力控制回路来实现。

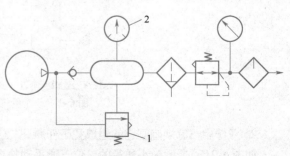

1—外控溢流阀;2—电接点压力表。
图 6-3 一次压力控制回路

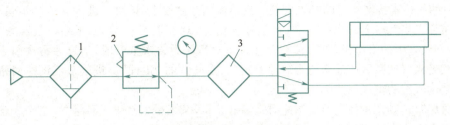

1—空气过滤器；2—减压阀；3—油雾器。

图 6-4　二次压力控制回路

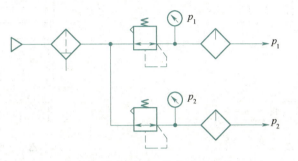

图 6-5　实现不同工作压力的回路

3. 高低压转换回路的组成和工作原理

在实际应用中，某些气压控制系统需要有高、低压力的选择。如图 6-6 所示为高低压转换回路，图 6-6(a)所示回路由两个减压阀分别调出 p_1 和 p_2 两种不同的压力，再利用一个电磁换向阀实现高低压力 p_1 和 p_2 的自动转换；图 6-6(b)所示回路同样由两个减压阀分别调出 p_1 和 p_2 两种不同的压力，再利用一个电磁换向阀和或门型梭阀实现高低压力 p_1 和 p_2 的自动转换。

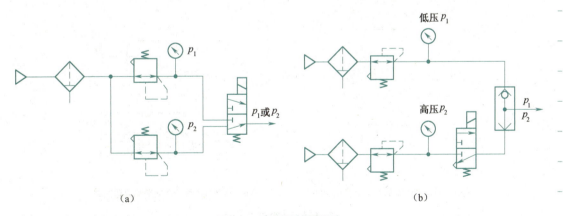

图 6-6　高低压转换回路

三、速度控制回路的结构和工作原理

气动系统因使用的功率都不大，所以主要的调速方法是节流调速。

1. 单向调速回路的结构和工作原理

图 6-7(a)所示为进气节流调速回路，在图示位置时，压缩空气经过节流阀进入气缸 A 腔，

B 腔排出的气体直接经换向阀排入大气。当节流阀开度较小时,由于进入 A 腔的流量较小,压力上升缓慢。当气压上升克服负载时,活塞伸出,此时 A 腔容积增大,压缩空气膨胀,压力下降,作用在活塞上的力小于负载,活塞停止前进。待压力再次上升时,活塞才再次前进。这种由于负载及供气的原因使活塞忽走忽停的现象,是气缸的"爬行"。进气节流调速回路多用于垂直安装的气缸的供气回路中。

如图 6-7(b)所示的排气节流调速回路多用于水平安装的气缸供气回路中。排气节流调速回路的气缸速度随负载变化较小,运动较平稳,且能承受与活塞运动方向相同的负载(反向负载)。

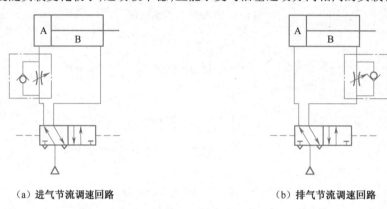

(a) 进气节流调速回路　　　　　(b) 排气节流调速回路

图 6-7　双作用缸单向调速回路

2. 双向调速回路的结构和工作原理

图 6-8(a)所示为采用单向节流阀的双向节流调速回路,图 6-8(b)所示为采用排气节流阀的双向节流调速回路。它们都采用排气节流调速方式,当外负载变化不大时,进气阻力小,负载变化对速度影响小,比进气节流调速效果要好。

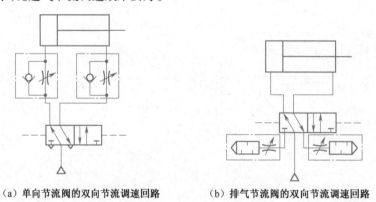

(a) 单向节流阀的双向节流调速回路　　　(b) 排气节流阀的双向节流调速回路

图 6-8　双向调速回路

3. 快速运动回路的结构和工作原理

快速运动回路采用快速排气阀实现快速排气。图 6-9(a)所示为单向快速运动回路,当气缸活塞杆伸出时,有杆腔从快速排气阀快速排气,活塞杆快速伸出,反向时则以正常速度运动;图 6-9(b)所示为快速往复运动回路,在气缸进排气口均连接了快速排气阀,因此气缸活塞杆伸出和缩回均快速排气。

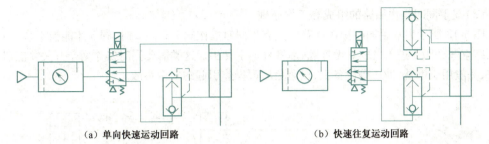

(a) 单向快速运动回路　　　　　　(b) 快速往复运动回路

图 6-9　快速运动回路

四、其他基本回路的组成和工作原理

1. 安全保护回路的组成和工作原理

由于气动系统负荷的过载、气压的突然降低以及气动执行元件的快速动作等原因都可能危及操作人员或设备的安全。在气动回路中，通常需加入安全回路，常用的安全保护回路有过载保护回路、互锁回路、双手同时操作回路等。

(1) 过载保护回路的组成和工作原理

图 6-10 所示为过载保护回路。在图示位置时，气缸 6 活塞杆缩回，系统无动作。当操作换向阀 1 动作，换向阀 2 换左位工作，气缸活塞杆伸出，当活塞杆碰到障碍物后，气缸 6 无杆腔压力升高，当压力升高超过顺序阀 4 设定压力后，顺序阀 4 打开，换向阀 3 气控口通气，阀 3 换上位工作，此时气源气体经阀 3 上位排入大气，阀 2 换右位工作，气缸 6 活塞杆缩回，实现过载保护。若无障碍物，气缸 6 活塞杆伸出碰到换向阀 5 行程开关，阀 5 换上位工作，气源气体经阀 5 上位排入大气，阀 2 换右位工作，气缸 6 活塞杆缩回，实现过载保护。

(2) 互锁回路的组成和工作原理

图 6-11 所示为互锁回路。在回路中，只有同时操作阀 1、阀 2 和阀 3 时，阀 4 才能换右位工作，气缸 5 活塞杆伸出。

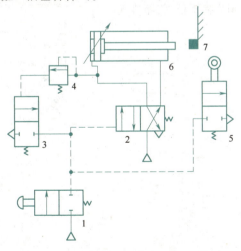

1—二位二通手动换向阀；2—二位四通气控换向阀；
3—二位二通气控换向阀；4—顺序阀；
5—二位二通机动换向阀；6—双作用单活塞杆气缸；7—障碍物。

图 6-10　过载保护回路

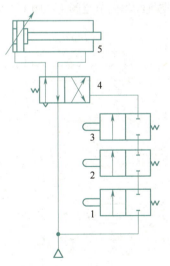

1、2、3—二位二通机动换向阀；
4—二位四通气控换向阀；5—双作用单活塞杆气缸。

图 6-11　互锁回路

(3) 双手同时操作回路的组成和工作原理

图 6-12 所示为双手同时操作回路。只有当同时操作阀 1 和阀 2 时,阀 3 才能换下位工作,此时压缩空气经阀 5 进入气缸 6 无杆腔,活塞杆向下伸出。这类需要同时操作两个开关才能启动的回路,一般用于锻造、冲压等设备上,以避免因误操作引起的安全事故。

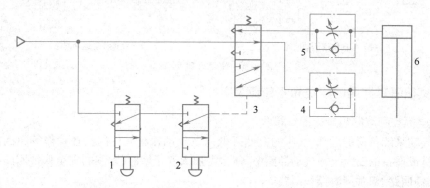

1、2—二位三通手动换向阀;3—二位五通气控换向阀;4、5—单向节流阀;6—双作用单活塞杆气缸

图 6-12 双手同时操作回路

2. 延时回路的组成和工作原理

常用的延时回路有延时断开回路[见图 6-13(a)]和延时接通回路[见图 6-13(b)]。

延时断开回路:当按下手动阀 1 后,阀 2 换右位,气缸 5 活塞杆伸出,同时压缩空气经单向节流阀 4 进入储气罐 3,经过一段时间后,储气罐 3 中压力上升到一定值后,阀 2 左边气控口通气,阀 2 自动换左位,气缸 5 活塞杆返回。调节节流阀的打开程度可获得不同的延时时间。

延时接通回路:当按下阀 1,压缩空气经阀 1 和单向节流阀 4 进入储气罐 3,经过一定时间储气罐 3 中压力上升至一定值后,阀 2 气控口通气,阀 2 换上位,气路接通;拉出阀 1,储气罐 3 中的压缩空气经单向节流阀 4 和阀 1 下位快速排出,阀 2 换下位,气路排气。

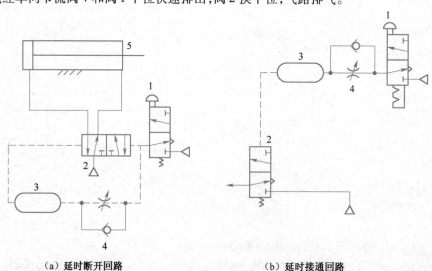

(a) 延时断开回路　　　　　　　　(b) 延时接通回路

1—二位三通手动换向阀;2—二位五通气动换向阀;3—储气罐;4—单向节流阀;5—气缸

图 6-13 延时回路

3. 顺序动作回路的组成和工作原理

顺序动作回路是指在气动回路中,各气缸按一定程序完成各自的动作。例如,单缸有单往复动作、二次往复动作和连续往复动作等,双缸及多缸有单往复和多往复顺序动作等。

(1) 单往复动作回路的组成和工作原理

图 6-14 至图 6-16 所示为三种单往复动作回路,在单往复动作回路中,每按下一次按钮,气缸完成一次往复动作。

图 6-14 所示为行程阀控制的单往复回路,当按下阀 1 后,压缩空气使阀 3 换右位,气缸活塞杆伸出,当活塞杆压下行程阀 2 时,阀 3 复位,气缸活塞杆返回,完成一次循环。图 6-15 所示为压力控制的单往复动作回路,当按下阀 1 后,阀 3 换左位,气缸无杆腔进气,活塞杆伸出,同时气压还作用在顺序阀 4 上,当活塞杆到达终点后,无杆腔内压力升高,顺序阀 4 打开,阀 3 换右位,活塞杆返回,完成一次循环。图 6-16 所示为利用延时回路形成的时间控制单往复动作回路,当按下阀 1 后,阀 3 换左位,气缸活塞杆伸出,当活塞杆压下行程阀 2 后,压缩空气经阀 2 上位进入储气罐 5,当储气罐 5 充气完成后(即延时一段时间),阀 3 才换右位,气缸活塞杆返回,完成一次循环。

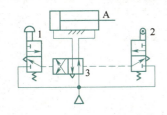

1—二位三通手动换向阀;
2—二位三通机动换向阀;
3—二位四通气动换向阀;A—气缸。

图 6-14 行程阀控制单往复动作回路

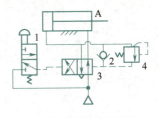

1—二位三通手动换向阀;
2—单向阀;
3—二位四通气动换向阀;
4—顺序阀;
A—气缸。

图 6-15 压力控制单往复动作回路

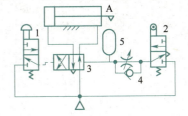

1—二位三通手动换向阀;
2—二位三通机动换向阀;
3—二位四通气动换向阀;
4—单向节流阀;5—储气罐;
A—气缸。

图 6-16 时间控制单往复动作回路

(2) 连续往复动作回路的组成和工作原理

图 6-17 所示为连续往复动作回路。当阀 2 右位工作,气缸 5 活塞杆缩回,压在阀 3 开关上,当操作阀 1 后,压缩空气经阀 3 上位和阀 1 上位进入阀 2 左气控口,阀 2 换左位,气缸 5 活塞杆伸出。当活塞杆压下行程阀 4 后,压缩空气经阀 4 进入阀 2 右侧气控口,阀 2 换右位,气缸 5 活塞杆返回。返回压下阀 3 后,阀 2 换左位,活塞杆再次向前伸出,形成连续往复动作。只有当阀 1 复位关闭后,阀 4 复位,活塞杆返回停止运动。

4. 同步运动回路的组成和工作原理

同步运动回路可用于实现两个或多个执行元件在运动中同步动作。常用的同步运动回路有执行元件并联形式和执行元件串联形式,如图 6-18(a)、(b)所示。

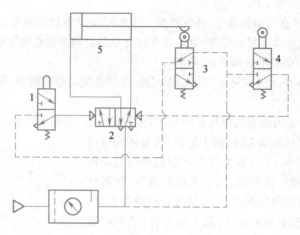

1—二位三通手动换向阀；2—二位五通双气动换向阀；
3、4—二位三通机动换向阀；5—气缸。

图 6-17 连续往复动作回路

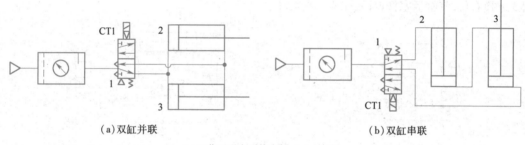

（a）双缸并联　　　　　　　　　　　　（b）双缸串联

1—二位五通电磁换向阀；2、3—气缸。

图 6-18 双缸同步运动回路

素养提升

劳模精神：爱岗敬业、争创一流

劳模精神是指"爱岗敬业、争创一流，艰苦奋斗、勇于创新，淡泊名利、甘于奉献"的劳动模范的精神。在各个历史时期，广大劳模以高度的主人翁责任感、卓越的劳动创造、忘我的拼搏奉献，谱写出一曲曲可歌可泣的动人赞歌，为全国各族人民树立了光辉的学习榜样。

实践操作

实践操作 1：气动夹紧装置气动系统设计与搭建

图 6-19 所示气动夹紧装置，左右两侧各布置一个气缸，被夹紧工件放置在中间位置，操作气缸动作，工件被夹紧。气缸活塞杆伸出时夹紧工件，气缸活塞杆收回时松开工件。要求两气缸可实现同时控制也可单独控制，且气缸活塞杆伸出速度可调。试设计气动夹紧装置的系统回路图，并完成回路的搭建调试。

项目六 气动回路的分析及故障处理

图 6-19 气动夹紧装置

1. 气动夹紧装置气动回路的设计

根据任务要求,设计气动夹紧装置的系统回路图,并在操作实验台上完成回路的连接,以检验设计的正确性。图 6-20 所示为根据气动夹紧装置动作要求设计的一种气动回路方案。由图 6-20 可知:①两气缸可实现同时控制也可单独控制:采用两个二位四通电磁换向阀实现,这样可实现两气缸的独立控制也可以同时控制;②气缸活塞杆伸出速度可调:采用单向节流阀实现,当活塞杆伸出时,压缩空气经节流阀进入气缸无杆腔,实现节流调速,而活塞杆缩回时,空气经单向阀排出,无调速。

2. 气动夹紧装置气动回路的搭建和调试

①正确分析气动控制系统回路图,找出需要的元器件。

②在操作台上合理布局,连接出正确的控制系统,教师巡回指导。

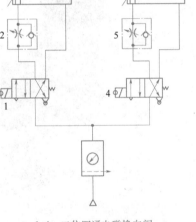

1、4—二位四通电磁换向阀;
2、5—单向节流阀;3、6—气缸。

图 6-20 气动夹紧装置气动回路图

③检验气缸的动作是否符合气动夹紧装置的动作要求及调速要求。

④分析:如果气缸活塞杆伸出速度不可调,缩回速度可调,需如何调试回路?

⑤记录实训过程,完成实训报告,整理实训器材。

实践操作 2:包装袋打孔机气动系统设计与搭建

包装袋打孔机是用于在包装带上进行打孔的机器,如图 6-21 所示。打孔机由四大部分相互配合完成打孔过程。首先将材料移动到自动打孔机摄像头扫描区域,摄像头扫描到图像之后进行处理并向控制部分传输信号,控制部分收到信号之后,进一步处理并控制传动部分动作,使冲头在平面上的 X 轴、Y 轴走位,完成走位动作之后气动部分开始工作,电磁阀控制气缸进行冲孔动作。考虑到打孔时材料的不同及厚度等因素,要求气动回路能实现两种压力,且在打孔时速度要快,退回时速度可调。

视频

包装袋打孔机气动系统搭建与调试

1. 包装袋打孔机气动回路的设计

根据任务要求,可选用双作用单活塞杆气缸作为执行元件;气缸可实现两种压力,可采用二次压力控制回路实现;打孔时速度要快,即活塞杆伸出时能实现快速运动,可采用快速排气阀实现;退回时速度可调,可采用单向节流阀实现。

根据任务要求,设计包装袋打孔机的系统回路图,并在操作实验台上完成回路的连接,以检验设计的正确性。图 6-22 所示为根据包装袋打孔机动作要求设计的一种气动回路方案,由图 6-22 可知:①气缸可实现两种压力:采用二次压力控制回路实现,并采用换向阀实现压力转换;②打孔时速度快:采用快速排气阀实现,当活塞杆伸出时,压缩空气经单向阀进入气缸无杆腔,气缸有杆腔经快速排气阀 O 口排气,实现活塞杆快速伸出;③退回时速度可调:采用节流阀实现,当活塞杆缩回时,压缩空气经快速排气阀 P 口至 A 口进入气缸有杆腔,气缸无杆腔经节流阀排出,实现活塞杆缓慢缩回。

图 6-21 包装袋打孔机

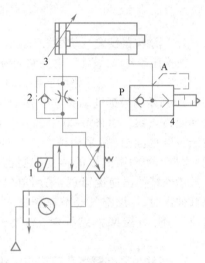

1—二位四通电磁换向阀;
2—单向节流阀;3—气缸;
4—快速排气阀。

图 6-22 包装袋打孔机气动回路图

2. 包装袋打孔机气动回路的搭建与调试

①正确分析气动控制系统回路图,找出需要的元器件。
②在操作台上合理布局,连接出正确的控制系统。
③检验气缸的动作是否符合包装袋打孔机的压力控制、快速运动及调速要求。
④分析:如果要求气缸活塞杆伸出速度可调,缩回速度快,需要如何设计回路?
⑤记录实训过程,完成实训报告,整理实训器材。

实践操作 3:气动系统的常见故障诊断与维修

气动系统的常见故障诊断与维修见表 6-1。

项目六 气动回路的分析及故障处理

表 6-1 气动系统的常见故障诊断与维修

故障现象	故障原因	维修方法
系统没有气压	(1)气动系统中开关阀、启动阀、流量控制阀等未打开 (2)换向阀未换向 (3)管路扭曲、压扁 (4)滤芯堵塞或冻结 (5)工作介质或环境温度太低,造成管路冻结	(1)打开未开启的阀 (2)检修或更换换向阀 (3)校正或更换扭曲、压扁的管道 (4)更换滤芯 (5)及时排除冷凝水,增设除水设备
供压不足	(1)耗气量太大,空压机输出流量不足 (2)空压机活塞环等过度磨损 (3)漏气严重 (4)减压阀输出压力低 (5)流量阀的开度太小 (6)管路细长或管接头选用不当,压力损失过大	(1)选择输出流量合适的空压机或增设一定容积的气罐 (2)更换活塞环等过度磨损的零件。并在适当部位装单向阀,维持执行元件内压力,以保证安全 (3)更换损坏的密封件或软管,紧固管接头和螺钉 (4)调节减压阀至规定压力,或更换减压阀 (5)调节流量阀的开度至合适开度 (6)重新设计管路,加粗管径,选用流通能力大的管接头和气阀
系统出现异常高压	(1)减压阀损坏 (2)因外部振动冲击产生了冲击压力	(1)更换减压阀 (2)在适当部位安装安全阀或压力继电器
油泥太多	(1)空压机润滑油选择不当 (2)空压机的给油量不当 (3)空压机连续运转的时间过长 (4)空压机运动件动作不良	(1)更换高温下不易氧化的润滑油 (2)给油过多,排出阀上滞留时间长;给油过少,造成活塞烧伤等,应注意给油量适当 (3)温度高,润滑油易碳化。应选用大流量空压机,实现不连续运转,系统中装油雾分离器,清除油泥 (4)当排出阀动作不良时,温度上升,润滑油易碳化,系统中装油雾分离器
气缸不动作、动作卡滞、爬行	(1)压缩空气压力达不到设定值 (2)气缸加工精度不够 (3)气缸、电磁阀润滑不充分 (4)空气中混入了灰尘卡住了阀 (5)气缸负载过大、连接软管扭曲别劲	(1)重新计算,验算系统压力 (2)更换气缸 (3)拆检气缸、电磁阀,疏通润滑油路 (4)打开各接头,对管路重新吹扫、清洗阀 (5)检查气缸负载及连接软管,使之满足设计要求
压缩空气中含水量高	(1)储气罐、过滤器冷凝水存积 (2)后冷却器选型不当 (3)空压机进气管进气口设计不当 (4)空压机润滑油选择不当 (5)季节影响	(1)定期打开排污阀排放冷凝水 (2)更换后冷却器 (3)重新安装防雨罩,避免雨水流入空压机 (4)更换空压机润滑油 (5)雨季要加快排放冷凝水频率

自主测试

一、填空题

1. 常用的方向控制回路有_____和_____。

2. _____是使系统保持在某一规定的压力范围内。常用的有_____、_____和_____。
3. 气动系统因使用的功率都不大,所以主要的调速方法是_____。
4. 常用的安全保护回路有_____、_____、_____等。

二、简答题
1. 气动系统中常用的压力控制回路有哪些?
2. 简述双手同时操作回路的工作过程。

任务6.2　分析典型气动回路及故障诊断

气压传动是一种以压缩空气为动力源实现工业生产自动化和半自动化的技术。随着工业机械化、自动化的发展,气动技术越来越广泛地应用于各个领域。

任务要求

- 素养要求:勇于创新、淡泊名利、甘于奉献,弘扬劳模精神。
- 知识要求:理解典型气动回路的工作原理。
- 技能要求:会对典型气动回路进行分析、搭建、故障诊断及处理。

知识准备

一、气动系统图的阅读方法和步骤

气动系统图是表示系统执行机构所实现动作的工作原理图,在阅读气动系统图时,读图步骤一般可以归纳为以下六个方面:

①了解气压装置(设备)对气动系统的动作要求。
②逐步浏览整个系统,看懂图中各气动元件的图形符号,了解它的名称、一般用途,仔细研究各个元器件之间的联系,及其在系统中的作用。
③分析图中的基本回路及功用。
④了解系统工作程序及程序转换的发信元件,弄清压缩空气的控制路线。
⑤按工作程序图或电磁铁动作顺序表逐个分析其程序动作,读懂整个回路是如何实现设备动作要求的。
⑥全面读懂整个系统后,归纳总结整个系统的特点。

在气动系统中,一般规定工作循环中的最后程序终了时的状态作为气动回路的初始位置(或静止位置),因此回路原理图中控制阀及行程阀的供气及进出口的连接位置,应按回路初始位置状态连接,即在阀的常态位。一般所介绍的回路原理图,仅是整个气动控制系统中的核心部分,一个完整的气动系统还应有气源装置、气动三联件及其他气动辅助元件等。

二、气动机械手气动系统的组成和工作原理

气动机械手是机械手的一种,具有结构简单、重量轻、动作迅速、平稳可靠、不污染工作环境等优点。一般可用于装卸轻质、薄片工件,若更换适当的手指部件,还能完成其他工作。

图 6-23 所示为一种简单的可移动式气动机械手的结构示意图,它由真空吸头、水平气缸、垂直气缸、齿轮齿条副、回转机构气缸及小车等组成。该机械手采用水平气缸、垂直气缸和回转机构气缸分别实现手臂伸缩、立柱升降、机构回转的动作。机械手气动系统基本工作循环是:垂直气缸上升→水平气缸伸出→回转机构气缸置位→回转机构气缸复位→水平气缸退回→垂直气缸下降。

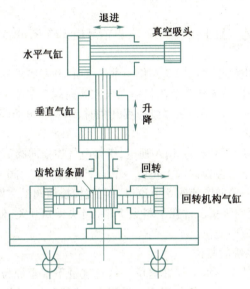

图 6-23 机械手结构示意图

图 6-24 所示为机械手气动系统图,根据图 6-24 所示机械手气动系统图,分析动作过程如下:

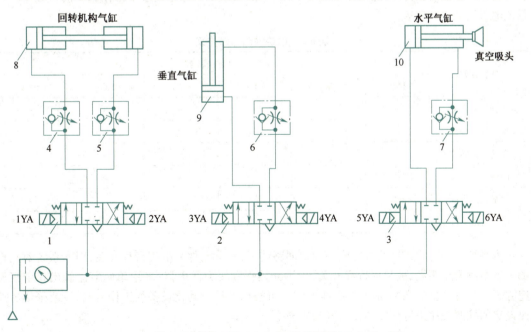

1、2、3—三位四通电磁换向阀;4、5、6、7—单项节流阀;8、9、10—气缸。

图 6-24 机械手气动系统图

(1) 垂直气缸上升

按下启动按钮,3YA 通电,电气控换向阀 2 处左位,其气路为:

气源→气动三联件→电气控换向阀 2 左位→垂直气缸 9 下腔;

垂直气缸 9 上腔→单向节流阀 6 节流口→电气控换向阀 2 右位→大气。

垂直气缸活塞在挡块碰到电气行程开关时,3YA 断电而停止。

(2) 水平气缸伸出

当电气行程开关被垂直气缸上挡块触碰,发出信号使 3YA 断电、5YA 通电,电气控换向阀 3 处左位,其气路为:

气源→气动三联件→电气控换向阀 3 左位→水平气缸 10 左腔;

水平气缸 10 右腔→单向节流阀 7 节流口→电气控换向阀 3 左位→大气。

当水平气缸活塞伸至预定位置挡块碰到行程开关时,5YA 断电而停止,真空吸头吸取工件。

(3) 回转机构气缸置位

当行程开关发出信号使 5YA 断电、1YA 通电,于是电气控换向阀 1 处左位,其气路为:

气源→气动三联件→电气控换向阀 1 左位→单向节流阀 4 单向阀→回转机构 8 气缸左腔;

回转机构 8 气缸右腔→单向节流阀 5 节流口→电气控换向阀 1 左位→大气。

当齿条活塞到位时,真空吸头工件在下料点下料,挡块碰到开关,使 1YA 断电、2YA 通电,回转机构气缸停止后又向反方向复位。

(4) 机械手气压传动系统的复位

从回转机构气缸复位动作→水平气缸退位→垂直气缸下降至原位,全部动作均由电气行程开关发出信号引发相应的电磁铁使换向阀换向后得到,其气路和上述过程正好相反。待垂直气缸复位时,碰到行程开关,使 3YA 断电而结束整个工作循环。

若再给出启动信号,将进行上述同样的工作循环,表 6-2 为完成整个工作循环的机械手气动系统电磁铁动作顺序表。

表 6-2 电磁铁动作顺序表

气缸动作	电磁铁状态					
	1YA	2YA	3YA	4YA	5YA	6YA
垂直气缸上升	-	-	+	-	-	-
水平气缸伸出	-	-	-	-	+	-
回转气缸转位	+	-	-	-	-	-
回转气缸复位	-	+	-	-	-	-
水平气缸退回	-	-	-	-	-	+
垂直气缸下降	-	-	-	+	-	-

本系统采用行程控制式多缸顺序动作回路结构,发信元件是电气行程开关,因本系统对动作的位置精度要求不高,故只用行程开关,未用死挡铁和压力继电器;采用单向节流阀出口节流调速方式控制各气缸活塞的动作速度,生产线上可根据各种自动化设备的工作需要,广泛采用能按照设定的控制程序进行顺序动作的气动机械手。

三、卧式加工中心气动换刀系统的组成和工作原理

数控卧式加工中心气动系统主要用于实现加工中心的自动换刀功能,在换刀过程中实现主轴定位、主轴松刀、拔刀、向主轴锥孔吹气排屑和插刀动作,图 6-25 所示为数控卧式加工中心外观图。

1—工作台;2—主轴;3—刀库;4—数控柜。
图 6-25 数控卧式加工中心

数控卧式加工中心换刀过程如下:

①主轴定位。主轴 2 准确停转,然后主轴箱上升,待卸刀具插入刀库 3 的空挡位置,刀具即被刀库中的定位卡爪钳住。

②主轴松刀。主轴内刀杆自动夹紧装置放松刀具。

③拔刀。刀库伸出,从主轴锥孔中将待卸刀具拔出。

④刀库转位。将选好的刀具转到最下面的位置。

⑤主轴锥孔吹气。压缩空气将主轴锥孔吹净。

⑥插刀。刀库退回,将新刀插入主轴锥孔中。

⑦刀具夹紧。主轴内夹紧装置将刀杆拉紧。

⑧主轴复位。主轴下降到加工位置,开始下一步的加工。

这种换刀机构不需要机械手,结构比较简单。刀库转位由伺服电动机通过齿轮、蜗杆蜗轮的传动来实现。气压传动系统在换刀过程中用于实现主轴的定位、松刀、拔刀、向主轴锥孔吹气和插刀等动作。

图 6-26 所示为数控卧式加工中心气动系统图,表 6-3 所示为电磁铁动作顺序表,具体工作过程如下:

(1)主轴定位

当数控系统发出换刀指令时,主轴停止旋转,同时 3YA 通电,压缩空气经气动三联件、换向阀 3 左位、单向节流阀 4 进入主轴定位缸 5 的无杆腔,缸 5 的活塞右移,使主轴自动定位。

(2)主轴松刀

定位后压下开关,使 6YA 通电,压缩空气经换向阀 6 右位、快速排气阀 9 进入气液增压器 7

的上腔,增压腔的高压油使活塞伸出,实现主轴松刀。

(3)拔刀

松刀同时使8YA通电,压缩空气经换向阀10右位、单向节流阀12进入缸13的上腔,缸13下腔排气,活塞下移实现拔刀。

(4)主轴锥孔吹气

由回转刀库交换刀具,同时1YA通电,压缩空气经换向阀1左位、单向节流阀2向主轴锥孔吹气。

(5)插刀

稍后1YA断电、2YA通电,停止吹气,8YA断电、7YA通电,压缩空气经换向阀10左位、单向节流阀11进入缸13的下腔,活塞上移,实现插刀动作。

(6)刀具夹紧

6YA断电、5YA通电,压缩空气经阀6左位进入气液增压器7的下腔,使活塞退回,主轴的机械机构使刀具夹紧。

(7)主轴复位

4YA断电、3YA断电,缸5的活塞在弹簧力的作用下复位,恢复到开始状态,换刀结束。

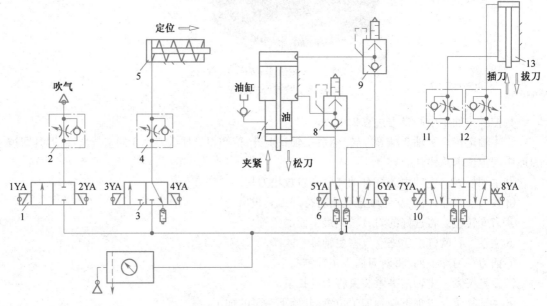

1—二位二通电磁换向阀;2、4、11、12—单向节流阀;3—二位三通电磁换向阀;
5—单作用单活塞杆气缸;6—二位五通电磁换向阀;7—增压气缸;8、9—快速排气阀;
10—三位五通电磁换向阀;13—双作用单活塞杆气缸。

图6-26 数控卧式加工中心气动系统图

表6-3 电磁铁动作顺序表

气缸动作	电磁铁状态							
	1YA	2YA	3YA	4YA	5YA	6YA	7YA	8YA
主轴定位	-	+	+	-	+	-	-	-
主轴松刀	-	+	+	-	-	+	-	-

续表

气缸动作	电磁铁状态							
	1YA	2YA	3YA	4YA	5YA	6YA	7YA	8YA
拔刀	-	+	+	-	-	+	-	+
主轴锥孔吹气	+	-	+	-	-	-	-	+
吹气停	-	+	+	-	-	+	-	+
插刀	-	+	+	-	+	+	+	-
刀具夹紧	-	+	+	-	+	-	-	-
主轴复位	-	+	-	+	-	-	-	-

四、铁道车辆空气制动控制系统的组成和工作原理

在铁道车辆上,直通式空气制动机主要由制动管和制动缸等组成;在铁道机车上,直通式空气制动机除包括制动管和制动缸外,还包括空气压缩机、总风缸及操纵整个列车制动系统的制动阀等组成部分。图6-27所示为铁道车辆直通式空气制动控制系统结构图。

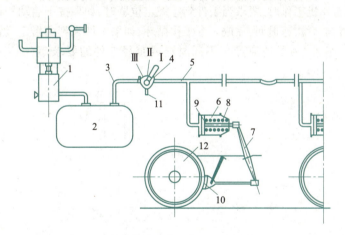

Ⅰ—缓解位;Ⅱ—保压位;Ⅲ—制动位;
1—空气压缩机;2—总风缸;3—总风缸管;4—制动阀;5—制动管;6—制动缸;
7—基础制动装置;8—缓解弹簧;9—制动缸活塞;10—闸瓦;11—制动阀EX口;12—车轮。

图6-27 铁道车辆直通式空气制动控制系统结构图

空气压缩机1将压缩空气贮入总风缸2内,经总风缸管3至制动阀4。制动阀有三个不同位置:缓解位、保压位和制动位。在缓解位时,制动管5内的压缩空气经制动阀EX(exhaust)11(排气口)排向大气;在保压位时,制动阀保持总风缸管、制动管和EX口各不相通;在制动位时,总风缸管压缩空气经制动阀流向制动管。

(1)制动位

司机要实行制动时,首先把操纵手柄放在制动位,总风缸的压缩空气经制动阀进入制动管。制动管是一根贯通整个列车、两端封闭的管路,压缩空气由制动管进入各个车辆的制动缸6,压缩空气推动制动缸活塞9移动,并通过活塞杆带动基础制动装置7,使闸瓦10压紧车轮12,产生制

动作用。制动力的大小,取决于制动缸内压缩空气的压力,由司机操纵手柄在制动位放置时间的长短而定。

(2) 缓解位

要缓解时,司机将操纵手柄置于缓解位,各车辆制动缸内的压缩空气经制动管从制动阀 EX 口排入大气。操纵手柄在缓解位放置时间足够长,则制动缸内的压缩空气可排尽,压力降低至零。此时制动缸活塞借助于制动缸缓解弹簧的复原力,使活塞回到缓解位,闸瓦离开车轮,实现车辆缓解。

(3) 保压位

制动阀操纵手柄放在保压位时,可保持制动缸内压力不变。当司机将操纵手柄在制动位与保压位之间来回操纵,或在缓解位与保压位之间来回操纵时,制动缸压力能分阶段地上升或下降,即实现阶段制动或阶段缓解。

实 践 操 作

实践操作1:折弯机气动系统搭建与调试

折弯是将各种金属毛坯弯成具有一定角度、曲率半径和形状的加工方法。折弯机是板料折弯的专用装备,由于其操作简单、工艺通用性好,在钣金加工行业中得到广泛应用。图6-28 为折弯机工作原理图,折弯机工作时,要求当工件到达规定位置时,如果按下启动按钮,气缸伸出将工件按设计要求折弯,然后快速退回,完成一个工作循环;如果工件未到达指定位置时,即使按下按钮气缸也不动作。另外,为了适应加工不同材料或直径工件的要求,系统工作压力应该可以调节。

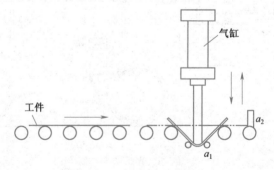

图 6-28　折弯机工作原理图

1. 折弯机气动回路的工作原理

图 6-29 为折弯机气动系统图,其工作原理是:板料运动到 a_2 位置压下阀9,按下阀3,压缩空气经阀3和阀9进入双压阀4,进入阀7左气控口,阀7左位工作,压缩空气进入阀7左位经阀5进入气缸6无杆腔,活塞伸出,进行折弯。当板料折弯压到 a_1 位置,打开阀8,压缩空气经8左位进入阀7右气控口,阀7换右位工作,压缩空气经阀7右位进入气缸6有杆腔,无杆腔压缩空气经阀5快速排气口排出,活塞快速退回。

根据折弯机气动系统图,完成气动系统的搭建与调试。首先,选择正确的气动元件,在实验台上进行回路的搭建,回路搭建中注意与门型梭阀、气动换向阀、快速排气阀阀口的正确连接;第二,回路搭建完成后,进行回路检查,确认回路连接无误后,开启运行;第三,调试气动回路,观察回路动作是否与任务要求相符合。

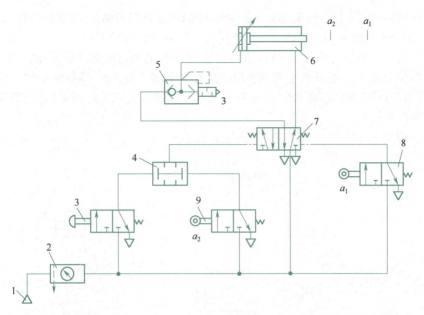

1—气源;2—气动三联件;3—二位三通手动换向阀;4—双压阀;5—快速排气阀;
6—双作用单活塞杆气缸;7—二位五通双气控换向阀;8、9—二位三通机动换向阀。

图 6-29 折弯机气动系统图

2. 折弯机气动回路的搭建与调试

①根据折弯机气动系统控制回路图,找出正确的元器件。
②在实验台上合理布置元器件,完成折弯机的气动系统回路的连接。
③检验连接的回路与分析的动作是否一致。
④思考能否用其他元件代替与门型梭阀,并检验功能是否一致,比较两种方法的优缺点。
⑤记录实训过程,完成实训报告,整理实训器材。

实践操作2:塞拉门气动系统搭建与调试

随着我国铁路客车运行速度的不断提高,新型客车结构设施从舒适性、实用性出发,以满足旅客乘车环境为需求,车门普遍采用了塞拉门。客车电控气动塞拉门(见图6-30)由门板、驱动装置、导向装置、闭锁装置、翻转脚蹬装置、防挤压装置、车门内外操作装置、气路控制系统、电控系统等组成。塞拉门气动系统主要用于实现车门启闭、脚蹬翻转、车门闭锁的动作。

1. 塞拉门气动系统的工作原理

图6-31所示为塞拉门气动系统图,塞拉门开启和关闭由无杆气缸8实现,脚蹬的翻转由双作用气缸6实现,车门锁闭由单作用气缸3和13实现,其工作原理是:

气动开门时,压缩空气经开门阀2左位(由门控器DCU控制开门电磁阀是否得电,得电打开、失电关闭)后分成三路:①一路压缩空气到脚蹬气缸6,使脚蹬放下打

图 6-30 客车电控气动塞拉门

视频
塞拉门气动系统的故障诊断及处理

开;②一路压缩空气到无杆气缸8,通过气缸活塞的运动,推动门扇动作,使塞拉门打开;③一路压缩空气到方形开锁气缸3,通过门锁部件推动锁叉动作,实现门锁的开锁。

气动关门时,压缩空气经关门阀14(由门控器DCU控制关门电磁阀是否得电,得电打开、失电关闭)后分成三路:①一路压缩空气到脚蹬气缸6,使脚蹬收起;②一路压缩空气到无杆气缸8,通过气缸活塞的运动,推动门扇动作;③一路压缩空气到圆形关锁气缸13,通过门锁部件推动锁叉动作,实现门锁的关锁。

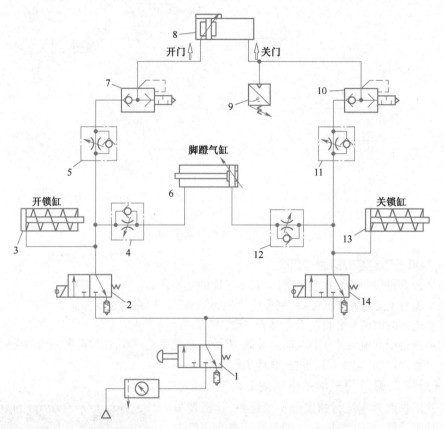

1—二位三通手动换向阀;2、14—二位三通电磁换向阀;3、13—单作用气缸;4、5、11、12—单向节流阀;
6—双作用气缸;7、10—快速排气阀;8—无杆气缸;9—压力开关。

图 6-31 塞拉门气动系统图

根据塞拉门气动系统图,完成气动系统的搭建与调试。首先,选择正确的气动元件,在实验台上进行回路的搭建,回路搭建中注意气动换向阀、单向节流阀、快速排气阀阀口的正确连接以及气动元件的布置;第二,回路搭建完成后,进行回路检查,确认回路连接无误后,开启运行;第三,调试气动回路,观察回路动作是否与任务要求相符合。

2. 塞拉门气动系统的搭建与调试

①根据塞拉门气动系统控制回路图,找出正确的元器件。
②在实验台上合理布置元器件,完成塞拉门的气动系统回路的连接。
③检验连接的回路与分析的动作是否一致。
④思考能否对塞拉门气动系统做优化。

⑤记录实训过程,完成实训报告,整理实训器材。

3. 塞拉门气动系统的常见故障诊断与处理

塞拉门气动系统运行中可能发生的故障主要有:塞拉门关闭不良,塞拉门开启不良,脚蹬气缸不工作等。

(1)塞拉门关闭不良

塞拉门关闭时不能达到关闭要求,开门时,门可以打开,或塞拉门关闭后又来回开关,此类故障易导致客车运行过程中塞拉门自动打开,危及运输安全。管路风压低于450 kPa、关门电磁阀失效或漏气会使无杆气缸动力不足,导致塞拉门锁达不到锁闭要求;辅助锁闭系统电磁阀失效及其锁闭不良也会导致塞拉门锁达不到锁闭要求;无杆气缸开关门时,压力开关作用不良或压力限度值过小,会使塞拉门防挤压功能频繁触发启动,出现关闭的塞拉门来回开关。

通常处理措施为:确认客车管路风压值,检查气动系统密封情况,调整保持塞拉门管路风压正常,保证塞拉门关闭动力充足;对于关门电磁阀、辅助闭锁电磁阀失效或漏气问题,通过检修或更换关门电磁阀解决;调节压力开关限度值,使其与塞拉门运行阻力相当,若压力开关损坏,则需要维修或更换。

(2)塞拉门开启不良

在正常有电有气情况下,塞拉门不能正常开启,无动作,或塞拉门开启较慢、不能完全开启,此类故障易导致客车延迟,影响线路正常运行。管路风压不足,气动系统管路弯折、漏气,均会使气动系统压力不足,导致塞拉门不能正常开启或开启缓慢;开门或关门电磁阀失效或漏气会使无杆气缸动力不足,导致塞拉门不能正常开启。

通常处理措施为:确认客车管路风压值,检查气管有无弯折,检查气动管路和气动元件密封情况,确保无杆气缸两端气压正常;检查开门或关门电磁阀,可将开门和关门电磁阀互换连接,确认电磁阀情况,通过检修或更换开门或关门电磁阀解决。

(3)脚蹬气缸不工作

在车门开启时,翻转脚蹬不能正常打开放平;在车门关闭时,翻转脚蹬不能正常翻转收起。电磁开关与门板间相对位置调整不到位,无法触发翻转脚蹬开关,导致翻转脚蹬不工作;管路风压不足,气动系统管路弯折、漏气,均会使气动系统压力不足,导致翻转脚蹬不能正常工作。

通常处理措施为:检查电磁开关,调整微动开关与门板的相对位置,使脚蹬翻板正常工作;检查风管供气压力,气动管路连接情况,通过维修或更换处理故障问题。

 **素养提升**

劳模精神:勇于创新,淡泊名利、甘于奉献

伟大出自平凡,平凡造就伟大。在劳模身上,体现了一以贯之强烈的主人翁事业心和责任感,勇攀高峰的坚定志向和坚韧品格,崇尚劳动、恪尽职守的高尚情操。人民创造历史,劳动开创未来。在劳模精神激励下,千千万万劳动者正在各自岗位上埋头苦干,以自己的拼搏付出、奋发进取汇聚成实现中华民族伟大复兴的磅礴力量。

电子故事卡
劳模精神:勇于创新,淡泊名利、甘于奉献

自主测试

一、综合题

图6-32所示气动回路图,该气动系统能实现零件A压入零件B的动作,试分析回路动作的进

回气过程,并思考能否采用梭阀完成此气动系统的工作任务?

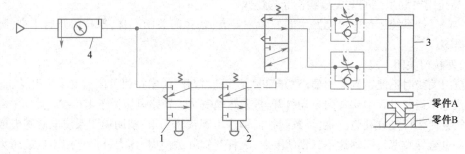

图 6-32　零件装配气动回路

二、简答题

1. 图 6-33 所示为工件夹紧气压传动系统,思考工件夹紧的时间如何调节?

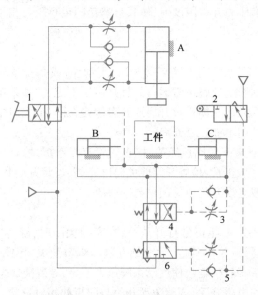

图 6-33　工件夹紧气压传动系统

2. 在图 6-29 折弯机的气动系统图中,如果错将或门型梭阀替代与门型梭阀,回路运行时会出现什么情况?

任务 6.3　安装、使用和维护气动系统

气动系统的安装与调试需要遵循一定的方法,气动系统的使用和维护过程中也有许多需要注意的问题,通过典型气动系统维护实例,学习气动系统故障的分析和维护方法。

任务要求

- 素养要求:立足本职,弘扬劳模精神,做最美劳动者。
- 知识要求:理解气动系统安装、调试、使用、维护方法。
- 技能要求:会对典型气动系统进行故障诊断及处理。

一、气动系统的安装

气动系统的安装主要包括管道和气动元件的安装。

1. 管道的安装

①安装前要彻底清理管道内的粉尘及杂物。
②管子支架要牢固,工作时不得产生震动。
③接管时要充分注意密封性,防止漏气,尤其注意接头处及焊接处。
④管路尽量平行布置,减少交叉,力求最短,转弯最少,并考虑到能自由拆装。
⑤安装软管要有一定的弯曲半径,不允许有拧扭现象,且应远离热源或安装隔热板。

2. 元件的安装

①应注意阀的推荐安装位置和标明的安装方向。
②逻辑元件应按控制回路的需要,将其成组地装在底板上,并在底板上开出气路,用软管接出。
③移动缸的中心线与负载作用力的中心线要同心,否则引起侧向力,使密封件加速磨损,活塞杆弯曲。
④在安装前应校验各种自动控制仪表,自动控制器,压力继电器等。

二、气动系统的调试

气动系统调试前要做如下准备:
①要熟悉说明书等有关技术资料,力求全面了解系统的原理、结构、性能和操作方法。
②了解元件在设备上的实际位置,需要调整的元件的操作方法及调节旋钮的旋向。
③准备好调试工具等。
在调试过程中,按照下面要求对气动系统进行试运行:
①空载时运行一般不得少于2 h,注意观察压力、流量、温度的变化,如发现异常应立即停止检查,待排除故障后才能继续运转。
②负载试运转应分段加载,运转一般不得少于4 h,分别测出有关数据,记入试运转记录。

三、气动系统的维护

1. 气动系统使用的注意事项

①开启前后要放掉系统中的冷凝水。
②定期给油雾器注油。
③开启前检查各调节手柄是否在正确位置:机控阀、行程开关、挡块的位置是否正确、牢固,对导轨、活塞杆等外露部分的配合表面进行擦拭。
④随时注意压缩空气的清洁度,定期清洗空气过滤器的滤芯。
⑤在设备长期不用时,应将各手柄放松,防止弹簧永久变形而影响元件的调节性能。

2. 压缩空气的污染及防止方法

压缩空气的质量对气动系统性能的影响极大,它如果被污染将导致管道和元件锈蚀、密封件

视频

气动系统的
安装、使用
和维护

变形、堵塞喷嘴,使系统不能正常工作。压缩空气的污染主要来自水分、油分和粉尘三个方面,其污染原因及防止方法如下。

(1) 水分

空气压缩机吸入的是含水分的湿空气,经压缩后提高了压力,当再度冷却时就要析出冷凝水,浸入到压缩空气中致使管道和元件锈蚀,影响其性能。

防止冷凝水浸入压缩空气的方法是:及时排除系统各排水阀中积存的冷凝水;经常注意自动排水器、干燥器的工作是否正常;定期清洗空气过滤器、自动排水器的内部元件等。

(2) 油分

这里是指使用过的因受热而变质的润滑油。压缩机使用的一部分润滑油呈雾状混入压缩空气中,受热后引起气化随压缩空气一起进入系统,不但会使密封件变形,造成空气泄漏,摩擦阻力增大,阀和执行元件动作不良,而且还会污染环境。

清除压缩空气中油分的方法有:对于较大的油分颗粒,可通过除油器和空气过滤器的分离作用将油分颗粒与空气分开,再从设备底部排污阀排出;对于较小的油分颗粒,则可通过活性炭吸附作用清除。

(3) 粉尘

如果大气中含有的粉尘、管道中的锈粉及密封材料的碎屑等侵入到压缩空气中,将引起元件中的运行部件卡死、动作失灵、喷嘴堵塞等加速元件磨损,降低使用寿命,导致故障产生,严重影响系统性能。

防止粉尘侵入压缩空气的主要方法有:经常清洗空气压缩机前的预过滤器,定期清洗空气过滤器的滤芯,及时更换滤清元件等。

3. 气动系统的日常维护

气动系统日常维护的主要内容是冷凝水的管理和系统润滑的管理,这里仅介绍对系统润滑的管理。

气动系统中从控制元件到执行元件,凡有相对运动的表面都需要润滑。如润滑不当,会使摩擦阻力增大导致元件动作不良,因密封面磨损会引起系统泄漏等危害。

润滑油的性质直接影响润滑效果。通常,高温环境下用高黏度润滑油,低温环境下用低黏度润滑油。如果温度特别低,为克服起雾困难可在油杯内装加热器。供油量随润滑部位的形状、运动状态及负载大小变化。供油量总是大于实际需要量。一般以每 $10 m^3$ 自由空气供给 $1mL$ 的油量为基准。

还要注意油雾器的工作是否正常,如果发现油量没有减少,需要及时检修或更换油雾器。

4. 气动系统的定期检修

气动系统定期检修的时间间隔,通常为三个月,其主要内容有以下五个方面:

① 查明系统各泄漏处,并设法予以解决。

② 通过对方向控制阀排气口的检查,判断润滑油是否适度,空气中是否有冷凝水。如果润滑不良,考虑油雾器规格是否合适,安装位置是否恰当,滴油量是否正常等。如果有大量冷凝水排出,考虑过滤器的安装位置是否恰当,排出冷凝水的装置是否合适,冷凝水的排出是否彻底。如果方向控制阀排气口关闭时,仍少量泄漏,往往是元件损伤的初期阶段,检查后,可更换受磨损元件以防止发生动作不良。

③ 检查安全阀、紧急安全开关动作是否可靠。定期修检时,必须确认它们动作的可靠性,以确保设备和人身安全。

④观察换向阀的动作是否可靠。根据换向时声音是否异常,判定铁芯和衔铁配合处是否有杂质。检查铁芯是否有磨损,密封件是否老化。

⑤反复开关换向阀观察气缸动作,判断活塞上的密封是否良好。检查活塞杆外露部分,判定前盖配合处是否有泄漏。

上述各项检查和修复的结果应记录下来,以便设备出现故障查找原因和设备大修时参考。

气动系统的大修时间间隔为一年或几年。其主要内容是检查系统各元件和部件,判定其性能和寿命,并对平时产生故障的部位进行检修或更换,排除修理间隔期内一切可能产生故障的因素。

四、气动系统的故障诊断

常用的气动系统的故障诊断方法有经验法和推理分析法。

1. 经验法

经验法指依靠实际经验,并借助简单的仪表诊断故障发生的部位,找出故障原因的检法。经验法和液压系统故障的"四觉诊断法"类似,可按中医诊断病人的四字"望、闻、问、切"进行。

①望:例如,看执行元件的运动速度有无异常变化;各测压点的压力表显示的压力是否符合要求,有无大的波动;润滑油的质量和滴油量是否符合要求;冷凝水能否正常排出;换向阀排气口排出空气是否干净;电磁阀的指示灯显示是否正常;紧固螺钉及管接头有无松动;管道有无扭曲和压扁;有无明显的震动存在;加工的产品质量有无变化等。

②闻:包括耳闻和鼻闻。例如,气缸及换向阀换向时有无异常声音;系统停止工作但尚未泄压时,各处有无漏气,漏气声音大小及其每天的变化情况;电磁线圈和密封圈有无因过热而发出的特殊气味等。

③问:即查阅气动系统的技术档案,了解系统的工作程序、运行要求及主要技术参数;查阅产品样本,了解每个元件的作用、结构、功能和性能;查阅维护检查记录,了解日常维护保养工作情况;访问现场操作人员,了解设备运行情况,了解故障发生前的征兆及故障发生时的状况,了解曾经出现过的故障及其排除方法。

④切:例如,触摸相对运动件外部,感受手感和温度,如电磁线圈处等。触摸 2 s 若感到烫手,应查明原因。另外,还要查明气缸、管道等处有无震动,气缸有无爬行各接头处及元件处有无漏气等。

经验法简单易行,但由于每个人的感觉、实践经验和判断能力的差异,诊断故障会存在一定的局限性。

2. 推理分析法

推理分析法是利用逻辑推理,寻找出故障的真实原因的方法。

(1) 推理步骤

从故障的症状推理出故障的真正原因,可按下面三步进行。

①从故障的症状,推理出故障的本质原因。

②从故障的本质原因,推理出故障可能存在的原因。

③从各种可能的常见原因中,找出故障的真实原因。

(2) 推理方法

推理的原则是:由简到繁、由易到难、由表及里逐一地进行分析,排除掉不可能的和非主要的故障原因;故障发生前曾调整或更换过的元件先查;优先考虑故障概率高的常见原因。

下面介绍几种常用的推理方法:

①仪表分析法:利用检测仪器仪表,如压力表、压差计、电压表、温度计、电秒表及其他电子仪器等,检查系统或元件的技术参数是否合乎要求。

②部分停止法:暂时停止气动系统某部分的工作,观察对故障征兆的影响。

③试探反证法:试探性地改变气动系统中部分工作条件,观察对故障征兆的影响。

④比较法:用标准的或合格的元件代替系统中相同的元件,通过工作状况的对比,来判断被更换的元件是否失效。

素养提升

劳模精神:立足本职,做最美劳动者

劳动楷模,是指在社会主义建设事业中成绩卓著的劳动者,经职工民主评选,有关部门审核和政府审批后被授予的荣誉称号。他们分布在各行各业,他们爱岗敬业、锐意创新、勇于担当、无私奉献,他们是工人阶级和广大劳动群众的优秀代表、时代楷模,是共和国的功臣。

劳模精神,代表着一个时代的价值观、道德观和精神风貌,展示了中华民族顽强拼搏、自强不息的崇高品格,体现了我们伟大的民族能够与时俱进、开拓创新的精神风貌。每一个时代的劳模都有其特点,但无论时代如何变迁,永远不变的是劳模精神的本质。

实践操作

实践操作:压印机气动控制系统的故障诊断

图 6-34 所示为压印机的工作示意图,它的工作过程为:当按下启动按钮后,压印气缸伸出对工件进行压印,从第二次开始,每次压印都延时一段时间,等操作者把工件放好后,才对工件进行压印。现要求对压印机进行日常的维护;另外如果发现当按下启动按钮后,气缸不工作,应当如何对系统进行故障判断。

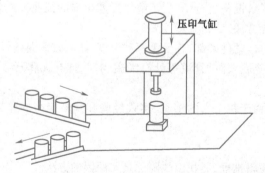

图 6-34 压印机的工作示意图

要对压印机进行日常维护,必须掌握对气动控制系统日常维护的内容有哪些,并有什么样的要求?要对系统进行故障诊断,应在实训项目中熟悉和掌握故障诊断的经验法和推理分析法,及排除故障的方法。

在实际应用中为了从各种可能的常见故障推理原因中找出故障的真实原因,可根据上述推理原则和推理方法,快速、准确地找到故障的真实原因。

(1)压印机气动控制原理图分析

在进行故障诊断时,首先要对气动控制原理图进行仔细分析,分析压缩空气的工作路线,以及各元器件的控制状态,初步确定哪些元器件可能是故障产生的原因。

图6-35为压印机的气动系统图。当踏下启动按钮后,由于延时阀1.6已有输出,所以与门型梭阀1.8有压缩空气输出,使得主控阀1.1换向,压缩空气由主控阀的左位经换向节流阀1.02进入气缸1.0的左腔,使得气缸1.0伸出。

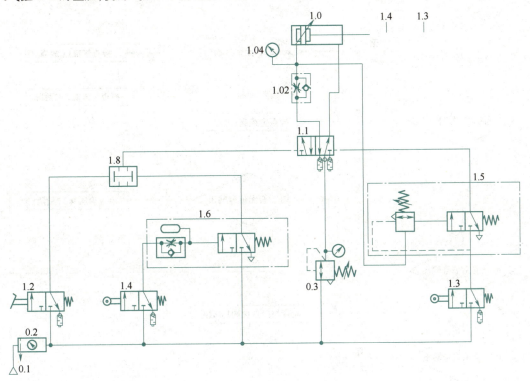

图6-35 压印机的气动系统图

如上述故障原因所述,踏下启动按钮气缸不动作,该故障有可能产生的元器件为气缸1.0、单向节流阀1.02、主控阀1.1、压力控制阀0.3、与门型梭阀1.8、延时阀1.6、行程阀1.4及启动按钮1.2。

(2) 对系统进行故障诊断

绘出气缸不动作的故障诊断逻辑推理图,如图6-36所示。

首先查看单向节流阀1.02是否有压缩空气输出,如果有压缩空气输出,则应检查气缸是否存在故障;如果没有压缩空气输出则有两种情况,一种是单向节流阀1.02有故障,另一种是主控阀1.1有故障。

在判别主控阀时,首先应当检查主控阀是否换向,如不换向则可能为控制信号没有输出或主控阀有故障,而主控阀换向则可能是主控阀1.1有故障或压力调节阀0.3有故障。

如果主控阀不换向,则原因是没有控制信号输出,也就是与门型梭阀1.8没有压缩空气输出。与门型梭阀没有压缩空气输出,有三种情况:第一种是与门型梭阀1.8有故障;第二种是启动按钮有故障或是延时阀没有信号输出;第三种是在延时阀没有信号输出时又存在两种情况,一是延时阀存在故障,二是行程阀存在故障。

在检查过程中,还要注意管子的堵塞和管子的连接状况,有时往往是管子堵塞或管接头没有正确连接所引起的故障。还要注意输出压缩空气的压力,有时可能有压缩空气输出,但压力较小,这主要是由泄漏引起的。检查漏气时常采用的方法是在各检查点涂肥皂液。

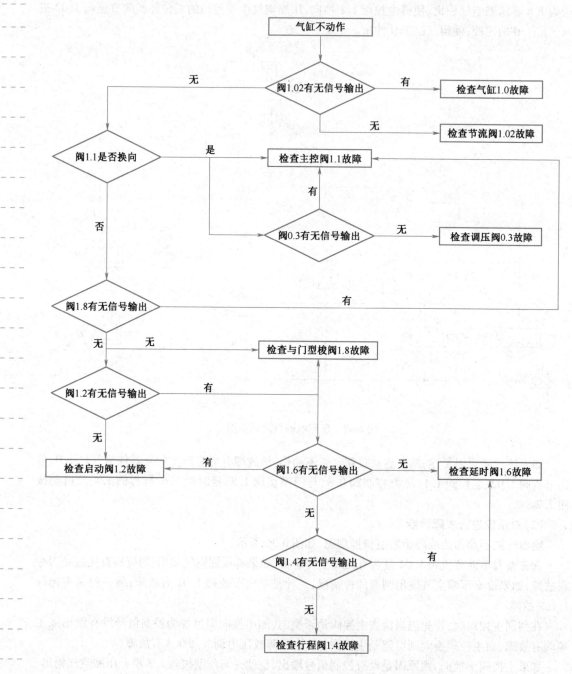

图6-36 气缸不动作故障诊断逻辑推理图

在系统中有延时阀时,还要注意延时阀的节流口是否关闭或者节流调节是否过小,节流口关闭或调节过小也会使延时阀延时过长而没有输出。

自主测试

一、填空题

1. 压缩空气的质量对气动系统性能的影响极大,被污染的压缩空气将使管道和元件锈蚀、密封件变形、堵塞_____,系统不能正常工作。压缩空气的污染主要来自_____、_____、_____三个方面。
2. 清除压缩空气中油分的方法有:较大的油分颗粒,通过_____的分离作用同空气分开,从设备底部排污阀排出。较小的油分颗粒,则可通过吸附作用清除。
3. 气动系统日常维护的主要内容是_____的管理和_____的管理。
4. 注意油雾器的工作是否正常,如果发现油量没有减少,需及时_____油雾器。
5. 气动系统的大修间隔期为_____。主要内容是检查系统_____,判定其性能和寿命,并对平时产生故障的部位进行_____元件,排除修理间隔期间内一切可能产生故障的因素。

二、简答题

1. 如何对气动系统管道及元件进行安装?
2. 如何对气动系统进行定期检修?

综合评价

评价形式	评价内容	评价标准	得 分	总 分
自我评价(30分)	(1)学习准备 (2)学习态度 (3)任务达成	(1)优秀(30分) (2)良好(24分) (3)一般(18分)		
小组评价(30分)	(1)团队协作 (2)交流沟通 (3)主动参与	(1)优秀(30分) (2)良好(24分) (3)一般(18分)		
教师评价(40分)	(1)学习态度 (2)任务达成 (3)沟通协作	(1)优秀(40分) (2)良好(32分) (3)一般(24分)		
增值评价(+10分)	(1)创新应用 (2)素养提升	(1)优秀(10分) (2)良好(8分) (3)一般(6分)		

综合拓展7:分析地铁车辆车门气动控制系统

图 6-37 所示为地铁车辆客室车门的气动控制系统,车门通过中央控制阀来控制,以压缩空气为动力驱动双向作用的气缸活塞前进和后退,再通过钢丝绳等组成的机械传动机构完成门的开关动作,机械锁闭机构可以使车门可靠地固定在关闭位置。

1. 地铁车辆车门气动控制系统的组成

每扇门的气动控制系统由三个二位三通电磁换向阀、四个节流阀、两个快速排气阀、门控气缸、解钩气缸、气源装置、管路等组成。二位三通电磁换向阀 MV1、MV2、MV3 分别为开门、关门、解锁电磁换向阀。四个节流阀分别用于调节开门速度、关门速度、开门缓冲、关门缓冲。两个快速排气阀,主气缸两端排气管是通过快速排气阀排向大气的,相当于一个双向选择阀,排气口常开,当主气缸通过它充气时,其阀芯将排气口关闭。门控气缸是开关门动作的执行元件,其中的活塞是一个对称的带有台阶的非等直径的活塞,即两侧直径为 20 mm,中部为 40 mm;其气缸的内径也是非等直径的,两端头的公称内径为 20 mm,中间为 40 mm。这样的结构可使活塞变速运动。

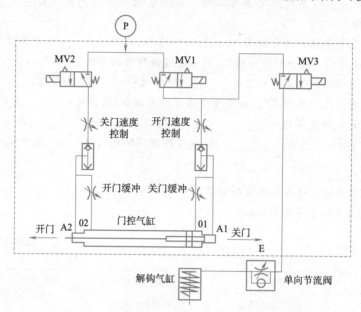

图 6-37 地铁车辆客室车门的气动控制系统

2. 地铁车辆车门气动控制系统的工作原理

地铁车辆车门气动控制系统的工作原理见表 6-4。

表 6-4 地铁车辆车门气动控制系统的工作原理

车门动作	气路状态	气路过程
开门	进气	压缩空气→MV1(得电)→MV3(得电)→节流阀→解锁气缸活塞伸出→顶开门钩 └→开门节流阀→主气缸进气口 A1→活塞杆外伸
开门	排气	活塞左移→主气缸排气 A2→开门缓冲节流阀→快速排气阀→大气
		当活塞的左端头进入气缸左端的小直径处,A2 出口被封堵,大气缸内的气体只能从 02 一个出气口并经过缓冲节流阀到快速排气阀最终排至大气。由于 A2 出口被堵,整个排气速度就大大降低,就使开关门的速度有了一个极大的缓冲
关门	进气	MV3(失电)→门锁气缸排气活塞缩回→门钩复位(在扭簧作用下) MV2(失电)┐ 压缩空气→MV2(得电)┘→关门节流阀→主气缸进气口 A2→活塞杆缩回
关门	排气	活塞杆右移→主气缸排气口 A1→关门缓冲节流阀→快速排气阀→大气
		关门缓冲的原理与开门缓冲的原理相同。由于活塞杆的端头与一扇门叶及钢丝绳的一边相连接,而另一扇门叶与钢丝绳的另一边相连接,则使门叶在活塞杆运动时能同步反向移动。而运动的速度则由快速至突然缓慢,最后使门叶完全关闭或打开

附录　常用液压与气动元件图形符号
（GB/T 786.1—2021）

附表1　液压泵、液压马达和液压缸

描述	图形	描述	图形
液压泵一般符号		液压源一般符号	
变量泵		单向旋转的定量泵或马达	
双向变量泵或马达单元，双向流动，带外泄油路，双向旋转		双向流动，带外泄油单向旋转的变量泵	
操纵杆控制，限制转盘角度的泵		单作用的半摆动执行器或旋转驱动	
限制摆动角度，双向流动的摆动执行器或旋转驱动		单作用单杆缸，靠弹簧力返回行程，弹簧腔带连接口	
双作用单杆缸		单作用伸缩缸	
双作用双杆缸，活塞杆直径不同，双侧缓冲，右侧带调节		行程两端定位的双作用缸	
单作用缸、柱塞缸		双作用缆绳式无杆缸，活塞两端带可调节终点位置缓冲	
双作用伸缩缸		双作用带状无杆缸，活塞两端带终点位置缓冲	
单作用压力介质转换器，将气体压力转换为等值的液体压力，反之亦然		单作用增压器，将气体压力转换为 p_1 为更高的液体压力 p_2	

附表2 机械控制装置和控制方法

描 述	图 形	描 述	图 形
带有分离把手和定图形位销的控制机构	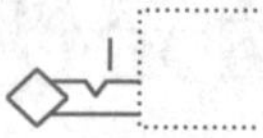	具有可调行程限制装置的顶杆	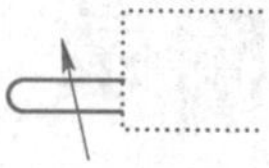
带有定位装置的推或拉控制机构		手动锁定控制机构	
具有五个锁定位置的调节控制机构	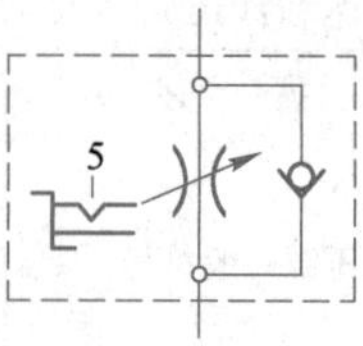	用作单方向行程操纵的滚轮杠杆	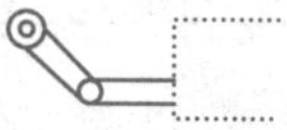
使用步进电动机的控制机构	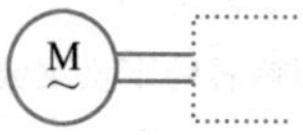	单作用电磁铁,动作指向阀芯	
单作用电磁铁,动作背离阀芯		双作用电气控制机构,动作指向或背离阀芯	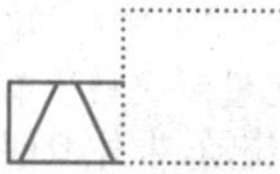
单作用电磁铁,动作指向阀芯,连续控制	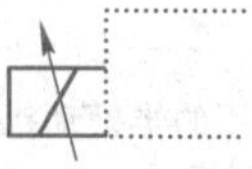	单作用电磁铁,动作背离阀芯,连续控制	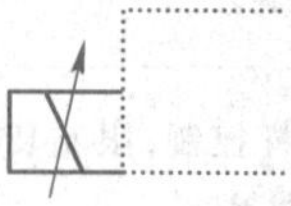
双作用电气控制机构,动作指向或背离阀芯,连续控制		电气操纵的气动先导控制机构	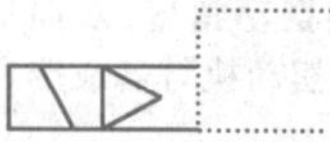
电气操纵的带有外部供油的液压先导控制机构	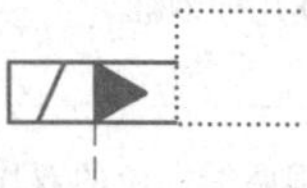	机械反馈	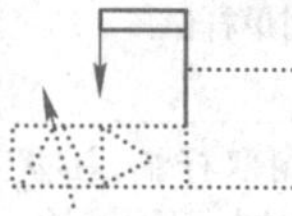

附表3 控制阀

描 述	图 形	描 述	图 形
二位二通方向控制阀,二通、二位,推压控制机构,弹簧复位,常闭	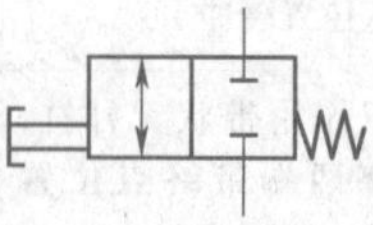	二位二通方向控制阀,二通、二位,电磁铁操纵弹簧复位,常开	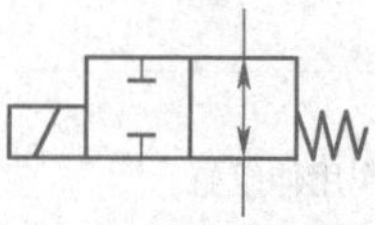
二位四通方向控制阀,电磁铁操纵,弹簧复位	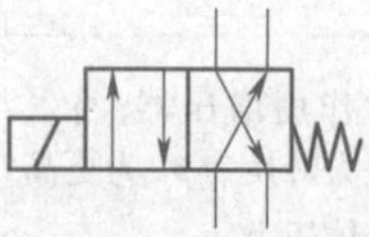	二位三通锁定阀	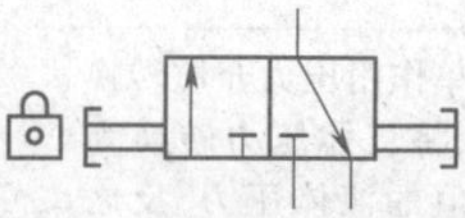

附录　常用液压与气动元件图形符号（GB/T 786.1—2021）

续表

描　述	图　形	描　述	图　形
二位三通方向控制阀，滚轮杠杆控制，弹簧复位		二位三通方向控制阀，电磁铁操纵，弹簧复位，常闭	
二位三通方向控制阀，单电磁铁操纵，弹簧复位，定位销式手动定位		二位四通方向控制阀，单电磁铁操纵，弹簧复位，定位销式手动定位	
二位四通方向控制阀，电磁铁操纵液压先导控制，弹簧复位		三位五通方向控制阀，定位销式各位置杠杆控制	
三位四通方向控制阀，电磁铁操纵先导级和液压操作主阀，主阀及先导级弹簧对中，外部先导供油和先导回油		三位四通方向控制阀，弹簧对中，双电磁铁直接操纵，不同中位机能的类别	
溢流阀，直动式，开启压力由弹簧调节			
顺序阀，带有旁通阀		顺序阀，手动调节设定值	
防气蚀溢流阀，用来保护两条供给管道		二通减压阀，直动式、外泄型	
二通减压阀，先导式、外泄型		电磁溢流阀，先导式、电气操纵预设定压力	

续表

描 述	图 形	描 述	图 形
可调节流量控制阀		蓄能器充液阀,带有固定开关压差	
流量控制阀,滚轮杠杆操纵,弹簧复位		可调节流量控制阀,单向自由流动	
三通流量控制阀,可调节,将输入流量分成固定流量和剩余流量		二通流量控制阀,可调节,带旁通阀,固定位设置,单向流动,基本与黏度和压差无关两路	
集流阀,保持两路输入流量相互恒定		分流器,将输入流量分成两路输出	
单向阀,带有复位弹簧,只能在一个方向流动,常闭		单向阀,只能在一个方向自由流动	
先导式液控单向阀,带有复位弹簧,先导压力允许在两个方向自由流动		双单向阀,先导式	
直动式比例方向控制阀		梭阀("或"逻辑),压力高的入口自动与出口接通	

附录 常用液压与气动元件图形符号(GB/T 786.1—2021)

续表

描 述	图 形	描 述	图 形
先导式比例方向控制阀,带主级和先导级的闭环位置控制,集成电子器件		比例方向控制阀直接控制	
先导式伺服阀,先导级带双线圈电气控制机构,双向连续控制,阀芯位置机械反馈到先导装置,集成电子器件		伺服阀,内置电反馈和集成电子器件,带预设动力故障装置	
比例溢流阀,直控式,通过电磁铁控制弹簧工作长度来控制液压电磁换向座阀		先导式伺服阀,带主级和先导级的闭环位置控制,集成电子器件,外部先导供油和回油	
比例溢流阀,直控式,带电磁铁位置闭环控制,集成电子器件		比例溢流阀,直控式电磁力直接作用在阀上,集成电子器件	
比例流量控制阀,直控式		比例溢流阀,先导控制,带电磁铁位置反馈	
比例溢流阀,直控式,带电磁铁位置闭环控制,集成电子器件		流量控制阀,用双线圈比例电磁铁控制,节流孔可变,特性不受黏度变化影响	
压力控制和方向控制插装阀插件,座阀结构,面积比1:1		压力控制和方向控制插装阀插件,座阀结构,常开,面积比1:1	
方向控制插装阀插件,座阀结构,面积比例≤0.7		方向控制插装阀插件,座阀结构,面积比例>0.7	
主动控制的方向控制插装阀插件,座阀结构,由先导压力打开		主动控制插件,B端无面积差	

附表 4 辅助元件

描述	图形	描述	图形
软管总成		三通旋转接头	
可调节的机械电子压力继电器		模拟信号输出压力传感器	
液位指示器(液位计)		流量指示器	
油箱,管端在液面上		流量计	
压力测量仪表(压力表)		温度计	
过滤器		旁路节流的过滤器	
液体冷却的冷却器		不带冷却液流道指示的冷却器	
温度调节器		加热器	
活塞式充气蓄能器(活塞式蓄能器)		隔膜式充气蓄能器(隔膜式蓄能器)	

附录 常用液压与气动元件图形符号（GB/T 786.1—2021）

附表 5 空气压缩机、气动马达和气缸

描述	图形	描述	图形
单作用的半摆动气缸或摆动马达	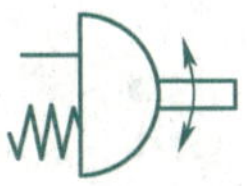	单作用单杆缸，靠弹簧力返回行程，弹簧腔室有连接口	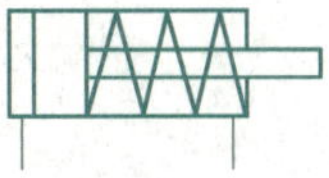
马达	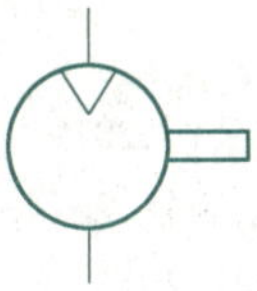	双作用单杆缸	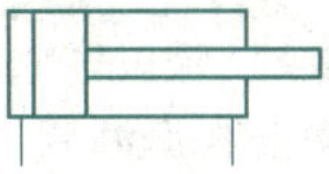
空气压缩机	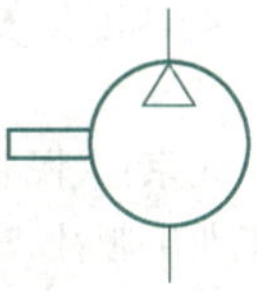	双作用双杆缸，活塞杆直径不同，双侧缓冲，右侧带调节	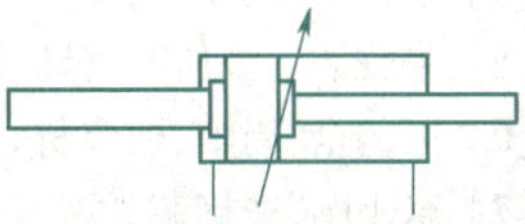
双作用磁性无杆缸，仅右手终端位置切换		双作用带状无杆缸，活塞两端带终点位置缓冲	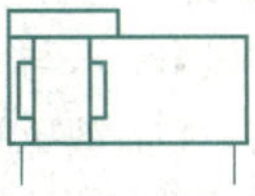

附表 6 气源装置、气动辅件

描述	图形	描述	图形
气源处理装置，包括手动排水过滤器、手动调节式溢流调压阀、压力表和油雾器。上图为详细示意图，下图为简化图	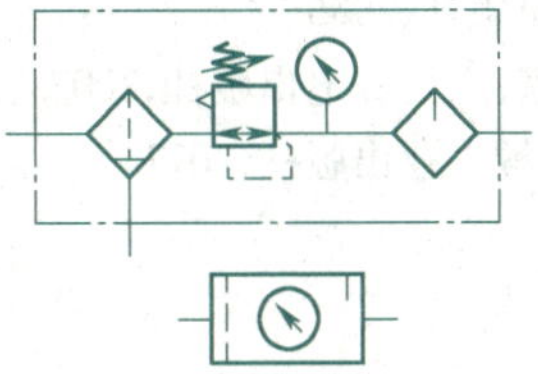	手动排水流体分离器	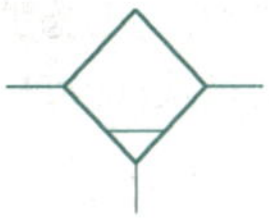
真空发生器		带手动排水分离器的过滤器	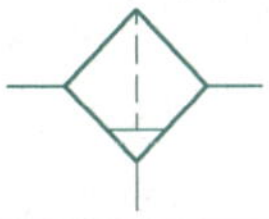
气罐		油雾器	
空气干燥器		手动排水式油雾器	

参 考 文 献

[1] 陈辉. 液压与气动技术[M]. 北京:中国铁道出版社有限公司,2019.
[2] 牟志华,张海军. 液压与气动技术[M]. 北京:中国铁道出版社,2014.
[3] 徐小东. 液压与气动应用技术[M]. 北京:电子工业出版社,2011.
[4] 王德洪,周慎,何安琪. 液压与气动系统故障诊断及排除[M]. 北京:机械工业出版社,2024.
[5] 张耀武. 液压与气动[M]. 北京:中国铁道出版社,2014.
[6] 王德全,周慎,何成材. 液压与气动系统拆装及排除[M]. 北京:人民邮电出版社,2014.
[7] 赵永刚,柴艳荣. 液压与气动应用技术[M]. 北京:机械工业出版社,2023.
[8] 丁树模. 液压传动[M]. 北京:机械工业出版社,2006.
[9] 兰建设. 液压与气压传动[M]. 北京:高等教育出版社,2002.
[10] 姜佩东. 压与气动技术[M]. 北京:高等教育出版社,2004.
[11] 陆一心. 液压阀使用手册[M]. 北京:化学工业出版社,2009.
[12] 路甬祥. 液压气动技术手册[M]. 北京:机械工业出版社,2006.
[13] 张帆,闫嘉琪. 液压与气动技术及应用[M]. 北京:中国铁道出版社,2014.
[14] 左键民. 液压与气压传动[M]. 北京:机械工业出版社,1998.
[15] 雷天觉. 液压工程手册[M]. 北京:机械工业出版社,1996.
[16] 张世亮. 液压与气动技术[M]. 北京:机械工业出版社,2006.
[17] 张安全,王德洪. 液压气动技术与实训[M]. 北京:人民邮电出版社,2007.
[18] 刘银水,许福玲. 液压与气压传动[M]. 北京:机械工业出版社,2017.